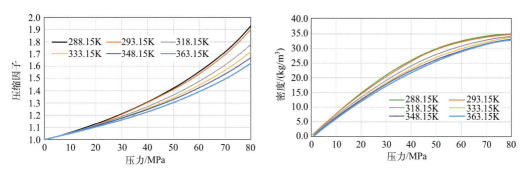

图 2-4 氢气压缩因子、密度随压力与温度的变化

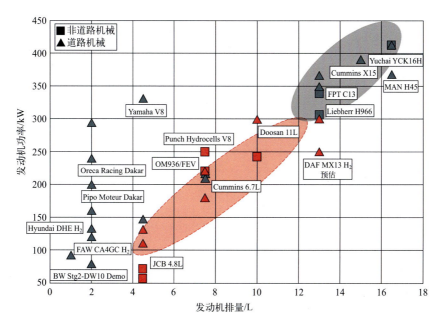

图 3-2 不同用途和技术的氢内燃机样机排量与功率范围

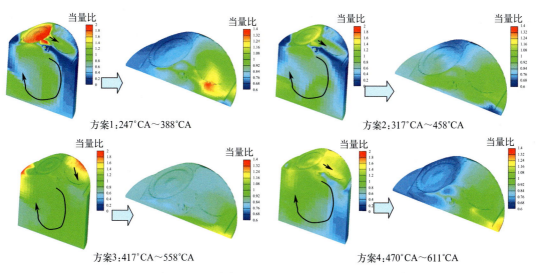

方案1:247°CA～388°CA

方案2:317°CA～458°CA

方案3:417°CA～558°CA

方案4:470°CA～611°CA

图 3-21 高负荷混合气当量燃空比云图

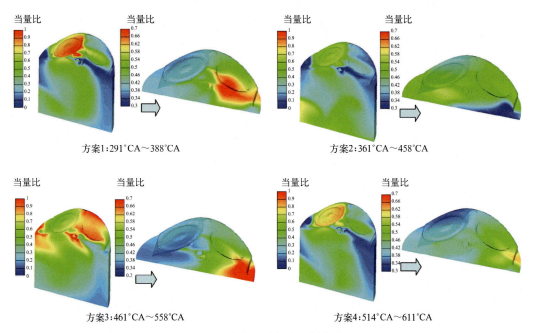

方案1：291°CA～388°CA   方案2：361°CA～458°CA

方案3：461°CA～558°CA   方案4：514°CA～611°CA

图 3-24 低负荷混合气当量燃空比云图

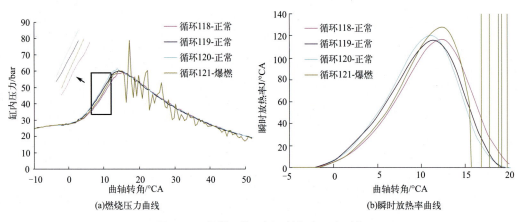

(a)燃烧压力曲线   (b)瞬时放热率曲线

图 4-40 爆燃及前三循环的缸内压力对比

（4000r/min，ϕ =1.09）

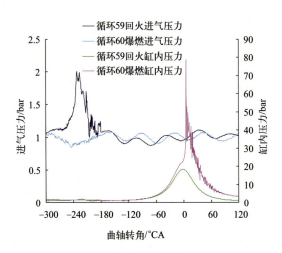

图 4-41 爆燃及前循环进气压力和缸内压力对比

（3000r/min，ϕ =0.61）

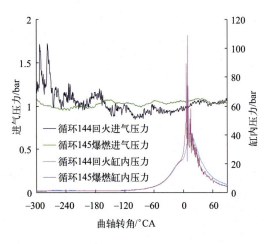

图 4-42 爆燃及前循环进气压力和缸内压力对比

（3500r/min，ϕ =0.75）

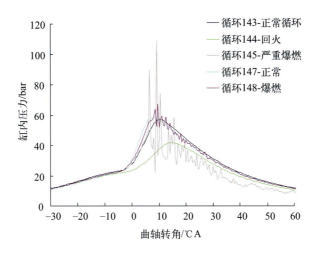

图 4-43 爆燃及前后循环缸内压力对比（3500r/min，φ=0.75）

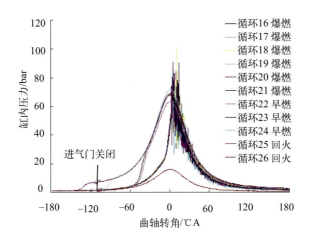

图 4-44 爆燃引发早燃和回火现象的燃烧压力曲线（5000r/min，φ=0.64）

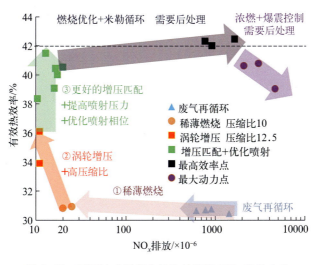

图 5-13 不同技术手段有效热效率随 NO$_x$ 排放变化

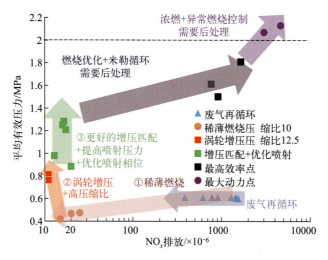

图 5-14 不同技术手段 BMEP 随 NO_x 排放变化

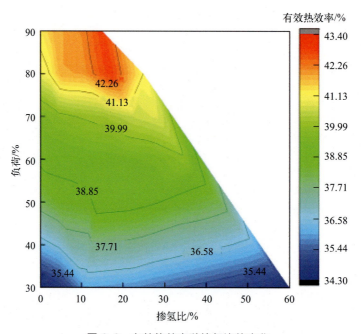

图 8-8 有效热效率随掺氢比的变化

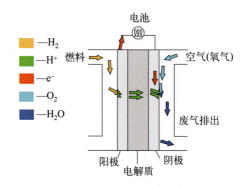

图 9-7 燃料电池工作原理示意图

氢能利用关键技术系列

氢内燃机

Hydrogen Internal Combustion Engine

孙柏刚　著

化学工业出版社

·北京·

内容简介

《氢内燃机》是《氢能利用关键技术系列》之一。氢能是未来的理想能源，在氢能利用中一直存在燃料电池与内燃机两种技术路线，氢内燃机是氢能动力的重要类型之一。本书总结概括了氢内燃机的基础理论及学术研究成果，主要内容包括氢内燃机开发的必要性和紧迫性、氢气性质与燃烧基础、氢-空混合气形成、燃烧与性能、排放污染物生成及控制、氢内燃机及车辆设计、氢内燃机测试技术、氢气掺混燃料，最后简述了其他类型的氢能动力。

本书可供从事氢能动力、车辆及内燃机等专业的技术人员、高等院校相关专业师生参考，还可作为内燃机工程、车辆工程等专业的研究生教材，也可供从事能源与动力领域的管理人员及相关读者阅读。

图书在版编目（CIP）数据

氢内燃机 / 孙柏刚著. — 北京：化学工业出版社，2025.6.（2025.8重印）— （氢能利用关键技术系列）. — ISBN 978-7-122-47772-9

Ⅰ. TK46

中国国家版本馆 CIP 数据核字第 2025DV5928 号

责任编辑：袁海燕　　　　装帧设计：王晓宇
责任校对：张茜越

出版发行：化学工业出版社
　　　　　（北京市东城区青年湖南街 13 号　邮政编码 100011）
印　　装：北京盛通数码印刷有限公司
787mm×1092mm　1/16　印张 12　彩插 2　字数 283 千字
2025 年 8 月北京第 1 版第 2 次印刷

购书咨询：010-64518888　　　售后服务：010-64518899
网　　址：http://www.cip.com.cn
凡购买本书，如有缺损质量问题，本社销售中心负责调换。

定　　价：158.00 元　　　　　　版权所有　违者必究

前言
PREFACE

中国汽车工业经过十几年的高速发展，助推我国成为汽车大国，但我国还不是汽车及发动机技术强国。在国家实现2030碳达峰、2060碳中和目标的约束下，传统燃油汽车及发动机行业面临更艰巨的挑战，采用低碳与零碳燃料是全球汽车发动机行业的主要技术途径之一。氢能被誉为21世纪的理想能源，氢气具有来源广泛、燃烧热值高、清洁无污染等优点，使其成为优异的内燃机替代燃料。氢内燃机通过燃烧方式实现能量转化，主要生成产物是水，可以实现近零 NO_x 排放，且具有较高热效率，是实现氢能应用的重要技术方向。国内外相关整机企业已开发了多款氢内燃机，研究机构已就氢内燃机方向发表了较多的学术论文，系统化整理这些氢内燃机整机关键技术及学术研究成果，以期指导氢内燃机的设计开发是本书的重要目标。因此在本书的编写过程中，力求反映氢内燃机的基础理论及学术研究成果，并在此基础上结合笔者及所在团队的研究基础，试图搭建出相对完整的氢内燃机设计体系，希望本书能够对内燃机同行有借鉴作用。

《氢内燃机》共9章，第1章阐述了有关氢能发展及汽车动力运用氢能的简要情况；第2章阐述氢气物理化学性质，也是考虑必须基于燃料特性来设计氢内燃机；第3~5章则围绕氢气进入气缸形成混合气、燃烧与异常燃烧、排放污染物生成及控制撰写，特别引入了部分光学测试方法和数字化设计方法；第6、7章阐述氢内燃机及车辆设计与试验测试方法，提出了氢内燃机试验的安全规程及整车氢安全措施；第8章则考虑氢气与常规燃料如何共同走向碳中和的问题，重点阐述氢气掺混燃料技术；第9章对其他氢能动力进行预测和展望。

在本书成稿过程中，借鉴了部分国内外的论文资料及北京理工大学已有研究成果，对该部分内容的提供者表示最衷心的感谢！同时也要感谢北京理工大学氢内燃机研究开发团队的全体同事、研究生，他们不仅贡献了自己的研究成果，也花费更多时间阅读论文、参与整理本书稿件。罗庆贺助理教授、包凌志博士后、牛庆宇博士全程参与书稿整理，其中罗庆贺助理教授协助编写了第3章，包凌志博士后协助编写了第5、6章，牛庆宇博士协助编写了第7、8章。感谢李超、张诗蔚、段永回、赖丰羽、李翔宇、汪熙博士以及王康达、邹凯翔硕士的辛勤工作！

本书可供汽车及内燃机企业的技术研发人员参考，进行相关氢内燃机设计及试验，还可供高等院校教师及研究生参阅或作为相关课程参考书，或供政府部门与社会投资者选读。氢内燃机与汽油机、柴油机一样，是一个新品类的内燃机，所涉及的基础材料、工艺、测试范围非常广泛，有些不是本书作者所熟悉的技术领域，疏漏之处在所难免。限于著者水平，恳请读者提出意见和建议，帮助著作者及本书不断进步。

孙柏刚
2025 年 1 月 30 日

目 录
CONTENTS

　　能源是经济增长、社会发展的基本驱动力，是人类赖以生存的基础。以往一百多年时间内人类社会建立了以煤炭、石油、天然气为主的化石燃料能源体系，全面支撑了全球用能需求，能源安全与可持续供应已成为世界各国经济与社会发展的命脉。2023 年全球一次能源消耗已超过 210 亿吨标准煤，其中化石能源占比超过 80%，产生了巨大的温室气体排放量并带来日趋严重的环境污染。《巴黎协定》（The Paris Agreement）的长期目标是将全球平均气温较前工业化时期上升幅度控制在 2℃ 以内，并努力将温度上升幅度限制在 1.5℃ 以内，世界主要经济体纷纷提出了碳达峰、碳中和的时间表。中国将提高国家自主贡献力度，采取更加有力的政策和措施，二氧化碳排放力争于 2030 年前达到峰值，努力争取 2060 年前实现碳中和，这就必然要求优化调整产业结构、能源结构，加快构建过渡到可再生清洁能源为主的能源新发展格局。

　　氢能因为来源多样、清洁低碳、灵活高效、应用场景丰富等众多优点，被视为 21 世纪最具发展潜力的清洁能源。氢能已成为全球新一轮碳减排、碳中和的首选能源。根据世界氢能委员会的预测，到 2050 年全球终端能源需求的 18% 将来自氢能，氢能市场规模也将超过 2.5 万亿美元。中国已经是名副其实的汽车大国，汽车及内燃机产生的碳排放约占全国总排放量的 13%，而汽车 CO_2 排放和油耗水平落后于欧、美、日等发达国家和地区十年以上，节能减排任重道远。采用清洁替代燃料，使内燃机成为碳中性或零碳动力，将成为我国汽车内燃机产业应对碳达峰与碳中和的重要技术选择。氢内燃机兼有传统内燃机和燃料电池的优点，具备清洁、高效、寿命长、成本低的优势，是推动传统汽车及内燃机各种应用领域升级转型、助力碳达峰与碳中和的战略性新兴产业技术领域。

1.1　能源与燃料

1.1.1　化石能源

　　从全球能源结构来看，人类社会可以利用的能源大致经过柴薪时代、煤炭时代、石油时代和气体燃料时代几个主要阶段，如图 1-1 所示。该图展示了 1850—2150 年之间 300 年的能源变迁过程，也是燃料逐渐低碳化的进程，柴薪、煤炭是典型的高碳能源，而氢气则是零碳能源。图中的宽线条为模型预测值，细实线为 1997 年的实际消耗数值，可以看出：石油、天然气吻合程度很高，煤炭资源的实际值与模型值之间出现了一定程度的偏差，之后又趋于一致，主要原因在于石油资源的崛起，确实替代了一部分煤炭的应用场景，煤炭的用量、价格开始下降，但煤炭的高效利用技术一直在发展，煤炭再一次找到了自己的成本效益点。正像壳牌氢气公司首席执行官 Don Huberts 所指出的：石器时代不会因为我们用光了石头而结束，石油时代也不会因为我们用光了石油而结束。

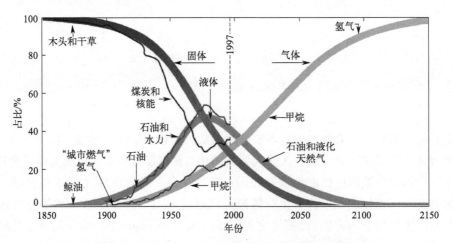

图 1-1 1850—2150 年全球能源系统转型发展图

综合考虑，随着人口增长、社会经济发展及技术进步等多种因素，世界主要经济体 2025 年基本实现碳达峰、部分国家和地区 2050 年实现碳中和。在此基础上，中石油经研院数据预测 2050 年世界一次能源总需求仍会达到 180 亿吨标准油以上，约合 260 亿吨标准煤，每万美元的能源消费强度会逐渐下降到 0.9 吨标准油以下，如图 1-2 所示。

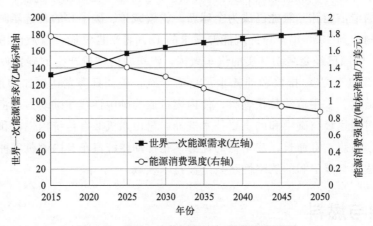

图 1-2 世界一次能源需求与消费强度预测

中国工程院也对中国能源消费途径做了测算分析，如图 1-3 所示。中国能源消费还在缓慢增长，到 2050 年，煤炭、石油、天然气三种形式的能源依旧占据我国能源消耗的 60% 以上。从图 1-3 中可以看出，煤炭、石油、天然气消费需求分别在 2020 年、2025 年、2030 年左右达到峰值，这就预示着我国可以在 2030 年前基本实现碳达峰，含碳燃料消费总量约为 40 亿吨标准煤。在 2030—2050 年的 20 年中，水电、核电、可再生能源的比重会进一步显著上升，以此满足能源消费总量上升的需求。石油、天然气仍会略有上升，但升幅缓慢。

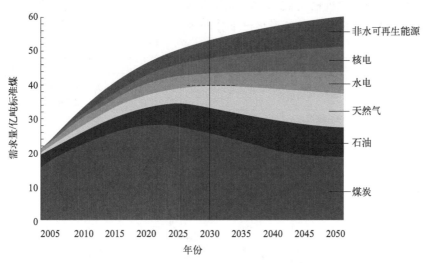

图 1-3　2050 年前中国能源结构的变化情景图

2019 年中国一次能源消费比例如图 1-4 所示（该数据来源于美国国家能源信息署）。从图 1-4 中可以看出，煤炭仍为中国能源的主体。我国煤炭消费主要分布在煤炭发电、冶金焦、锅炉用煤（含建材窑炉和供热供暖）、煤化工和民用散煤等，前三项占煤炭消费的 80%以上，是实现节能减排进而实现碳达峰、碳中和的重中之重。

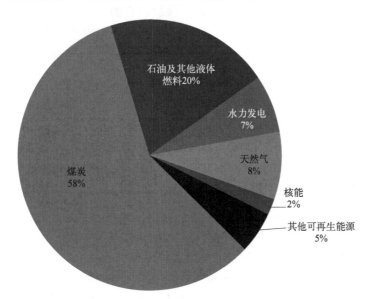

图 1-4　2019 年中国一次能源消费总量（按燃料种类分类）

随着我国人口数量及国民经济的迅速增长，对能源的需求日益旺盛，自 1980 年以来的能源消费情况如图 1-5 所示，2002—2013 年国民经济的高速发展带动了能源需求的快速增长，之后中国经济发展进入新常态，能源需求逐渐放缓。同时，我国石油依存度基本处于不断提高的状态，2009 年突破 50%、2015 年突破 60%、2019 年突破 70%，2020 年能源对外依存度已达到 73%。中石化经研院《2020 中国能源化工产业发展报告》中预计到 2035 年，我国石油对外依存度将达 85%。中石油经研院在《2018 年国内外油气行业发展报告》中指出，我国天然气对外依存度已突破 45%。由此可见，我国经济发展受国际化石燃料因素影响也越来越大，国家能源安全供给形势已十分严峻。

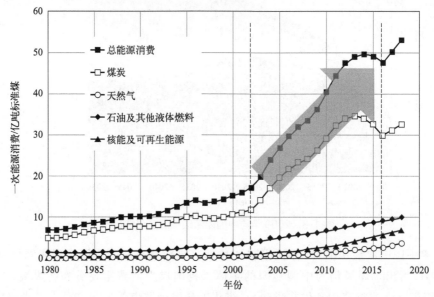

图 1-5　中国一次能源消费总量变化图

中国的能源禀赋是"多煤、贫油、少气"，煤炭、石油、天然气人均剩余可采储量分别只有世界平均水平的 58.6%、7.69%、7.05%。高企的能源需求、严重的环境污染、紧迫的碳达峰与碳中和任务促使全社会推进能源生产和消费革命，构建清洁低碳、安全高效的能源体系。

1.1.2　可再生能源

可再生能源的范畴非常广泛，主要包括太阳能、水能、风能、生物质能、波浪能、潮汐能、海洋温差能、地热能等。可再生能源具有清洁、绿色、低碳的显著优势，得到了全球的广泛关注和深度开发，已成为未来能源的战略方向。根据国家能源局官网公布的全国电力工业统计数据，风能、核能、水能和太阳能与火力发电的对比关系如图 1-6 所示。从图 1-6 中可以看到风电、水电和太阳能发电都表现出较好的年度增长态势，与 2018 年相比，风电、太阳能发电的增长率分别为 80%、75%，表现出强劲的发展态势。

2023 年，全国火电装机容量达 139032 万千瓦，水电装机容量为 42154 万千瓦，核电装机容量为 5691 万千瓦，风电装机容量为 44134 万千瓦，太阳能装机容量为 60949 万千瓦，总装机容量超过 29 亿千瓦。全网平均发电达到 3400 小时左右，其中水力发电、火力发电分别超过 3800 小时、4200 小时，风力发电、太阳能发电远低于平均小时数，已表现出可再生能源发电所固有的间歇性缺点，局部地区甚至出现大面积的非并网风电、太阳能发电浪费。

2011—2015 年期间我国弃风造成的电量损失累计达到 1015 亿千瓦时，相当于三峡、葛洲坝两座水电站 2015 年全年的发电量。云南、四川等地水电浪费也很严重，2014 年四川调峰弃水电量达到 96.8 亿千瓦时，占丰水期水电发电量的 14.93%。目前，我国电解水制氢技术及装备水平位居世界前列，产业化应用条件成熟，利用谷电制氢，就地消纳富余水电以

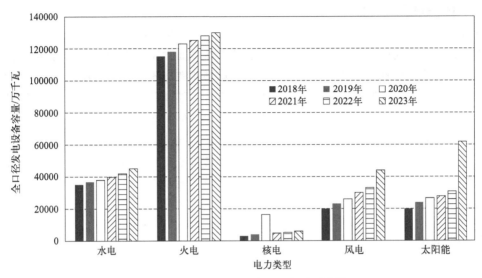

图 1-6　全口径发电设备容量年度对比图

及风电、光伏等波动电，通过电解水制取氢气（俗称"绿氢"），将电能转化为氢能储存与利用，能大幅降低甚至消除电力资源浪费。国家发展改革委、国家能源局联合发布的《关于加快推动新型储能发展的指导意见》中明确将氢能纳入"新型储能"。欧阳明高院士同样也认为氢能是集中式可再生能源大规模、长周期储能的最佳途径。氢能不仅能实现大容量、长时间储能，还便于转运。在规模化应用场景下，储氢成本相较电池储电低一个数量级。

1.1.3　生物能源

生物质是地球上最广泛存在的物质，包括所有植物、动物和微生物，还包括由这些生命体排泄和代谢的所有有机物质。生物质能源的本质是太阳能以化学能形式储存在生物质中的能量形式，技术范畴应属于可再生能源。生物质能源具有种类多、分布广、储量大的特点，除了可用于发电以外，还可以转化为燃气、液体燃料和固体成型燃料。

美国农业发达，采用玉米为原料生产生物乙醇，目前已成为全球最大的生物燃料乙醇生产国和消费国，年产量约 600 亿升，占汽油消耗量的 10.2%。美国计划 2050 年生物质能源的生产总量达到能源消耗总量的 1/2。欧洲生物燃料主要包括生物柴油、燃料乙醇，还有部分植物油和车用压缩天然气，2018 年欧洲生物柴油总量已达到 156 亿升，2019 年欧洲生物质发电量占欧洲总电量来源的 6.2%。我国生物质能源主要用于生物质发电、燃料乙醇、生物柴油和生物质燃气，生物质原料的年总产出潜力为 7.96 亿吨标准煤。如果考虑 2030 年可能达到的生产力水平，预测生物质原料的产出总潜力应该是 10.67 亿吨标准煤，生物质能源所具备的强大固碳能力十分契合碳中和的本质要求。

我国幅员辽阔，作物种类多，用于生物质能源开发的原材料收集和储运、关键工艺装备等在一定程度上制约了生物质产业的发展，伴随着氢能逐渐成为未来能源，氢气的制备、运输与生物质能源有互补之处，生物质能源与氢能结合将成为分布式清洁能源的有效途径。

1.1.4　能源载体

面向碳达峰与碳中和的艰巨任务，我国能源系统既面临艰巨挑战也面临重要发展机遇，电力系统必须建立更具包容性的新型数字电网，以便于兼容不断扩大的可再生能源规模，满足我国未来能源逐步过渡到可再生能源的迫切需求。在能源革命的新形势下，新能源格局将呈现可再生能源逐步替代化石能源、能源供给由集中式向分布式转变、能源消纳从远距离平衡向就地平衡方式转变、负荷侧能量流从单向供给向双向流通转变等趋势。我国长期面临能源供需发展不平衡、不充分的问题，解决这一问题的重心正从打造坚强网架向能源的供给和消费两侧转移。这就要求我们更加重视高效的大规模储能技术，从当前形势来看，电能和氢能凭借独特优势，将成为大规模储能的最佳载体。

1.2　氢能

1874 年儒勒·凡尔纳在《神秘岛》写道："是的，朋友们，我相信有一天水会作为燃料，构成水的氢和氧，无论单独使用还是一起使用，都能提供取之不尽的热量和光能，其强度是煤炭所无法比拟的……水将是未来的煤炭。"（"Yes, my friends, I believe that water will one day be employed as fuel, that hydrogen and oxygen which constitute it, used singly or together, will furnish an inexhaustible source of heat and light, of an intensity of which coal is not capable…. Water will be the coal of the future." *The Mysterious Island*，Jules Verne，1874.）

可见，人类并不缺乏对氢能的想象！

氢能是一种清洁高效的二次能源。氢能的主要优点有来源广泛、燃烧热值高、清洁无污染、可储存、安全性好、利用形式多样 6 个方面。近年来，随着氢能利用的技术发展成熟，以及应对气候变化压力的持续增大，氢能在世界范围内备受关注。美国、德国、日本等发达国家相继将发展氢能上升为国家能源战略，世界各国相继发布了氢能技术路线图，如图 1-7 所示。2016 年 4 月，我国国家发展改革委和国家能源局联合发布《能源技术革命创新行动计划（2016—2030 年）》，规划了能源技术革命重点创新行动路线图，预示着氢能已被纳入我国能源战略。氢能能够广泛应用于燃料电池、车辆、发电、储能以及掺入天然气使用。发展氢能对保障国家能源供应安全、应对气候变化、优化能源结构都具有重要支撑作用。2022年 3 月国家发展改革委和国家能源局联合发布了《氢能产业发展中长期规划（2021—2035年）》，明确了氢能是未来国家能源体系的重要组成部分，是用能终端实现绿色低碳转型的重要载体，也是战略性新兴产业和未来产业的重点发展方向，强调氢能在能源清洁低碳转型、构建多元互补能源供应体系中的重要作用。

2024 年 12 月，工业和信息化部、国家发展改革委、国家能源局联合发布《加快工业领域清洁低碳氢应用实施方案》（工信厅联节函〔2024〕499 号）。该方案以拓展清洁低碳氢在工业领域应用场景为着力点，提出到 2027 年工业领域清洁低碳氢应用装备支撑和技术推广取得积极进展，旨在加快工业领域清洁低碳氢应用，推动氢能产业高质量发展。

1.2.1　氢气制备与生产

图 1-8 给出了氢气主要生产方式及利用途径。根据制氢过程中所消耗的一次能源类型，

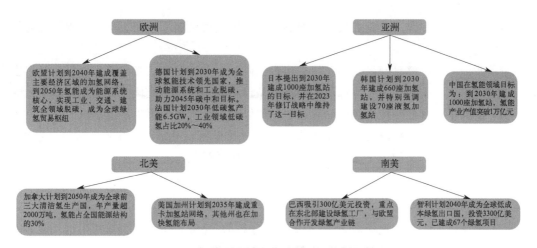

截至2024年底，全球运营的加氢站数量为1369座

图 1-7　全球氢能发展规划及加氢站

氢气的来源可系统划分为三大类别：一是基于化石燃料的传统制氢；二是依托可再生能源的绿色制氢；三是其他清洁能源制氢。化石燃料制氢包括煤制氢、轻烃蒸汽转化制氢、石脑油或渣油转化制氢、甲醇转化制氢等，属于"灰氢"范畴，如果加上有效的碳捕集封存则可转变成"蓝氢"。可再生能源制氢技术主要涵盖风电制氢、水电制氢和太阳能制氢等多种形式，这些技术路径均归属于"绿氢"生产体系。其他清洁能源制氢包括核能制氢、生物质制氢等。我国煤炭资源相对丰富，水电、风电及太阳能光伏发电等可再生能源装机容量位居世界前列，生物质资源丰富。氢气制备可选择多种技术路线。目前我国氢气来源是以煤、天然气及石油等化石燃料制氢为主，约占 97%。电解水制氢约 3%。

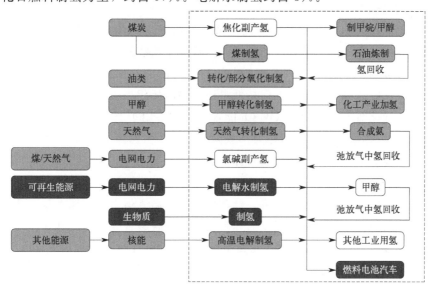

图 1-8　氢气主要生产方式及利用途径示意图

煤制氢成本较低。按煤价 560 元/t 测算，煤制氢的成本仅为 0.83 元/m³，远低于天然气制氢 1.75 元/m³、甲醇制氢 2.5 元/m³ 的成本。煤制氢的潜力巨大，目前我国煤制氢主要用于合成氨、甲醇、二甲醚、烯烃、煤制油以及加氢裂化等过程。神华集团煤制氢能力就

已经达到 450 亿 m^3/年，全国的煤炭资源制氢能力可供两亿辆车用氢千年，煤制氢可为氢能发展提供氢源保障。

目前我国碱性电解水制氢技术已发展成熟。同时水电、风电、光伏及生物质等可再生能源资源丰富，具备采用可再生能源制氢的基本条件，利用风电、光伏等波动电及富余水电制氢，将不能储存的电能转化为氢能储存起来并加以利用，未来可再生能源制取的绿氢有更低的边际成本，是可再生能源储能的技术选择之一，既有利于电站稳态生产，提高经济效益，延长发电设备寿命，又能为正在兴起的氢能应用提供"绿氢"。

1.2.2 氢气储存

氢气的密度小，只有汽油的 1/10，天然气的 1/6，导致其运输储存非常困难。世界能源署提出车用氢气储存系统的目标是：质量储氢密度大于 5%，体积储氢密度大于 $50kg/m^3$，放氢温度低于 423K，循环寿命超过 1000 次；而美国能源部提出的目标是：质量储氢密度不低于 6.5%，体积储氢密度不低于 $70kg/m^3$，循环寿命达到 1500 次。目前常用的储氢方式有气态高压储氢、液氢储氢、金属氢化物储氢、碳纳米纤维储氢、有机液态储氢、高压微管储氢等。

(1) 气态高压储氢技术

气态高压储氢简便易行，成本低，充放气速度快，常温下可进行。目前国外主要以 70MPa 高压气态储氢为主，我国也已经成功研制了 70MPa 高压储氢气瓶，采用铝内胆或树脂内胆碳纤维缠绕方式。气态储氢质量密度较低，丰田 MIRAI 车载 70MPa 储氢系统的质量储氢比也只有 5.3%左右。搭载小规模低温系统，可以实现更高的储氢密度。

(2) 液氢储氢技术

液氢低温储氢比气态储氢质量密度高，液氢储氢密度约为 71g/L，需维持在-253℃。储氢容器和管道需要严格的绝热或隔热措施，而且储氢系统的设计、结构以及工艺都比较复杂。液氢储氢还有两个不利方面：一是大约有 1.25%的液氢因汽化而损失，经过正仲氢转化后可降低蒸发率；二是氢气液化、保持低温还需要消耗相当于液氢质量能量 30%的能量，其中每千克氢气液化需要消耗约 12kW·h 能量，因此多用于航空航天领域。德国宝马汽车公司 (BMW) 曾采用液氢储氢技术作为车载储氢系统，但储氢装置体积储氢密度仍低于世界能源署、美国能源部提出的储氢密度目标。

(3) 金属氢化物储氢技术

金属氢化物储氢无污染、安全可靠，储氢体积密度高。但由于金属本身密度大，单位质量储氢较少，同时合金容易粉化，吸氢后体积膨胀，导致装置变形甚至破坏。镁密度小，镁基储氢的理论储氢量可以达到 7.6%（质量分数），释放氢气时需要加温至 200~300℃，燃料电池出口温度低于 90℃，还达不到燃料电池汽车用车载储氢的要求，氢内燃机排气温度约为 500℃，是与镁基固态储氢比较好的联用方式。

(4) 碳纳米纤维储氢技术

利用吸附理论的碳基储氢材料主要有表面活性炭、石墨纳米纤维、碳纳米纤维和碳纳米管。目前技术条件下，超级活性炭在超低温（77K，2~4MPa）条件下，储氢量可达 5.3%~7.4%（质量分数）。但由于活性炭的吸附温度低，其应用范围有限。经过预处理的石墨纳米纤维，在室温和 7MPa 下，储氢量可达 3.8％（质量分数）。碳纳米纤维具有很大的比表面积，经过表面处理的碳纳米纤维，在室温和 12MPa 条件下，储氢量可达 10％（质量分数）。氢气在碳纳米管中的吸附储氢机理比较复杂，实验结果的重复性较低，目前在超低温实验条件下，储氢量可大于 6％。

（5）有机液态储氢技术

利用某些不饱和芳香烃、烯炔烃等作为储氢载体，通过催化反应将氢气加到液态储氢载体中，形成可在常温常压条件下稳定储存的有机溶液，可以采用普通油罐车进行长距离运输，使用时需要在一定温度条件下发生催化脱氢反应，反应产物经气液分离后，氢气输送至用氢装置。氢气加入时发生放热反应，氢气释放时需要吸热。

（6）高压微管储氢

有些学者也对玻璃微球、微管储氢进行了研究。微球、微管储氢是一种新型储氢技术，其技术难点在于制备高强度的空心微球和微管。采用玻璃微球的储氢设备填充和释放氢气温度在 200～400℃，主要有 MgAlSi、石英（SiO_2）、聚酰胺、聚乙烯三酚盐酸等，储氢量为 15％～42％（质量分数）。

1.2.3　氢气运输

氢气输送方式主要有气氢输送、液氢输送等。气氢输送分为管道输送、长管拖车和氢气钢瓶输送。管道输送一般用于输送量大的场合，将氢气以一定比例掺入天然气管网，利用现有天然气管网进行氢气输送。加拿大、挪威、意大利已分别建成 80～350km 的天然气掺混氢气管线。长管拖车输送距离不宜太远，输送量不大。氢气钢瓶则用于输送量小且用户比较分散的场合。液氢输送一般采用罐车和船，可进行长距离输送。

随着未来受控核聚变技术取得进展，人类将获取巨量热能。这些热能一部分会用于发电，另一部分则用来制氢。届时，电能与氢能的大规模输送需求将随之激增。美国研发的超级电缆技术，为这一难题提供了解决方案，技术构造如图 1-9 所示。在这套超级电缆系统中，内芯负责输送温度低至 −253℃ 的液氢。处于这种超低温环境下，电缆能够实现低温超导，从而在电力输送过程中几乎不产生损耗。正因如此，该技术堪称实现电、氢同时输送的最优选择。此外，基于这一技术原理，液氮和液化天然气的输送同样能够顺利实现。

1.2.4　氢能应用

目前我国氢气主要用作合成氨、甲醇的原料气，纯度大于 99％ 的氢气用于原油炼制过程中的加工精制、净化等。还可作为保护气、还原气、反应气用于钢铁、电子、有色金属、浮法玻璃等各种工业行业的生产过程。

2023 年中国氢气产量超过 3700 万吨，其中石油精炼领域、制甲醇领域、合成氨领域是消费氢气的大户，占比超过 75％，其他工业领域消费氢气占比约 15％，交通、发电等领域氢气消费占比仅 0.1％。

未来 10～20 年，随着氢能应用场景不断丰富，世界氢能产业可能包括氢能船舶、氢能汽车、氢能轨道交通、氢能无人机、家用储能便携电池、分布式发电、智能电网储能等。但目前以燃料电池为动力的车辆造价较高、可靠性低，氢能卡车的售价要比同等级燃油卡车的

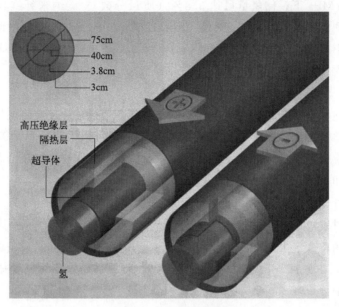

图 1-9　超级电缆示意

售价高 2～3 倍。另外，氢能燃料的价格高，即便使用成本最低的化石燃料制氢，其成本也比燃油高很多。但从目前的技术发展情况看，氢内燃机可以降低车辆造价，使用工业副产氢可以降低使用成本，氢内燃机及车辆的推广让氢能应用实现商业化出现转机，氢内燃机的大面积推广有利于推动氢能基础设施的建设，也为未来氢能动力应用打下坚实的基础。

1.3　汽车行业发展趋势与问题

1.3.1　汽车保有量及发展趋势

2024 年中国机动车保有量达 4.53 亿辆，其中汽车 3.53 亿辆，全国有 96 个城市的汽车保有量超过百万辆，成都、北京、重庆、上海、苏州、郑州六个城市超过 500 万辆。新能源汽车保有量达 3140 万辆，占汽车总量的 8.90%。随着经济持续发展、居民收入水平提高以及城市化进程加快，汽车需求量仍将保持一定的增长态势。中国千人汽车拥有量目前达到 244 辆，比 2019 年增长 40%，与发达国家或部分发展中国家相比，仍处于全球中等偏下水平，但增长态势明显，预计未来几年汽车保有量将继续增加。

特别是近十年来，国家鼓励新能源汽车发展，新能源汽车占汽车总保有量的比重不断提高。2024 年新注册登记新能源汽车 1125 万辆，渗透率超过 40%。其中纯电动汽车保有量 2209 万辆，占新能源汽车保有量的 70.34%。随着新能源汽车的增加，传统燃油车的成品油消耗呈现出一定的下降趋势，对于汽车行业实现碳达峰与碳中和具有重要的推动作用。

汽车行业向低碳化、电动化、智能化、网联化转型，汽车技术变革进入了快速迭代阶段，特别是随着 AI 技术的普及，汽车从代步工具向移动智能终端转变的趋势，车载动力与能源也必然随着"新四化"而不断进步。

1.3.2　汽车发展面临的主要问题

2020 年，全国机动车四项主要污染物排放总量达到 1593.0 万吨。其中，一氧化碳（CO）、碳氢化合物（HC）、氮氧化物（NO_x）、颗粒物（PM）排放量分别为 769.7 万吨、190.2 万吨、626.3 万吨、6.8 万吨。汽车是机动车污染物排放总量的主要贡献者，其排放的 CO、HC、NO_x 和 PM 占比均超过 90%。柴油车 NO_x 排放量超过汽车排放总量的 80%，PM 超过 90%；汽油车 CO 排放量超过汽车排放总量的 80%，HC 超过 70%。各类机动车污染物排放量分担率见表 1-1。

表1-1　机动车污染物排放量分担率

污染物种类	汽车	低速汽车	摩托车
CO	90.2%	0.3%	9.5%
HC	90.6%	1.2%	8.2%
NO_x	98%	1.2%	0.8%
PM	94.1%	5.9%	—

2023 年，全国机动车四项主要污染物排放总量达到 1466.2 万吨。其中，CO、HC、NO_x、PM 排放量分别为 743.0 万吨、191.2 万吨、526.7 万吨、5.3 万吨。需要指出，与 2020 年对比，机动车氮氧化物、颗粒物排放总量下降得益于机动车排放法规的不断升级与不断强化的执法过程，商用车柴油机热效率提升及排放后处理技术进步也从客观上实现氮氧化物、颗粒物排放总量下降。

此外，非道路移动源排放对空气质量的影响也不容忽视。非道路移动源排放二氧化硫（SO_2）16.3 万吨、HC 42.5 万吨、NO_x 478.2 万吨、PM 23.7 万吨；NO_x 排放量接近于机动车。其中，工程机械、农业机械、船舶、铁路内燃机车、飞机排放的 NO_x 分别占非道路移动源排放总量的 31.3%、34.9%、29.9%、2.6%、1.3%。

随着我国经济持续快速发展和城市化进程加速推进，今后较长一段时期汽车需求量仍将保持增长势头，由此带来的能源紧张和环境污染问题将更加严重。为应对日益突出的燃油供求矛盾和环境污染，世界主要汽车生产国纷纷将汽车工业节能减排作为国家战略，不断颁布和实施更加严格的油耗和排放法规，并大力发展和推广应用汽车节能和新能源技术。中国新生产机动车排放标准实施进度如图 1-10 所示。欧、美、日等汽车工业发达国家和地区相继完成更长远的各年度乘用车燃料消耗量标准法规制定，对乘用车燃料消耗量及对应的 CO_2 排放提出更加严格的要求。世界各国乘用车燃料消耗量的整体目标是到 2020 年平均燃料消耗量达到或低于 5L/100km。

而我国起步晚，目前汽车 CO_2 排放和油耗水平只能达到先进国家和地区 2012 年的水平（见图 1-11）。要在 2025 年左右赶上欧洲等先进地区，依然任重道远。

1.3.3　主要技术对策分析

汽车作为交通领域的重要组成部分，关系到国计民生的各个方面。为了取得国家碳达峰与碳中和目标的最终实现，汽车领域需要依据自身行业特点，率先开展有针对性的对策研究。汽车行业总体可以划分为乘用车领域和商用车领域，两者面向的对象各不相同，因此其

汽车类型		2008年	2009年	2010年	2011年	2012年	2013年	2014年	2015年	2016年	2017年	2018年	2019年	2020年
轻型汽车	柴油车	国Ⅲ						国Ⅳ				国Ⅴ		国Ⅵ
	汽油车		国Ⅲ				国Ⅳ					国Ⅴ		国Ⅵ
	气体燃料车		国Ⅲ				国Ⅳ					国Ⅴ		国Ⅵ
重型汽车	柴油车		国Ⅲ					国Ⅳ				国Ⅴ		国Ⅵ
	汽油车				国Ⅲ			国Ⅳ						
	气体燃料车	国Ⅲ			国Ⅳ				国Ⅴ					国Ⅵ
摩托车	两轮和轻便			国Ⅲ								国Ⅳ		
	三轮			国Ⅲ								国Ⅳ		
三轮汽车		国Ⅱ												
低速货车		国Ⅱ							无此类车					

图 1-10　全国新生产机动车排放标准实施进度

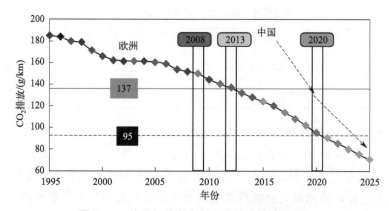

图 1-11　我国与欧洲汽车工业碳减排路径分析

技术策略也有所不同。

乘用车更多的是满足人们的日常出行需求，对于运行时长、距离、价格的关注点相对商用车来说较低，但由于作为常规道路上的主力军，其排放的要求会更加严苛。因此，乘用车在面对碳达峰与碳中和以及节能减排的国家战略上，混动和电动化的趋势已经越来越明显了。根据我国新能源车的发展趋势，可以看出，在乘用车电动化方面我国已经走在了世界前列，进一步提升电动化的安全性和可靠性是乘用车领域要面临的技术问题之一。而结合内燃机与电池优点的混动方案，在未来的乘用车领域也会进一步被广泛推广。从能源角度来看，氢能源必然在未来的能源结构中占有一定的比例，针对氢能源的乘用车应用方式，以及乘用车的发展趋势可以发现，氢内燃机或者氢燃料电池及动力电池的混合方式会是未来氢能应用的重要方式，能够为乘用车领域实现碳达峰与碳中和提供技术支撑。

商用车在交通领域的作用是为了获取经济效益，因此商用车对于运行时长、距离、价格等与经济效益相关的因素格外敏感。根据 AVL 公司、FEV 公司、麦肯锡等咨询公司给出的发展预测，2050 年左右商用车领域电动化的比例最多不会超过 10%。一方面，电动化会带来里程焦虑的问题，对于每天运行时间可能超过 20 小时的商用车来说，无法接受更长的充电时间。另一方面，电动化的可靠性需要进一步验证、成本分析需要进一步核算。目前，传统内燃机已经实现了 50% 以上的热效率。同时，氢能源的推广和发展，为商用车领域带来了新的转机。随着氢能产业的发展，氢能基础设施的不断完善，在商用车领域实现氢能应用的技术途径更加现实。一方面，商用车的应用路线相对固定，应用场合也相对人员稀少，有利于加氢站的建设；另一方面，商用车的运行时间较长，液氢或者低温高压气氢的应用成本较低，能够满足商用车的大规模使用。

1.4 动力技术发展趋势与问题

1.4.1 中国内燃机工业发展情况

1908 年，我国自制的第一台内燃机诞生，经过一个多世纪的发展，我国内燃机工业从无到有，一步步发展壮大，到现在已成为全球内燃机生产和使用大国。近五年中国内燃机总生产功率均在 27 亿千瓦以上，2024 年全年功率完成 29.20 亿千瓦，目前在用的内燃机总量约 6 亿台，总功率 300 亿千瓦以上。内燃机在未来 50 年内仍旧是交通运输、工程机械、农业机械、渔业船舶、国防装备的主导动力设备，内燃机工业也是国民经济重要的基础产业。

但是在传统内燃机领域，我国在技术储备、产品储备、产业链建设和应用工程等方面仍与国际先进水平存在差距。随着国家碳达峰、碳中和战略目标的制定，我国清洁能源内燃机迎来了新的机遇和挑战。

近年来，"禁燃"之声甚嚣尘上，忽视了内燃机在国民经济发展中的重要地位和技术进步。中国电力企业联合会发布《2024—2025 年度全国电力供需形势分析预测报告》，报告显示，截至 2024 年年底，全国全口径发电装机容量 33.5 亿千瓦，同比增长 14.6%。包括风电、太阳能发电以及生物质发电在内的新能源发电装机达到 14.5 亿千瓦，首次超过火电装机规模。2024 年全国全社会用电量 9.85 万亿千瓦时，同比增长 6.8%。

与 2000 年相比，内燃机的有效热效率实现了 50% 的技术跨越，各类有害排放物降低至 1/1000，内燃机可靠性成倍增加。在未来即将实施的国 Ⅶ 标准阶段，有害排放物还将继续降低 90% 以上，内燃机将进一步实现"近零排放"。2020 年《内燃机产业高质量发展规划（2021—2035）》正式发布，内燃机产业当前尽管面临巨大挑战，但也正处于创新发展的最佳窗口期。内燃机行业在近 15 年来涌现出了许多新技术，体现了其蓬勃的生命力。主要有低碳/零碳燃料、先进循环与燃烧、缸内直喷、双喷射系统、涡轮增压、集成排气系统、可变正时技术等。

1.4.2 氢内燃机技术进展

德国 BMW 公司从 1978 年开始研发以氢气为燃料的内燃机汽车，已研发了六代氢燃料内燃机轿车。BMW 公司在 BMW745HL 轿车上进行的研究试验，配备采用氢气为燃料的 3.5L 12 缸火花点火式发动机，2007 年完成了全球 200 万公里的巡回技术展示。2004 年 9 月，BMW 在法国 Miramas 用一部名为 H2R 的氢内燃机驱动的汽车创造了 9 项速度纪录。但由于当时美国环保局认为它不属于零排放车辆（因为燃烧室中会燃烧少量润滑油），该项目随后被终止。德国奔驰公司 1978 年开发了第一辆氢燃料样车，采用进气道喷射方法，之后奔驰公司又将氢燃料项目列入"HY-PASS"课题，开展缸内直接喷射氢气的试验。2007 年欧盟启动了氢燃料内燃机项目（HyICE），共有 BMW、沃尔沃、福特欧洲中心、格拉兹大学等 16 家单位参加，旨在开发新一代高热效率、低排放氢内燃机，涵盖了进气道喷射、直喷以及新型直线内燃发电机等多种动力形式，该项目最终给出了一个结论：氢内燃机是现阶段通向氢能源经济的现实技术途径。

2001 年美国福特（Ford）公司推出了第一辆氢内燃机试验车和多款氢燃料概念车，其 U 形 SUV 氢燃料混合动力车采用 2.3L 四冲程增压氢内燃机，混合动力系统的热效率达到 38%，续航里程达到 300 英里（1 英里＝1.609km）。2007 年福特氢燃料 V-10 发动机正式投产，该 6.8L 发动机已用于 Shutbas 示范运行项目。

2006 年马自达公司研制推出了 Mazda RX-8 氢转子发动机。日本产业技术综合研究所与日本冈山大学、东京都市大学、早稻田大学组成的研发小组成功开发出了全球首款能实现高热效率和低 NO_x 排放的火花点火氢内燃机，实现了 54% 的热效率，NO_x 的排放量达到了 20×10^{-6}（旧称 ppm）以下。

自 2018 年起欧、美、日等发达国家的顶尖汽车公司及零部件制造商，在氢内燃机领域进行了大量的工程开发及示范运行，积累了丰富的研究经验。2018 年丰田（Toyota）汽车公司发布了一款氢内燃机及未来 5 年的氢内燃机技术路线图，丰田公司已经开发了多款氢内燃机，有效热效率已经达到 46%。预计到 2025 年，氢内燃机的热效率有希望突破 51%，会成为与燃料电池竞争的动力装置。2019 年德国 BMW 公司原氢内燃机开发团队组建了 KEY-OU 公司，开发出一款 7.8L 进气道喷射的增压氢内燃机，热效率可以达到 41%，扭矩 950N·m。2020 年德国博世集团先后完成了 2.0L 增压进气道喷射、直接喷射的氢内燃机开发，升功率接近 80kW，热效率超过 39%。德国 MAN 公司开发的 16.8L H4576 型氢内燃机，功率达到 390kW，扭矩为 2500N·m，最高有效热效率 44%，配套的 hTGX 氢内燃机卡车已于 2024 年 4 月正式上市，是全球最早的氢内燃机卡车产品。美国康明斯公司开发的 B6.7H 氢内燃机功率为 216kW，峰值扭矩 1200N·m，已在印度正式投产。德国 Deutz 公司推出的 7.8L 氢内燃机，功率为 210kW，最高热效率达到 44.5%，已搭载货车和大巴开展了 10 年左右的示范运营。除此之外，日本 Toyota、美国 Ford、美国 INNIO、英国 JCB、德国 IAV 和奥地利 AVL 公司都纷纷发布了自己的氢内燃机产品，升功率在 25kW/L 以上，热效率超过 42%。

相比之下，我国氢内燃机的研究开发还处于起步阶段。2007 年，重庆市直辖十周年科技庆典上，长安汽车公司与北京理工大学合作研发的氢内燃机点火成功。2018 年，在上汽产业基金会资助下，北京理工大学联合上海汽车、泛亚汽车及联合电子等公司，开发了近零排放控制技术，取得了积极进展。2021 年中国一汽集团新款氢能发动机点火成功；同年，潍柴 13L 氢内燃机、玉柴 5L 氢内燃机也分别点火成功，后续转入详细标定及装车验证阶段。截至 2024 年，潍柴开发的 13L 氢内燃机，采用高效增压、稀薄燃烧技术，最大功率可达 320kW，而最大扭矩为 2000N·m；玉柴开发的 16L 缸内直喷氢内燃机最大功率 410kW、最大扭矩达到 2300N·m；吉利汽车开发的 2.0L 直喷增压氢内燃机采用了中低压直喷和增压技术，有效热效率达到 46.11%，最大功率接近 110kW；奇瑞汽车开发的 2.0L 氢内燃机，最大功率达 124kW，最大扭矩为 330N·m，有效热效率 43.3%。一汽解放、一汽红旗、东风、五菱柳机、北汽等厂商也都发布了各自的首台氢内燃机样机。

如图 1-12 所示，诸多厂家从 2018 年开始推出了首台氢内燃机样机。随着氢内燃机样机研发的不断开展，氢内燃机稳态及动态标定的不断完善，2021 年国内外厂商纷纷推出了各自的氢内燃机样车。

与国外相比，我国氢内燃机研究开发与应用存在以下差距：一是共性关键技术开发的深度不够，制约氢内燃机应用的氢气喷射、异常燃烧、排放控制、综合电控、可靠性等还没有

图 1-12　氢内燃机样机及车辆开发

取得重大突破；二是核心零部件资源匮乏，如高压氢气喷射的喷嘴、先进后处理器等；三是缺少示范工程项目，无法完成先期技术演示和验证，相关的标准、法规、政策体系配套不充分。

参 考 文 献

[1] Abe J O, Popoola A P I, Ajenifuja E, et al. Hydrogen energy, economy and storage：review and recommendation [J]. Int J Hydrogen Energy, 2019, 44 (29)：15072-15086.

[2] Yue M, Lambert H, Pahon E, et al. Hydrogen energy systems：a critical review of technologies, applications, trends and challenges [J]. Renewable Sustainable Energy Rev, 2021, 146：111180.

[3] Sun Z Y, Liu F S, Liu X H, et al. Research and development of hydrogen fuelled engines in China [J]. Int J Hydrogen Energy, 2012, 37 (1)：664-681.

[4] Dunn S. Hydrogen futures：toward a sustainable energy system [J]. Int J Hydrogen Energy, 2002, 27 (3)：235-264.

[5] Bae C, Kim J. Alternative fuels for internal combustion engines [J]. Proc Combust Inst, 2017, 36 (3)：3389-3413.

[6] Su-ungkavatin P, Tiruta-Barna L, Hamelin L. Biofuels, electrofuels, electric or hydrogen? A review of current and emerging sustainable aviation systems [J]. Prog Energy Combust Sci, 2023, 96：101073.

[7] Le T T, Sharma P, Bora B J, et al. Fueling the future：a comprehensive review of hydrogen energy systems and their challenges [J]. Int J Hydrogen Energy, 2024, 54：791-816.

[8] Das L. Hydrogen engines：a view of the past and a look into the future [J]. Int J Hydrogen Energy, 1990, 15 (6)：425-443.

[9] Boretti A. Hydrogen internal combustion engines to 2030 [J]. Int J Hydrogen Energy, 2020, 45 (43)：23692-23703.

[10] Dawood F, Anda M, Shafiullah G M. Hydrogen production for energy：an overview [J]. Int J Hydrogen Energy, 2020, 45 (7)：3847-3869.

[11] Staffell I, Scamman D, Abad A V, et al. The role of hydrogen and fuel cells in the global energy system [J]. Energy Environ Sci, 2019, 12 (2)：463-491.

[12] Grabner P, Christoforetti P, Gschiel K, et al. Transient operation of hydrogen engines [C]. //44th International

Vienna Motor Symposium. Österreichischer Verein für Kraftfahrzeugtechnik，2023：867-877.

[13] Verhelst S，Demuynck J，Sierens R，et al. Update on the progress of hydrogen-fueled internal combustion engines [J]．//Renewable Hydrogen Technologies. Elsevier，2013. 381-400.

[14] 生态环境部．中国移动源环境管理年报（2023 年）．2023.

[15] Levinsky H. Why can't we just burn hydrogen? Challenges when changing fuels in an existing infrastructure [J]. Prog Energy Combust Sci，2021，84：100907.

[16] Stockhausen W F，Natkin R J，Kabat D M，et al. Ford P2000 hydrogen engine design and vehicle development program [C]．//SAE 2002 World Congress & Exhibition. 2002.

[17] Wallner T，Lohsebusch H，Gurski S，et al. Fuel economy and emissions evaluation of BMW hydrogen 7 mono-fuel demonstration vehicles [J]．Int J Hydrogen Energy，2008，33（24）：7607-7618.

[18] 刘福水，郝利君．氢燃料内燃机技术现状与发展展望 [J]．汽车工程，2006，28（7）：621-625.

第2章
氢气性质与燃烧基础

氢气的理化特性与燃烧是氢内燃机性能开发的重要基础，通过对比分析氢气与柴油、汽油、天然气的物理化学性质差异，有助于从本质上了解氢内燃机的设计与匹配特征，从而更好地为提升氢内燃机的综合性能提供支撑。本章从氢气的物理化学性质出发，对比分析氢气的理化特性对氢内燃机设计的影响，解析高压下氢气的理想气体状态方程的修正方法，探究氢-空（即氢气-空气）混合气层流与湍流的基础燃烧特性以及化学反应动力学过程，为后续理解氢内燃机的设计理念和匹配方法奠定基础。

2.1 氢气的物理化学特性

2.1.1 氢气理化参数及分析

氢气是自然界中最小的分子，具有和传统碳氢燃料不同的理化特性。表 2-1 为氢气与汽油、柴油和天然气燃料的物性参数对比。

表2-1 氢气与汽油、柴油和天然气的燃料特性对比

项目	汽油	柴油	天然气	氢气
理论空燃比（质量比）	14.7	14.3	17.25	34.38
密度/（kg/m³）	700~750[①]	800~840[①]	0.72	0.0899
滞止空气中的扩散系数/（cm²/s）	0.06	0.04	0.16	0.61
空气中自燃温度/K	300~400	250	723	858
空气中可燃体积分数/%	1.4~7.6	0.6~6.5	6.5~17	4~75
最小点火能量[②]/mJ	0.24	0.26	0.29	0.02
绝热火焰温度[③]/K	2370	2300	2214	2480
燃烧速度/（cm/s）	38~47	38~47	34~37	270
低热值/（MJ/kg）	44.5	42.5	50	120
当量混合气燃烧热值/（MJ/m³）	3.7~3.83	3.8	3.39	3.184
淬熄距离/mm	2	—	2.1	0.64

①液态 0℃；②理论当量；③气态。

通过与汽油、柴油和天然气等碳氢燃料的物性参数进行对比，同时结合氢内燃机的特

点，可以看出氢气与其他化石燃料的差别主要体现在以下几个方面。

（1）理论空燃比（质量比）高

氢气的理论空燃比为 34.38，比汽油、柴油和天然气的理论空燃比大 2 倍多，导致在当量比燃烧时，需要更多的空气量。此外，为提高热效率和降低 NO_x 排放，氢内燃机会采用稀薄燃烧方式，混合气当量浓度达到 0.4 时需要的空气量是汽油的 4 倍以上，对高功率氢内燃机的废气涡轮增压系统及空气系统提出了更高的要求。

（2）密度小

与天然气相比，氢气在常温常压下的密度只有天然气的 1/8，导致氢内燃机在大功率工况时对氢气的体积流量需求高。在高转速循环下，极短的喷射窗口内喷入大量氢气，对于喷射系统的要求大幅提升。另外，氢气分子小，易通过活塞环泄漏到曲轴箱里或通过排气道进入后处理系统和涡轮中，需要在进行氢内燃机设计时予以考虑。

（3）滞止空气中的扩散系数高

这有利于在缸内快速形成混合气，提升氢内燃机的燃烧品质，但采用进气道喷射时，高扩散系数容易导致进气道发生回火。

（4）空气中的可燃体积分数范围宽

氢气的可燃体积分数范围为 4%～75%，其燃烧极限浓度能够达到 0.1～7.1，这两个数据都远高于其他碳氢燃料。可燃范围广的特性对于氢内燃机在部分负荷时使用超稀薄燃烧提升氢内燃机有效热效率十分友好，可以在 NO_x 近零排放时实现热效率超过 50%。但是可燃范围广的特点也会加剧氢内燃机进气道回火和缸内早燃、爆震的风险。

（5）最小点火能量低

氢气的点火能量在当量比条件下仅为 0.02mJ。这一特性使其成为与氨、甲醇及天然气等燃料进行掺混燃烧的理想辅助燃料。超低的点火能量导致氢气易被缸内或进气道中的热点点燃，引发早燃和回火等异常燃烧。推荐氢内燃机选用冷型火花塞，增大火花塞的散热能力，降低缸内产生热点带来的风险。

（6）绝热火焰温度高

在化学当量比下，相比于其他燃料，氢-空混合气的绝热火焰温度最高，根据卡诺循环的原理，绝热火焰温度越高，其达到相同低温冷源时的热效率越高，即理论上氢内燃机具有更高的循环热效率，但此时热负荷和传热损失也相应增加。

（7）燃烧速度快

当量比条件下，氢-空混合气的燃烧速度远高于汽油、柴油和天然气，更快的燃烧速度一方面可以提升热效率；另一方面可以提升循环的等容度进而提升热效率，为氢内燃机提升经济性奠定基础。

（8）混合气燃烧热值低

由于氢气密度小，混合气化学当量比高，与汽油、柴油和天然气相比，氢-空混合气的体积热值最低，比汽油约低 17%。因此进气道喷射氢内燃机的功率密度会低于同排量的汽油机和天然气发动机。

（9）淬熄距离短

氢火焰的淬熄距离远小于汽油和天然气，火焰更靠近壁面，氢内燃机比汽油机具有更高的传热系数，且更高的缸内燃烧温度，导致氢内燃机的传热能量大幅增加，这对氢内燃机的冷却系统提出了更高的要求。

上述氢气的理化特性对氢内燃机的设计至关重要。在氢内燃机设计和研发过程中，不仅仅要考虑单一理化特性带来的影响，而且要对其理化特性进行综合分析。例如可燃范围广和燃烧速度快对热效率大都有提升的一面，但是可燃范围广也容易造成末端混合气自燃，进而提升爆震倾向，抑制热效率提升。因此，在氢内燃机的设计过程中，必须充分考虑氢气的理化特性及其相互作用机制，重点分析影响系统性能的关键因素，通过优化设计参数来提升发动机的整体性能表现。

2.1.2　氢气的可压缩性

除了上述的理化特性，随着氢气储存压力提高，氢气的热物理性质也会发生显著变化，不再适用理想气体的假设，因此，高压条件下氢气热物理性质对储氢、供氢系统的设计分析以及车辆耗氢特性的计算都会产生重要影响。

（1）高压状态下氢气分子间距变化

氢分子是双原子分子，具有移动、转动和振动三种运动形式。在标准状况下氢气分子动力学直径约为 $2.89 \times 10^{-10} \mathrm{m}$，分子体积约为 $1.1 \times 10^{-28} \mathrm{m}^{3}$，则 1mol 氢气分子的体积约为 $6.6 \times 10^{-5} \mathrm{m}^{3}$，如果将氢分子视为可伸缩的小球，当压强加大到 70MPa 时，1mol 氢气在 20℃时的体积将减小到 $7.7 \times 10^{-5} \mathrm{m}^{3}$。此时，氢气分子本身所占据的体积已经不容忽视，理想气体方程中关于分子不占有体积、气体分子之间没有相互作用力的条件假设不再成立。

图 2-1 给出了气体分子间作用力（即范德瓦耳斯力、氢键和分子间斥力等）随分子间距的变化情况，当分子间距小于引力与斥力相平衡的距离 r_0（$10 \times 10^{-10} \mathrm{m}$）时，分子间以斥力为主；当分子间距大于 $10 \times 10^{-9} \mathrm{m}$ 时，分子间的作用力可以忽略；当分子间距处于 $10 \times 10^{-10} \sim 10 \times 10^{-9} \mathrm{m}$ 时，分子间作用力以引力为主。利用美国国家标准局提供的数据，计算得到氢气分子间距随压力、温度的变化如图 2-2 和图 2-3 所示。

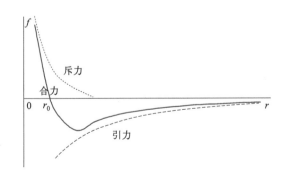

图 2-1　分子间作用力与分子间距的关系

f—分子间作用力；r—分子间距；r_0—引力与斥力相平衡的距离

由图 2-2 可以看到，在温度为 294K 时，氢气的分子间距随压力升高迅速减小，并趋于稳定。同时，可以发现当压力大于 5MPa 后，氢气的分子间距已经小于引力与斥力相平衡的

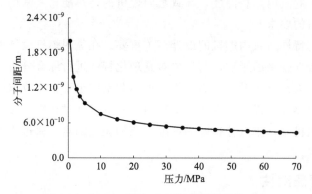

图 2-2 294K 时氢气分子间距随压力的变化

距离（10×10^{-10} m）。因此，高压条件下，氢气分子间的作用以斥力为主。高压下，并不会出现压力增加，储氢质量也显著增加的情况。

图 2-3 显示不同压力下氢气的分子间距随温度增加均逐渐增大，这是因为分子热运动强度与温度成正比，温度升高氢分子的运动能力提高，从而导致氢气的分子间距变大。但是与压力的影响相比，温度对氢分子间距的影响要小得多。

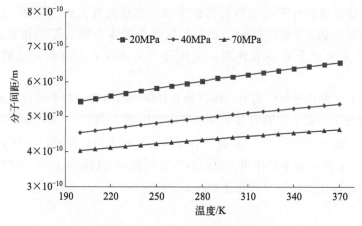

图 2-3 氢气分子间距随温度的变化

（2）气体状态方程的比较分析

范德瓦耳斯方程在理想气体状态方程基础上引入了两个修正参数 a 和 b，不同的物质其修正系数各不相同，方程形式如式(2-1) 所示：

$$P = \frac{RT}{V-b} - \frac{a}{V^2} \tag{2-1}$$

式中，a 表示 1mol 气体分子在占有单位体积时，由于分子间的相互吸引作用所导致的压强减小量，受气体性质决定；修正系数 b 反映了分子所占有的体积。

Redlich 和 Kwong 等在 1949 年对范德瓦耳斯方程进行了修正，提出了 R-K 状态方程，其形式如式(2-2) 所示：

$$P = \frac{RT}{V_m - b} - \frac{a}{\sqrt{T} V_m (V_m + b)} \tag{2-2}$$

式中，P、V_m 和 T 分别代表气体的压力、物质的量体积和温度；常数 a 和 b 是与气体性质有关的参数，可通过临界状态的试验数据计算得到。该公式右边第一项表示分子间斥力的影响，第二项表示分子间引力的影响，并认为分子间的引力作用与分子平均速度，即温度的平方根成反比。

1982 年，Younglove 提出了适用于实际氢气的修正 Benedict-Webb-Rubin 公式，形式如式(2-3)所示：

$$
\begin{aligned}
P = {} & \rho RT \\
& + \rho^2 [G(1)T + G(2)T^{1/2} + G(3) + G(4)/T + G(5)/T^2] \\
& + \rho^3 [G(6)T + G(7) + G(8)/T + G(9)/T^2] \\
& + \rho^4 [G(10)T + G(11) + G(12)/T + \rho^5 G(13)] \\
& + \rho^6 [G(14)/T + G(15)/T^2 + \rho^7 G(16)/T] \\
& + \rho^8 [G(17)/T + G(18)T^2 + \rho^9 G(19)/T^2] \\
& + \rho^3 [G(20)/T^2 + G(21)/T^3] \exp(\gamma \rho^2) \\
& + \rho^5 [G(22)/T^2 + G(23)/T^4] \exp(\gamma \rho^2) \\
& + \rho^7 [G(24)/T^2 + G(25)/T^3] \exp(\gamma \rho^2) \\
& + \rho^9 [G(26)/T^2 + G(27)/T^4] \exp(\gamma \rho^2) \\
& + \rho^{11} [G(28)/T^2 + G(29)/T^3] \exp(\gamma \rho^2) \\
& + \rho^{13} [G(30)/T^2 + G(31)/T^3 + G(32)/T^4] \exp(\gamma \rho^2)
\end{aligned}
\tag{2-3}
$$

式中，P 表示气体压力；ρ 表示气体密度；R 表示理想气体常数；T 表示绝对温度；$G(i)$ 和 γ 可根据试验数据进行确定。可以看到，此方程具有 32 个系数，虽然能够获得较好的计算精度，但形式较为复杂，直接用于氢气物理性质计算很不方便。

2004 年，四川大学董赛鹰认为，当气体处于高密度的情况下，分子间的作用力较大，分子的转动体积会收缩，因此范德瓦耳斯方程中的 V（体积）应该修正为 $V+c$，即反映气体分子所占体积的修正系数 b 应缩小，分子活动的空间要相应地增大，其增大的量设为 c；另外考虑到随着温度的升高，气体分子间相互吸引产生的压强会有所减弱，因此假定修正量 a 与 T 成反比，进而提出了适用于高密度氢气的状态方程的对比方程，如式(2-4)所示：

$$P_R = \frac{T_R}{Z_C(V_R + 0.13636) - 1/8} - \frac{27/64}{T_R Z_C^2 (V_R + 0.13636)^2} \tag{2-4}$$

式中，P_R、T_R 和 V_R 分别代表氢气的状态参量 P、V、T 与临界状态参量 P_C、V_C 和 T_C 的比值；Z_C 表示氢气临界等温线的压缩因子，试验值为 0.33。

到了 20 世纪初，维里方程由 Heike Kammerlingh Onnes 作为纯经验方程提出，一般如式(2-5)和式(2-6)所示：

$$pV_m = RT \left(1 + \frac{B}{V_m} + \frac{C}{V_m^2} + \frac{D}{V_m^3} + \cdots \right) \tag{2-5}$$

或

$$pV_m = RT(1 + B'p + C'p^2 + D'p^3 + \cdots) \tag{2-6}$$

式中，B、C、$D\cdots$ 或 B'、C'、$D'\cdots$ 分别称为第二、第三、第四……维里系数，它们都是温度的函数，并与气体性质有关。维里系数通常由实测的 p、V 和 T 数据拟合得出。

为了使维里方程能够用于高压氢气的计算，Lemmon 等在 2006 年和 2008 年连续两次对维里方程用于氢气计算时的维里系数进行了拟合，方程形式如式（2-7）和式（2-8）所示：

$$z(p, t) = \frac{p}{\rho RT} = 1 + \sum_{i=2}^{6} \sum_{j=1}^{2} v_{ij} T^{n_{ij}} p^{i-1} \tag{2-7}$$

$$z(p, t) = \frac{p}{\rho RT} = 1 + \sum_{i=1}^{9} a_i (1/T)^{b_i} p^{c_i} \tag{2-8}$$

式中，v_{ij}、n_{ij}、a_i、b_i、c_i 为维里系数；p 为气体压力；T 为绝对温度。

此外，还有较多其他形式的实际气体状态方程，如贝蒂-布里奇曼方程等，然而这些状态方程大多是通过试验数据的归纳而得，受系数位数及拟合系数所参考的试验数据样本量影响较大，缺乏明确的物理意义，且形式较为复杂，因此使用范围较小。

综上所述，能够反映实际气体热物理性质的状态方程形式较多，但计算精度各不相同，因此有必要对上述方程用于高压氢气密度计算时的精度进行对比分析。范德瓦耳斯方程［式（2-1）］在高压条件下的计算精度较低，而修正 Benedict-Webb-Rubin 公式［式（2-3）］形式过于复杂。因此，下面将主要针对 R-K 方程［式（2-2）］和高密度氢气状态方程的对比方程［式（2-4）］进行对比研究。

通过对比 R-K 方程和氢气状态方程的对比方程，可以看出，在考虑分子间引力作用的影响时，R-K 方程认为分子间的引力作用与分子平均速度，即温度的平方根 $\sqrt{T}$ 成反比，而氢气状态的对比方程认为分子间的引力作用与温度 T 成反比。由于温度的增加会削弱引力的影响，而高压下氢气分子间的作用力主要以斥力为主。参考 R-K 方程的形式，Zhang 尝试将式（2-4）中的引力项修正为与温度的平方根 $\sqrt{T}$ 成反比，从而得到了修正的高压氢气状态方程的对比方程：

$$P_R = \frac{T_g}{Z_C(V_R + 0.13636) - 1/8} - \frac{27/64}{\sqrt{T_R} Z_C^2 (V_R + 0.13636)^2} \tag{2-9}$$

（3）压缩因子

由于理想气体状态方程不适合气态高压的氢气，在此认知的基础上出现了维里方程、范德瓦耳斯方程、R-K 状态方程等，与美国国家标准与技术研究院（National Institute of Standards and Technology，NIST）数据相比仍有部分误差。在制定的加氢机国家标准（GB 31138—2022）中参照 NIST 数据规定了氢气压缩因子的计算，见式（2-10）：

$$Z = \sum_{i=1}^{6} \sum_{j=1}^{4} v_{ij} p^{i-1} (100/T)^{j-1} \tag{2-10}$$

按式（2-10）及表 2-2，可以得到不同温度、压力下氢气压缩因子及氢气密度基本计算数据，如图 2-4 所示，可对高压下氢气状态参数进行修正。

表2-2　氢气压缩因子 v_{ij} 计算系数

v_{ij}	j_1	j_2	j_3	j_4
i_1	1.00018	−0.0022546	0.01053	−0.013205
i_2	−0.00067291	0.028051	−0.024126	−0.0058663
i_3	0.000010817	−0.00012653	0.00019788	0.00085677
i_4	-1.4368×10^{-7}	1.2171×10^{-6}	7.7563×10^{-7}	-1.7418×10^{-6}
i_5	1.2441×10^{-9}	-8.965×10^{-9}	-1.6711×10^{-8}	1.4697×10^{-7}
i_6	-4.4709×10^{-12}	3.0271×10^{-11}	6.3329×10^{-11}	-4.6974×10^{-10}

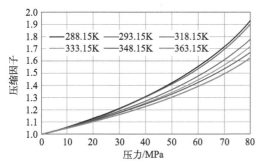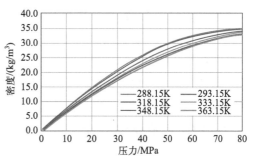

图 2-4　氢气压缩因子、密度随压力与温度的变化（另见文前彩图）

2.2　着火与点火

2.2.1　着火特性

从表 2-1 可以看出，氢-空混合气的可燃范围广，从体积浓度 4% 到 75% 都能够被点燃。在定容装置中，氢-空混合气的最低着火浓度能够达到 0.1，即过量空气系数达到 10；最大着火浓度能够达到 10，即过量空气系数为 0.1。而在氢内燃机中，由于存在循环变动，最低着火浓度为 0.2 左右，即过量空气系数为 5 时，氢内燃机能够实现稳定的怠速燃烧，不会出现失火现象。

氢-空混合气的自燃温度达到 858K，当量比下绝热火焰温度为 2480K，极高的自燃温度使得氢-空混合气不容易被压燃，采用过量空气系数大于 2 的稀薄燃烧可进一步降低末端混合气被压燃的风险，从而允许氢内燃机使用高压缩比实现高热效率。

2.2.2　点火能量

氢内燃机中氢-空混合气的点火能量不同于其他碳氢燃料，其需求能量很低，在发动机静止条件下，最小可以低到 0.02mJ；对于较稀或者过浓混合气，以及点火电极处的混合气流速较高时，所需的点火能量需要增加 10 倍以上，即 0.2mJ；当发动机的进气增压之后，所需的点火能量会进一步增加，按照碳氢燃料的实验结果可以推算，其点火能量需要增加 2 倍以上，即 0.4~0.5mJ。但为了氢内燃机在各个工况下都能稳定点火，一般氢内燃机的点火系统供给能量应不低于 10mJ。总体来说，氢内燃机的点火能量较低，这也为氢内燃机的可靠运行提供了基础，保证氢内燃机在混合气浓度达到着火需求时，不会出现失火现象。但在超稀薄燃烧条件下，为避免较大的循环变动，需要进一步加大点火能量。

结合氢内燃机可燃范围广的特点，氢内燃机的点火系统需要供给较低的点火能量，同时要考虑点火电极的高温产生的热点可能带来回火等异常燃烧的问题。因此，氢内燃机的点火系统一方面要降低点火能量，并避免出现富余和二次点火，另一方面要提升点火系统的散热能量，选取或者开发冷型专用火花塞，保证氢内燃机的可靠性。

2.3　层流与湍流燃烧特性

内燃机的工作性能取决于燃料在内燃机气缸内的燃烧状况。火焰传播速度以及由其确定的放热规律是表征燃烧状况的关键指标。内燃机气缸是高温、高压、高湍流的密闭空间，难以直接测量气缸内的火焰传播速度。火焰传播速度取决于燃料的层流燃烧速度，同时受湍流强度、温度和压力的影响，研究氢气的层流燃烧速度是理论分析氢内燃机缸内燃烧过程的基础。

2.3.1　氢气层流燃烧特性

早期的学者在 19 世纪末就开始研究氢气的层流燃烧特性。关于氢气层流燃烧研究最早的内容见于 Dell 在 1957 年对氢气燃烧特性的综述中。1971 年，Edmondson 研究了氢气的燃烧速度，1973 年 Stephenson 研究了氢氧氮混合气中层流火焰的发展，这些研究并没有对研究方法做出说明，其结论的正确性有待验证，但仍可为后续的研究提供借鉴。

1983 年，Liu 等利用稳定流速燃烧器和纹影法研究了常压、温度 286～523K、燃空比 0.53～4.35 的氢-空混合气的层流燃烧速度，其研究结果表明混合气的当量燃空比对氢气层流燃烧速度的影响最为显著，而初始温度和压力对层流燃烧速度的影响较小。1984 年 Milton 等在中心点火定容燃烧弹上测得温度在 300～550K、压力 0.05～0.7MPa 化学计量比下的氢气层流燃烧速度，其结果和 Liu 的结论较为一致。

1990 年，Dowdy 等考虑了火焰拉伸对火焰传播的影响，采用定容燃烧弹和纹影系统测量球形膨胀火焰的传播速度，测得化学计量比燃烧时的氢气层流燃烧速度为 2.13m/s，层流燃烧速度最大值 2.85m/s 对应的当量燃空比为 1.7。2001 年，Kwon 等在研究氢气预混火焰时考虑了火焰和拉伸的相互作用，其结论和 Dowdy 的结论较为吻合。后来的学者 Bradley、黄佐华在研究可燃范围极限和层流火焰稳定性时考虑了火焰的拉伸作用，得到了较为准确的结论。氢-空层流火焰传播速度如图 2-5 所示，浓度对氢-空混合气层流燃烧速度的影响最为显著，在当量燃空比 1.7 以下，层流燃烧速度随燃空比增大而迅速增大，在当量燃空比 1.8 以上，层流燃烧速度随燃空比增大而略微减小。300K，压力为 0.1MPa 时，当量燃空比 1.0 时氢-空混合气层流燃烧速度达到了 2.22m/s，当量燃空比 1.7 时层流燃烧速度达到了最大的 2.93m/s，部分文献中提及最大燃烧速度可达 3.2m/s。此外，温度也对层流燃烧速度有正向的作用。400K 时，当量燃空比 1.7 的层流燃烧速度最大达到 4.21m/s。

对于氢气的预混火焰，其火焰传播过程受到拉伸的影响，火焰传播速度 S_n 和拉伸率 α 间存在线性关系：

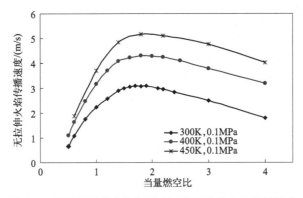

图 2-5　不同当量燃空比和温度下的无拉伸火焰传播速度

$$S_n = S_s - L_b \alpha \tag{2-11}$$

式中，S_s 为无拉伸火焰传播速度，即层流燃烧速度；L_b 为马克斯坦长度。对于稀薄燃烧的氢-空混合气在当量比小于 0.8 时，马克斯坦长度为负值，火焰传播速度大于层流燃烧，随着拉伸率逐渐减小（火焰半径的增加），火焰传播速度也相应减小并逐渐接近于层流火焰传播速度。相反，对比当量比大于 0.8 的预混火焰，拉伸的存在使得火焰传播速度降低。

在稀燃工况下，氢气预混火焰还受到流体力学不稳定性和不等扩散不稳定性的影响。其中流体力学不稳定性是火焰前沿因密度梯度而受到扰动，火焰前峰面密度下降，导致火焰波动和失稳。不等扩散不稳定性是火焰中热扩散和分子扩散之间不平衡导致的，由于氢气的扩散速率快，导致在氢火焰发展初期，不等扩散不稳定性占主导作用。

稀薄燃烧条件下的氢-空火焰的不等扩散不稳定可以具体解释为：对于当量比小于 1 的稀燃工况，氢-空混合气的刘易斯数 L_e（热扩散系数与未燃气体质量扩散系数的比值）小于 1，试验测得在当量比为 0.5 时，氢-空混合气的 L_e 仅为 0.4。如图 2-6 所示，由于传质速率大于传热，正曲率拉伸的火焰会迅速加速，向未燃区凸起的区域速度增加，而向已燃区凹陷的区域速度减小，火焰出现明显的褶皱和胞状结构，不稳定性显著增加。

为模拟内部或外部废气再循环（Exhaust gas recirculation，EGR）的作用，学者们进一步研究了 N_2 稀释和 $H_2O + N_2$ 稀释对层流火焰的影响。试验发现 N_2 稀释和 $H_2O + N_2$ 稀释

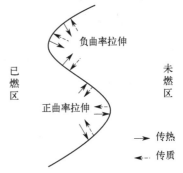

图 2-6　稀燃氢火焰不稳定性
（传质效应大于传热）

都会降低层流火焰传播速度和已燃区温度。两种稀释条件下稀释率的增大都会造成层流燃烧速度和已燃区温度的显著下降，这对于减少 NO 的生成是有益的。在同样的稀释率和初始温度下，$H_2O + N_2$ 稀释相对于 N_2 稀释能降低层流燃烧速度和已燃区温度。在稀释率 40% 时，$H_2O + N_2$ 稀释使层流燃烧速度和已燃区温度下降了 61.61% 和 37.97%。N_2 稀释则使层流燃烧速度和已燃区温度下降了 53.01% 和 32.17%，但这时马克斯坦长度略微减小，稀释后的预混火焰的稳定性下降。

2.3.2   氢气湍流燃烧特性

现代高速内燃机气缸内发生的燃烧都是湍流燃烧。湍流燃烧的速度不仅和温度、压力、燃料的化学性质有关，还和湍流强度等流动特征密切相关。

根据湍流尺度和火焰结构可以将湍流燃烧划分为三种模式：

$$\delta_L \leqslant \ell_K \tag{2-12}$$

$$\ell_0 > \delta_L > \ell_K \tag{2-13}$$

$$\delta_L \geqslant \ell_0 \tag{2-14}$$

式中，ℓ_K 为柯尔莫戈洛夫尺度，代表流体中最小的旋涡尺度；ℓ_0 为积分尺度，代表流体中最大的旋涡尺度；δ_L 为层流火焰厚度。当层流火焰厚度 δ_L 比湍流最小尺度 ℓ_K 薄得多时 [式(2-12)]，湍流扰动足够强，涡流可以进入火焰内部，处于破碎反应区。当湍流最大尺度 ℓ_0 也小于火焰厚度 δ_L 时 [式(2-13)]，反应区内的输运现象就不仅受分子运动的控制，同时也受湍流运动的控制，处于褶皱火焰区和薄反应区。当火焰厚度大于 ℓ_0 时 [式(2-14)]，火焰主要由化学反应动力学主导，处于层流火焰区。

在氢内燃机缸内条件下，柯尔莫戈洛夫尺度通过式(2-15)求出：

$$\ell_K = \ell_0 Re_t^{-0.75} \tag{2-15}$$

火焰厚度 δ_L 由式(2-16)得出：

$$\delta_L = \frac{2\alpha}{u_L} \tag{2-16}$$

式中，α 表示热扩散系数；u_L 表示层流燃烧速度。

通过计算，图2-7展示了典型氢内燃机中燃烧模式图。其中横坐标为雷诺数 Re_t，纵坐标为丹姆克尔数 Da。图示区域的Ⓐ表示式(2-12)对应的区域，Ⓑ表示式(2-13)对应的区域，Ⓒ表示式(2-14)对应的区域。稀燃时，火焰从薄反应区逐步进入褶皱火焰区，此时湍流会进一步影响火焰形状，但火焰内部仍保持层流特性。而当混合气当量比逐渐增大超过化学当量比后，火焰处于破碎反应区域。

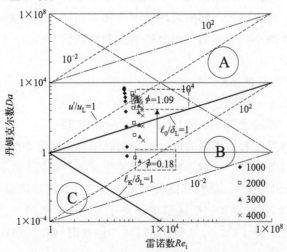

图2-7   湍流预混火焰燃烧三种模式对应的区域

ϕ—混合气当量比

2.4 氢-空混合气燃烧机理

2.4.1 典型燃烧机理

相对于碳氢燃料具有多个 C—H 和 C—C 而言，氢气分子是短链分子，仅包含一个 H—H 键，因而氢氧燃烧详细机理所包含的基元数和反应数大为减少。氢气燃烧的化学机理主要可以分为以下三个阶段。

（1）链起始反应

$$O_2 + M \longrightarrow 2O + M \ (M\ \text{为碰撞体，如} N_2\ \text{或} O_2) \tag{2-17}$$

（2）链增长反应

$$H_2 + O \longrightarrow H + OH \tag{2-18}$$

$$H + O_2 \longrightarrow OH + O \tag{2-19}$$

$$OH + H_2 \longrightarrow H + H_2O \tag{2-20}$$

这几个反应是链增长（分支）的核心步骤，通过产生高活性的 OH、O 和 H 自由基，加速燃烧链反应的进行。

（3）链终止反应

$$H + O_2 + M \longrightarrow HO_2 + M \tag{2-21}$$

$$HO_2 + H \longrightarrow H_2 + O_2 \tag{2-22}$$

$$H + OH + M \longrightarrow H_2O + M \tag{2-23}$$

这些链终止反应在低温、低浓度或高压环境下占主导地位，导致燃烧速率降低甚至火焰熄灭。在氢内燃机中链分支与链终止反应的竞争对燃烧效率和排放有着重要影响，其中高温有助于活化能较高的链分支反应，促进 OH 自由基的生成，可提高反应速率。而高压条件下，式(2-21)占据主导，从而抑制链式反应的进行。通过控制燃烧条件（如温度、压力和当量比），可以优化链分支反应的优势，从而提升燃烧性能。

目前常见的氢氧燃烧详细反应机理基本上是碳氢燃料详细燃烧机理的子机理。表 2-3 列出了几种目前被广泛接受的小分子碳氢燃料详细机理，由表 2-3 可知，即便是 $C_1 \sim C_3$ 短链碳氢燃料，反应机理也包含了相当数量的基元和反应数。而氢燃烧反应机理只占到其中很小一部分，一些学者采用这些模型计算了氢氧的燃烧过程，发现小分子碳氢燃料燃烧机理中的氢氧反应子机理完全适合纯氢和空气的燃烧预测。

表2-3　常见的小分子碳氢化合物氧化动力学机理列表

机理名称	组分数	反应个数	适用条件
GRI-Mech 3.0	53	325	$C_1 \sim C_3$ 碳氢化合物
San Diego	46	235	$C_1 \sim C_3$ 碳氢化合物
Leeds	64	439	$C_1 \sim C_2$ 碳氢化合物
Konnov	127	1207	$C_1 \sim C_3$ 碳氢化合物

加州大学伯克利分校气体研究院在近 30 年来对 $C_1 \sim C_3$ 短链碳氢燃料的燃烧机理进行

了持续的研究，提出了系列的 GRI 反应机理，成功预测了氢气的着火延迟和层流燃烧速度。该机理可以在很宽的温度、压力和浓度范围内预测氢气的燃烧过程，满足内燃机缸内燃烧的使用条件，并且具有较高的精度。其中最新的 GRI-3.0 版详细机理包含 325 个基元反应，不仅可以预测燃烧速度，也可以预测 NO_x 的生成。GRI 详细反应机理的氢-空气反应子机理（H-O-N 反应机理）包含 67 个单步反应（其中氢氧可逆反应就有 28 个），该机理适用于内燃机缸内燃烧条件［温度 298～3000K，压力 0.3～87atm（1atm＝101325Pa），当量燃空比 0.25～5.0］。

除了 GRI 系列机理以外，普林斯顿大学 Westbrook 和 Dryer 就对碳氢燃料燃烧机理进行了综述和验证，并提出了包含 21 个可逆反应的氢氧燃烧子机理。Muller 在后续研究中根据试验数据对该机理进行了修正，使之能在很宽的温度和压力范围内准确预测氢氧的燃烧过程。Li 对 Muller 的研究结果进行了进一步的修正，使其能够成功预测着火延迟以及层流燃烧速度。

除了上述两种广泛应用的机理，加州大学 San Diego 分校的 Williams 提出了一种包含 21 步可逆反应的氢氧反应模型，该模型预测的氢氧点火延迟在压力达到 33atm 时仍然准确。Leeds 大学提出了包含 46 步单步反应的氢氧反应机理，也被证实能够在较低的压力下预测点火延迟。Konnov 对氢氧燃烧模型进行了很好的优化，提出了包含 28 步可逆反应的氢氧燃烧机理，并用大量的试验数据进行了验证。这几种氢氧燃烧模型都是小分子气体碳氢燃料机理的子机理。

Jochen 采用 Chemkin 软件计算了 GRI-Mech 3.0、Li、Leeds、Konnov 四种模型的氢氧燃烧速度和点火延迟，并采用球形燃烧弹和基波管进行试验验证，对比结果显示这四种模型对预测氢氧燃烧速度和点火延迟都有较好的适用性。

2.4.2　化学反应机理验证

基于子机理获得的简化模型，必须首先保证燃烧模拟的准确性，其次要考虑采用尽可能少的基元和基元反应数。根据获得的简化模型，氢气燃烧机理的验证方法一般可以分为以下几种。

（1）使用层流火焰速度和点火延迟期进行验证

使用简化机理计算氢-空混合气的燃烧速度，可以得到层流燃烧速度，当简化机理计算得到的层流燃烧速度和试验值的误差＜5％时，一般认为获得简化机理模型能够准确模拟燃烧过程。同样，可在激波管或快速压缩机中，模拟不同温度和压力，利用点火延迟期进行验证。

（2）温度和层流燃烧速度的空间分布验证

目前的技术手段中，平面激光诱导荧光（Planar Laser-Induced Fluorescence，PLIF）的测试方法已经得到了较为广泛的应用，通过 PLIF 可以获得火焰传播过程中的温度和燃烧速度的空间分布特性，验证简化机理对燃烧中间产物（如 H、O、OH、HO_2）的生成和演变规律的描述能力，进一步校核模型的准确性。

（3）简化机理在不同边界条件下的适用性验证

开展简化机理的研究都需要有对应的边界条件，不同边界条件下的简化模型并不完全一致。因此，在验证层流燃烧速度和温度的空间分布的基础上，可以针对特定边界条件下的产物进行验证，保证模型对特定边界下的适用性。利用气相色谱或质谱分析燃烧产物，验证燃烧终产物与化学平衡结果是否一致。

<h2 style="text-align:center">参 考 文 献</h2>

[1]　Verhelst S，Wallner T. Hydrogen-fueled internal combustion engines [J]. Prog Energy Combust Sci，2009，35 (6)：490-527.

[2]　Verhelst S，T'Joen C，Vancoillie J，et al. A correlation for the laminar burning velocity for use in hydrogen spark ignition engine simulation [J]. Int J Hydrogen Energy，2011，36 (1)：957-974.

[3]　Distaso E，Baloch D A，Calò G，et al. A chemical-kinetics-based approach for the preliminary design of hydrogen internal combustion engines [J]. Energy Convers Manage，2024，315：118736.

[4]　Hu E J，Huang Z H，He J J，et al. Experimental and numerical study on laminar burning velocities and flame instabilities of hydrogen-air mixtures at elevated pressures and temperatures [J]. Int J Hydrogen Energy，2009，34 (20)：8741-8755.

[5]　Giménez B，Melgar A，Horrillo A，et al. A correlation for turbulent combustion speed accounting for instabilities and expansion speed in a hydrogen-natural gas spark ignition engine [J]. Combust Flame，2021，223：15-27.

[6]　Dong S，Wagnon S W，Pratali Maffei L，et al. A new detailed kinetic model for surrogate fuels：C3MechV3. 3 [J]. Appl Energy Combust Sci，2022，9：100043.

[7]　Bai-gang S，Dong-sheng Z，Fu-shui L. A new equation of state for hydrogen gas [J]. Int J Hydrogen Energy，2012，37 (1)：932-935.

[8]　Strohle J，Myhrvold T. An evaluation of detailed reaction mechanisms for hydrogen combustion under gas turbine conditions [J]. Int J of Hydrogen Energy，2007，32 (1)：125-135.

[9]　Kéromnès A，Metcalfe W K，Heufer K A，et al. An experimental and detailed chemical kinetic modeling study of hydrogen and syngas mixture oxidation at elevated pressures [J]. Combust Flame，2013，160 (6)：995-1011.

[10]　Verhelst S，Wallner T，Eichlseder H，et al. Electricity Powering Combustion：Hydrogen Engines [J]. Proc IEEE，2012，100 (2)：427-439.

[11]　Blizard N C，Keck J C. Experimental and theoretical investigation of turbulent burning model for internal combustion engines [C]. //1974 Automotive Engineering Congress and Exposition. 1974.

[12]　Demuynck J，De Paepe M，Verhaert I，et al. Heat loss comparison between hydrogen, methane, gasoline and methanol in a spark-ignition internal combustion engine [J]. Energy Procedia，2012，29：138-146.

[13]　Das L. Hydrogen-oxygen reaction mechanism and its implication to hydrogen engine combustion [J]. Int J Hydrogen Energy，1996，21 (8)：703-715.

[14]　孙作宇，刘福水，暴秀超. 球形氢气层流预混火焰传播特性研究 [J]. 工程热物理学报，2013，34 (12)：2413-2417.

[15]　Swain M，Filoso P，Swain M. Ignition of lean hydrogen-air mixtures [J]. Int J Hydrogen Energy，2005，30 (13～14)：1447-1455.

[16]　Duan J F，Liu F S. Laminar combustion characteristics and mechanism of hydrogen/air mixture diluted with $N_2 + H_2O$ [J]. Int J Hydrogen Energy，2017，42 (7)：4501-4507.

[17]　Konnov A A. Yet another kinetic mechanism for hydrogen combustion [J]. Combust Flame，2019，203：14-22.

[18]　Konnov A A. Remaining uncertainties in the kinetic mechanism of hydrogen combustion [J]. Combust Flame，2008，152 (4)：507-528.

[19]　Lü Z T，Cao H Z，Han W，et al. Real-fluid effects on laminar premixed hydrogen flames under cryogenic and high-pressure conditions [J]. Combust Flame，2025，272：113837.

[20]　Ma X Y，Nie B S，Wang W L，et al. Effect of hydrogen concentration, initial pressure and temperature on mechanisms of hydrogen explosion in confined spaces [J]. Combust Flame，2024，269：113696.

[21] Millán-Merino A，Boivin P. A new single-step mechanism for hydrogen combustion [J]. Combust Flame，2024，268：113641.

[22] Owston R，Magi V，Abraham J. Interactions of hydrogen flames with walls：influence of wall temperature，pressure，equivalence ratio，and diluents [J]. Int J Hydrogen Energy，2007，32（12）：2094-2104.

[23] Pers H，Schuller T. Impact of hole geometry on quenching and flashback of laminar premixed hydrogen-air flames [J]. Combust Flame，2025，274：113988.

[24] Sharipov A S，Loukhovitski B I，Pelevkin A V，et al. A detailed kinetic submechanism for OH·chemiluminescence in hydrogen combustion revisited. Part 1 [J]. Combust Flame，2024，263：113407.

[25] Shi X，Chen J Y，Chen Z. Numerical study of laminar flame speed of fuel-stratified hydrogen/air flames [J]. Combust Flame，2016，163：394-405.

[26] Wen X，Berger L，Cai L M，et al. Thermodiffusively unstable laminar hydrogen flame in a sufficiently large 3D computational domain-part Ⅱ：NO_x formation mechanism and flamelet modeling [J]. Combust Flame，2024，265：113497.

[27] Zhang Z Y，Huang Z H，Wang X G，et al. Measurements of laminar burning velocities and markstein lengths for methanol-air-nitrogen mixtures at elevated pressures and temperatures [J]. Combust Flame，2008，155（3）：358-368.

均质化的氢-空混合气可以有效促进燃烧、降低 NO_x 排放和抑制缸内混合气自燃。由于氢气与汽油、柴油、天然气的物化特性存在显著差异，传统汽油、柴油发动机中关于液态燃料可燃混合气的形成理论，无法直接套用到氢内燃机的氢-空混合气形成过程中。不过，其研究方法以及关键设备方面，对氢内燃机氢-空混合气形成的研究仍具有借鉴意义。氢气缸内直喷技术成为氢内燃机近阶段的发展热点，引发了国内外车企和研究机构的高度关注。但是采用缸内直喷氢气后，氢-空混合气形成时间短，混合气均匀性和燃烧完全程度受影响较大，且对氢气储存系统、氢气喷射系统的设计和可靠性要求提高。因此，分析和研究氢-空混合气的形成规律，设计合适的氢气喷射系统，是改善氢内燃机性能指标的重要基础。本章主要从氢气喷射方式、氢气喷嘴、氢气喷射特性和混合气形成数值模拟等方面探讨氢-空混合气的形成过程。

3.1 氢气喷射方式

典型的氢内燃机台架或车载供氢和喷射系统主要由氢气储存子系统、氢气调节子系统和氢气喷射子系统组成。当氢气以高压气态形式储存时，氢气通过瓶口阀流出，经过多级减压阀逐级降压至设定的喷射压力。随着使用时间的增加，气瓶内压力会逐渐下降，当压力低于喷嘴的喷射压力时，就需要更换气瓶或补充氢气。因此，喷嘴喷射压力越高，气瓶内残留的氢气越多，相同容量和消耗率的氢气车辆的续航里程越短。由于氢气喷射是周期性的间断喷射，喷嘴的流量与喷射压力呈线性正比关系。考虑到氢气密度小，单次喷射流量大，为保持喷嘴流量恒定，喷嘴上游的压力波动变化率需小于 1%。因此，在喷嘴前端安装氢气轨道以稳定喷射压力，并在氢气轨道上安装压力、温度传感器以监测喷嘴的工作状态。氢气管路还配备了质量流量计，用于测量氢气消耗率并计算氢-空混合气的空燃比。当采用液氢储氢方式时，液氢通过液态泵加压至所需的喷射压力，然后通过与内燃机的冷却液进行热交换汽化为气态氢，进入氢气管道。无论是哪种储氢方式，氢内燃机喷射过程中氢气始终为气态，不涉及相变过程。

3.1.1 氢气喷射方式比较

按氢气喷嘴安装位置的不同，氢气喷射可分为进气道喷射（port fuel injection，PFI）和缸内直喷（direct injection，DI）两种，喷射方式如图 3-1 所示。进一步按喷射压力和喷射形式分类，又可分为进气道单点喷射、进气道多点喷射、低压缸内直喷和高压缸内直喷四种。采用进气道喷射时，氢气喷射压力较低，对氢气喷嘴的硬件要求较低。氢气喷射进入进气歧管内，与空气混合后再一起进入气缸，混合时间长，混合气均匀度也较高。但在进气冲程，氢气最高可占据31％的气缸容积，导致进气量减少，进而影响氢内燃机的动力性。采用缸内直喷后，可以解决氢气占据气缸容积的问题，显著提升动力性，但由于喷射下游背景压力较高，因此需要更高的喷射压力。此外与进气道喷射相比，缸内直喷的喷射窗口短，需要更大的流量和更强的高温耐受能力，对喷嘴的硬件要求更高。不同喷射方式氢内燃机的特点、优势和劣势的比较详见表3-1。

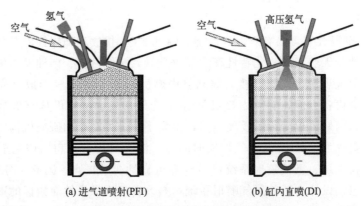

(a) 进气道喷射(PFI)　　　　　　　　　(b) 缸内直喷(DI)

图 3-1　不同氢气喷射方式示意图

表3-1　不同氢气喷射方式氢内燃机对比

氢气喷射方式	进气道单点喷射	进气道多点喷射	低压缸内直喷	高压缸内直喷
喷射时刻	进气冲程初段	排气冲程末段或进气冲程初段	压缩冲程初段	压缩冲程初段至接近压缩上止点
喷射压力	0.5~3MPa	0.5~3MPa	1.5~6MPa	>10MPa
能量密度变化[①]	损失30%	损失30%	提升20%	提升20%
异常燃烧风险	高风险回火	低风险回火	无回火	无回火
混合气形成	易形成不均匀混合气	易形成均匀混合气	混合气基本均匀	混合气均匀或分层，可调控
优势	易在天然气等其他气体发动机基础上改造、对喷嘴硬件要求低	改造成本和喷嘴硬件要求较低、可靠性高	可避免回火，提升动力	可避免回火，升功率高，效率高
劣势	升功率低，异常燃烧风险大	升功率低，有异常燃烧风险	对直喷喷嘴流量要求高	喷嘴成本高，气态高压储氢续航里程低

① 与同排量汽油机相比。

在实际应用层面，进气道喷射因其低成本和设计改装简单的优势，多用于以可靠性和耐用性优先的场景，如非道路机械、固定式发电和商用车，而由于氢气占用缸内容积，因此需要通过提高排量实现功率目标。缸内直喷的功率密度大，是乘用车小排量氢内燃机的首选，同时其燃料控制灵活、热效率高的特点也成为高性能大排量商用车的选择。图 3-2 展示了2019—2024 年全球部分厂家开发的氢内燃机样机排量及功率数据。图中下面虚线椭圆区代表 PFI，上面的椭圆区代表 DI，三角形代表道路应用，方形代表非道路应用。其中排量为

2.0L 的氢内燃机为追求更高性能全部采用了缸内直喷技术手段，最高升功率可达 150kW/L，而采用进气道喷射的氢内燃机排量范围多为 4～13L，且大部分为非道路应用，升功率在 25kW/L 左右。因此两种喷射方式的选择取决于成本、性能要求及其适用场景。

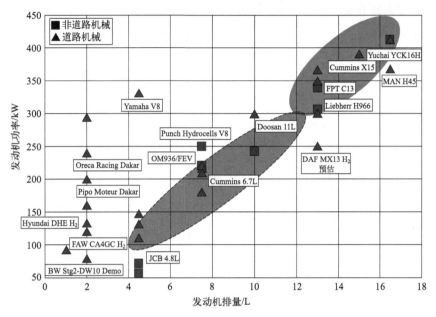

图 3-2　不同用途和技术的氢内燃机样机排量与功率范围（另见文前彩图）

3.1.2　进气道氢气喷射

进气道常温喷射所要求的氢气喷射压力较低，采用压缩气瓶储氢时的氢气可用量大；整个燃料供应系统结构简单、造价低、能耗少。典型进气道喷射氢内燃机为德国 BMW 公司 12 缸氢内燃机，该发动机的峰值扭矩达 340N·m，功率 170kW，在驱动重达 2.5t 的车辆时丝毫不逊色于现代版的汽油机。而且氢气喷嘴技术比较成熟，喷嘴的可靠性较高。此外，进气道喷射可以获得更为均匀的混合气，采用稀薄燃烧时，缸内不会出现大范围偏浓区域，因此 NO_x 整体排放较低。

在氢气喷射时，由于喷入的氢气量较大，会影响到进气压力波动，同时喷氢开始角度、喷射持续时间会对容积效率产生影响，进而影响到发动机的功率输出，试验发现通过改变喷氢正时，功率输出会有最大 20% 的差别，而在高速时这种差别有所减小。此外，喷射压力的变化对功率的影响较小，但使用不同的喷射角度时会影响到氢气和空气混合的均匀性，通常情况下喷射流与进气流交角在 30°～45°时均匀性最佳。

部分研究人员还探索过采用进气道氢气低温喷射的方案。氢气的喷射温度为 −240℃，与空气混合后的温度约为 −63℃。低温的混合气充量不仅很好地冷却了缸内热点，消除了回火，还使得进入气缸的混合气密度大大增加。使用低温喷射技术可以使氢内燃机的功率输出比汽油机增加 15%。然而进气道低温喷射所需的液氢储存设备运转和维护的价格昂贵，为了维持液氢罐内的低温，即便是在停机时也需要不停蒸发氢气。极低的温度对喷嘴运行的可靠性也是严峻的考验。此外，低温喷射还会带来进气管结霜的问题，这些都限制了其大规模的应用。

3.1.3 氢气缸内直喷

直喷氢内燃机按喷射压力可划分为高压直喷和低压直喷，低压直喷的喷射压力通常在1.5～4MPa，而高压直喷一般大于10MPa。

缸内直喷消除了氢气占用气缸容积的问题，大幅提升了氢内燃机的动力性，如图3-3所示，直喷氢内燃机理论上相比于同排量的汽油机可以提高17%的动力性。

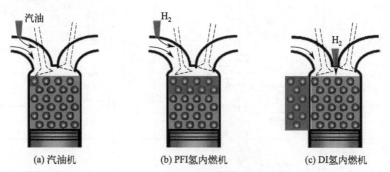

图3-3　内燃机动力性比较

（对比条件：过量空气系数＝1，转速、热效率及温度相同）

相比于进气道喷射，直喷氢内燃机可以在进气门关闭后再喷射，避免氢气回流进气道导致回火。在相同工况下，直喷氢内燃机可以采用更稀薄的燃烧方式，从而降低了泵气损失，提升热效率，但是也带来了新的问题。

① 直喷后最高燃烧压力增加，燃烧速度加快，内燃机承受高机械负荷和热负荷的能力受到考验。

② 考虑到直喷氢内燃机工作的过量空气系数范围宽，燃烧和氮氧化物排放都对过量空气系数敏感，因此，工作过程中热效率和排放存在着强烈的相互制约关系。

③ 氢气缸内直喷喷嘴对流量、密封和耐久性要求高。

④ 直喷氢内燃机混合时间短，影响排放、效率和燃烧的稳定性。

⑤ 直喷氢内燃机中的控制策略复杂，若喷射相位不合适，排气中的未燃氢增加，热效率随之下降。

3.2　氢气喷嘴

氢内燃机对氢气喷射系统有如下要求。

① 较高的密封能力。由于氢气的低黏度、低润滑性和一定的腐蚀性，其密封要求比普通燃料高，管路系统要求采用抗腐蚀能力较好的材料。

② 喷嘴可实现快速响应。喷射时刻对发动机的性能有重要的影响，而且低负荷时的后期喷射要求迅速响应。

③ 瞬时喷射量足够大，动态响应性能好。

④ 具有支撑复杂控制策略的能力。全负荷、部分负荷等不同工况时，需要采用不同的控制策略。

一般把喷射压力低于 4MPa 定义为低压喷嘴，4～10MPa 定义为中压喷嘴，10MPa 以上定义为高压喷嘴。按驱动器件来说，喷嘴可以分成电磁阀式和压电晶体式两种。

3.2.1　电磁阀驱动式

电磁阀驱动式通过电磁线圈的通电与断电，产生磁场驱动阀芯运动，从而控制氢气的开启和关闭，其喷射过程依赖电磁阀的响应时间。传统燃油喷射系统中大量采用了这种电磁阀驱动方式，因其技术成熟且制造成本较低，诸多氢气喷嘴也采用这种驱动方式。

纽伦堡大学研制的商用低压氢气直喷喷嘴，喷射压力仅为 0.85MPa，采用电磁阀驱动，氢气流量可达 1mg/ms，泄漏速率为 0.2mL/min。由于喷射压力低，其喷射窗口受缸内压缩压力的影响，单只喷嘴仅可提供 7.5kW 的功率输出。此款喷嘴采用了耐氢的类金刚石碳涂层，经历了 1000 万次喷射的耐久性考核，发现金刚石碳涂层在氢气环境下表现出很好的耐磨特性，其流量和密封特性均无明显变化。贺尔碧格公司采用的电磁阀驱动的直喷喷嘴，最高喷射压力可达 30MPa，最大氢气流量为 2mg/ms，其喷孔数量和喷孔直径均可变。

丰田公司开发的液压电磁阀喷嘴，最高喷射压力可达 30MPa，对与氢气接触的阀座和密封圈都进行了高精度加工及硬化处理，每循环可喷入 300mL 的氢气。东京城市大学自主研制的五孔高压氢气喷嘴，采用电子液压驱动的方式，与电磁阀相比，具有更快速的响应能力，最高喷射压力为 20MPa，最大喷射流量折合计算可达 21mg/ms。喷嘴的泄漏速率小于 100mL/min。该喷嘴还进行了 700h 的耐久性考核试验，结果发现阀座的密封能力在 700h 内没有明显变化。但是该喷嘴还需要利用一个高压共轨系统控制驱动油压，当喷射压力为 20MPa 时，驱动油压需要达到 120MPa，因此外围系统比较复杂。

PHINIA 公司开发的直喷氢气喷嘴在 4MPa 喷射压力下最大流量可达 10～15g/s。然而，由于氢气的润滑性能较低，其需通过机油分配系统或微型润滑器喷射器，对每千克氢气需要额外添加 25mg 的油，因为燃烧室中引入了润滑油［尽管为 ppb（10^{-9}）水平］，也导致潜在的颗粒物排放。

3.2.2　压电晶体驱动式

晶体在施加电压后会发生形变，即压电效应。这种形变驱动喷嘴内的喷射机构，响应时间通常小于 1ms，可实现氢气的精确喷射。同时压电晶体的能耗相对较低，因为其形变不需要持续通电，仅在动作时消耗电能。

西港公司专门开发了一款直喷氢气喷嘴，采用压电晶体驱动方式，驱动电压为 1kV，最大喷射流量在 10MPa 的供氢压力下为 6mg/ms。测试发现执行器的环氧涂层材料因长时间接触氢气而磨损，而压电晶体的陶瓷材料则没有变化，其喷嘴寿命能达到 200h。德国博世公司推出了一款基于汽油喷嘴改进的高压外开环式氢气喷嘴，采用压电晶体驱动方式，驱动电压为 200V，为保证氢气流量，扩展了喷嘴截面的面积，其最高氢气喷射压力可达 25MPa，10MPa 时喷射流量可达 1.8mg/ms。

3.2.3　氢气喷嘴的开发难点

与液态烃燃料相比，氢气具有非常低的黏度、密度，并且可以通过原子扩散或化学还原改变材料特性。在 25MPa 工作压力下，氢的流体密度约为柴油的 1/50，由流体密度和速度而产生的阻尼效应大大降低。需要使用电子驱动器精准地控制针阀，以防止共振效应。而不必要的共振会导致针阀/液压补偿器/压电驱动器的瞬时物理分离，可能导致驱动器中陶瓷材料的开裂。

针阀关闭时，还需要精准控制驱动器/针阀。理想情况下，混合气燃烧最好快速关闭针阀，同时避免可能导致针反弹的高冲击速度。目前的喷油器设计在针阀和执行器之间使用直接耦合。通常情况下，快速关闭喷油器（可能以约 1m/s 的速度或更低），在其落座前，通过在落座前的"保持"脉冲瞬间减慢针的速度，进一步降低针的速度。

针落座时，当一个表面接近另一个表面时中间的流体层被挤出，出现挤压膜效应。这反过来又会在表面之间局部形成压力，有助于零件减速，降低最终冲击速度。然而，这种效应与流体黏度呈正相关。氢的黏度约为柴油的 1/100（十二烷用作柴油的替代物）。结合其较低的密度，挤压油膜效应大大降低。与液体相比，会产生更高能量的金属对金属冲击力，这可能导致较高的黏合剂磨损率。因此，速度控制成为更重要的解决方法。

氢气喷嘴易失效位置见图 3-4。

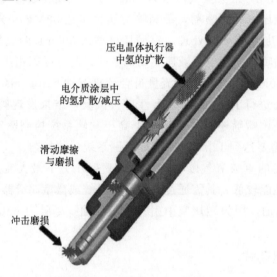

图 3-4　喷氢器易失效位置

氢气喷嘴开发难点主要有以下五个方面。

（1）针/座接口处的冲击磨损

当氢气喷嘴中针阀打开然后关闭时，阀座和针阀会经历少量磨损。针接触喷嘴时，针阀、座的相互作用实际上是一种滑动冲击。不可避免地，一些能量会在接触点处消散。在磨合过程中，接触片（针面和喷嘴座之间）将经历一些塑性变形，直到达到平衡。美国太平洋西北国家实验室正在考虑新的适合冲击和抗磨料颗粒的涂层，计划在针阀表面和暴露于高压氢的基底硬化金属上涂覆各种涂层。目标是最大限度地减少黏合剂磨损，并最大限度地减少针阀和阀座之间的泄漏。

（2）针阀和喷嘴/导管表面之间的滑动磨损

金属材料的摩擦和磨损特性取决于多种因素，包括材料调节、环境、润滑以及许多材料表面氧化膜的生长。在氢供给系统中，磨损导致的表面氧化物逐渐流失将导致裸露表面接触，增加了摩擦和磨损。

（3）防止氢扩散到介质涂层或压电驱动器中

由于组件或零件几何形状未达到标称值导致部件未正确对齐，会导致叠层产生弯矩，而这反过来又会导致压电材料中产生不必要的拉力。另一种失效模式是气泡的出现以及压电堆上使用的环氧涂层的分层（见图 3-5）。当压力释放后，环氧材料容易发生氢扩散，然后发生减压损伤。环氧树脂失效也会导致空隙、微弧和碳迹（来自受损的环氧树脂），从而在堆叠中的相邻电极之间产生短路，导致内部短路。氢中的压电器件因氢渗透到材料晶格中，随后由于 OH 键的形成导致晶体内部偶极矩的变化而导致压电性能退化。

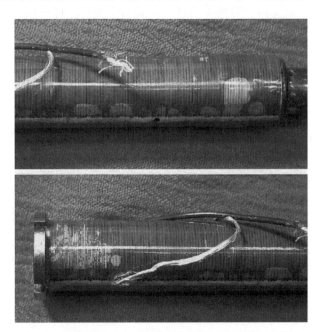

图 3-5　压电驱动器上环氧介电层的损坏（较轻的区域）

（4）液压补偿器中的密封泄漏

液压补偿器利用几个静态和动态密封件以容纳内部的液压流体。由于装配错误，O 形圈可能会被划伤或切割，导致流体泄漏和损失提升。

（5）导向罩设计

合理的导向罩可使氢气射流避开火花塞和排气门，同时能通过引流加强缸内的湍流和混合气的形成，导向罩设计需要考虑各个负荷工况，同时加强冷却，避免变成缸内热点。

因此氢气喷嘴在开发和设计的过程中，既需要针对单缸功率需求，通过氢气喷嘴柱塞直径、氢气喷嘴内部流道设计保证一定的氢气流量；又需要优化喷嘴针阀几何尺寸设计、弹簧刚度设计（预紧力），满足氢气密封的需求，还需要综合解决氢气在氢气喷嘴内部流动时产生的摩擦、腐蚀、振动问题并满足快速响应性和抗干扰能力。

3.2.4　喷嘴动态工作特性

氢内燃机的转速和负荷变化范围非常广泛，在低速、小负荷工况下，氢气流量需求较小，因此氢气喷射脉宽很短，然而受氢气喷嘴结构特征影响，存在一个最小稳定喷射脉宽，氢气喷嘴稳定工作时的喷射脉宽必须大于最小稳定喷射脉宽，否则喷嘴进入不稳定状态，喷嘴对氢气量的精确控制将难以实现，从而显著影响氢内燃机的工作稳定性。氢内燃机工作在高速、大负荷工况时，氢气流量需求较大，对应的氢气喷射脉宽较长，但是受气门关闭角度、点火角度的限制，氢气流量难以满足需求。因此，为了改善低速、小负荷工况时的氢气流量不稳定，高速、大负荷工况时的氢气流量不足和回火风险增加等问题，有必要对氢内燃机氢气喷嘴动态工作特性进行研究。

氢气喷嘴的喷射过程为超临界喷射，在超临界条件下，假设此时气体为比热容恒定的理想气体，在氢气流过喷嘴内一定体积的过程中质量以及能量守恒的状态下，单位时间内不考虑喷嘴内部与外界的能量交换、对外做功以及忽略高度变化，即假设此时喷嘴内的流动为等熵绝热过程。在该过程中氢气喷嘴喷射的氢气流速、质量流量以及马赫数的推导过程如下所示：

$$\frac{\mathrm{d}m_{cv}}{\mathrm{d}t} = \dot{m}_1 - \dot{m}_2 \tag{3-1}$$

$$\frac{\mathrm{d}E_{cv}}{\mathrm{d}t} = \dot{Q} - \dot{W} + \dot{m}_1\left(h_1 + \frac{V_1^2}{2} + gz_1\right) - \dot{m}_2\left(h_2 + \frac{V_2^2}{2} + gz_2\right) \tag{3-2}$$

$$h_1 + \frac{V_1^2}{2} = h_2 + \frac{V_2^2}{2} \tag{3-3}$$

$$a = \sqrt{kRT} \tag{3-4}$$

$$\frac{P_2}{P_1} = \left(\frac{T_2}{T_1}\right)^{\frac{k}{k-1}} = \left(\frac{\rho_2}{\rho_1}\right)^k = \left(\frac{a_2}{a_1}\right)^{\frac{2k}{k-1}} \tag{3-5}$$

$$V_1 = \sqrt{\left(\frac{2k}{k-1}\right)\left(\frac{P_0}{\rho_0}\right)\left[1 - \left(\frac{P_1}{P_0}\right)^{\frac{k-1}{k}}\right]} \tag{3-6}$$

$$Ma = \frac{V_1}{a} = \sqrt{\left(\frac{2k}{k-1}\right)\left[\left(\frac{P_0}{P_1}\right)^{\frac{k-1}{k}} - 1\right]} \tag{3-7}$$

式(3-1)、式(3-2)分别为氢气喷嘴内任意两点的连续性方程和能量方程，式(3-3)为该条件下式(3-1)、式(3-2)的推导公式；由马赫数为1时的音速公式(3-4)以及等熵绝热过程式的状态方程(3-5)可以得到喷嘴内部任意一点的氢气流速 V_1 如式(3-6)所示。最后结合式(3-4)～式(3-6)得到喷嘴内任意一点的马赫数 Ma 如式(3-7)所示。上述公式中 m_{cv}、E_{cv}、$\dot{Q}$、$\dot{W}$、g、t 分别表示流过喷嘴内一定体积的氢气的质量、能量、换热速率、功率、重力加速度与时间；$\dot{m}_1$、$\dot{m}_2$、V_1、V_2、h_1、h_2、z_1、z_2 分别表示气体流过一定体积前后的质量流量、速度、焓以及流动高度；k 表示气体比热比；P_0、ρ_0 分别表示喷嘴入口处的气体压力和密度，P_1 表示该点的气体压力。

结合以上内容，可由以下公式推导得到喷嘴内部任意一点的氢气质量流量 $\dot{m}$：

$$\rho_1 = \rho_0\left(\frac{\rho_1}{\rho_0}\right) = \rho_0\left(\frac{\rho_1}{\rho_0}\right)^{\frac{1}{k}} \tag{3-8}$$

$$\dot{m} = \rho_0\left(\frac{2}{k+1}\right)^{\frac{1}{k-1}} A_1 \sqrt{\left(\frac{2k}{k-1}\right)\left(\frac{P_0}{\rho_0}\right)\left[1 - \left(\frac{P_1}{\rho_0}\right)^{\frac{k-1}{k}}\right]} \tag{3-9}$$

上述推导过程中，式(3-8)为根据理想气体的等熵公式得到的喷嘴内任意一点密度 ρ_1 与喷嘴入口处的密度 ρ_0 的换算关系，式(3-9)为推导出的喷嘴内部任意一点的氢气质量流量 $\dot{m}$ 的计算公式，可以通过代入任意一点的面积 A_1 得到该点超临界喷射时的质量流量。

喷射脉宽一定时，氢气循环喷射量随喷射压力的提高逐渐增加。图 3-6 和图 3-7 分别给出了氢气喷嘴在喷射脉宽为 2.5ms 和 8ms 时，氢气循环喷射量随喷射压力的变化规律。可以看到，在怠速工况（极限怠速转速 800r/min 时）下，采用 2.5ms 的喷射脉宽，每缸一个氢气喷嘴工作，为了满足怠速转速较低的氢气流量，循环氢气喷射量不能大于 1.28g（对应的氢气流量为 0.12kg/h），对应氢气喷射压力不能高于 0.39MPa。然而，在标定转速 5500r/min 时，采用双喷嘴工作，喷射脉宽为 8ms 时，为了满足氢内燃机标定工况下的氢气流量需求（对应的氢气流量为 5.9kg/h），循环氢气喷射量不能低于 4.6g，对应的氢气喷射压力不能低于 0.41MPa，如图 3-7 所示。由此可知，采用固定氢气喷射压力的策略，难以兼顾和满足怠速小负荷和高速大负荷时的氢气流量需求，在设计整车的供氢系统时需要采用压力可调的控制策略，才能有效改善氢内燃机全工况下的氢气流量需求。

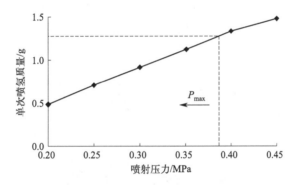

图 3-6　喷射脉宽为 2.5ms 时氢气循环喷射量随喷射压力的变化

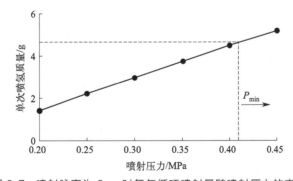

图 3-7　喷射脉宽为 8ms 时氢气循环喷射量随喷射压力的变化

3.3　氢气喷射特性

3.3.1　氢气射流特性理论基础

稳态气体射流作为一种典型流体力学现象和重要的工程应用技术，已在实验上和理论上广泛地进行过研究，得出了许多经典结论并指导工程实践。按射流周围的环境条件，可将瞬态气体射流分为自由射流、非自由射流和欠膨胀射流，自由射流喷嘴出口压力与环境压力相等，气体在喷嘴出口处已充分膨胀，非自由射流受到固体壁面的限制，冲击固体壁面后形成冲击射流。喷嘴上下游压力差值较大时形成欠膨胀射流。

（1）瞬态气体自由射流

图 3-8 给出了瞬态气体自由射流的内部结构模型，该模型将气体射流划分为四个部分。

第一部分为潜在核心区。核心区内射流保持喷嘴出口的动量沿着喷孔轴线向前发展，并伴有微弱扰动。

第二部分为射流主体区。主体区围绕射流轴线一直达到射流下游，主体区内轴向速度占支配地位，而径向速度很小。由于振荡现象的存在，该区呈现周期性摆动。

第三部分为混合区。混合区内围绕主体区，且又可细分为两个子区，即子混合区以及主混合区。子混合区紧邻核心区，在该区内，源于核心区内的涡开始增长，径向上涡与涡之间产生相互作用，且主体段开始弯曲。前面的涡比紧随其后的涡具有更小的涡量，导致射流明显向径向发展，也就形成了始于子混合区所谓的"鱼骨结构"。主混合区紧邻子混合区，射流在该区出现强烈的扩散及混合。邻近的涡不断合并、破碎，最终在卷吸周围介质后涡尺度不断增长，并接近主体。涡的运动造成了射流主体区周期性摆动，所以，振荡现象在该区内也最明显。该区顶端的涡旋尺度超过子混合区的 2 倍。

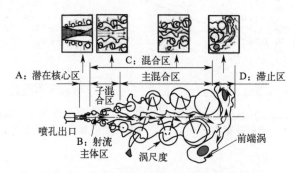

图 3-8　瞬态气体自由射流的内部结构模型

第四部分为滞止区。滞止区相当于射流顶端，该区内燃气动量几乎完全损失，紧随的燃气在轴向上具有更大的速度，从而把随后的燃气推向半径方向。这样，在射流顶端形成了大尺度的回流（如顶端涡）。背压造成的阻力使得燃气速度变得更低，导致速度波动变小，并且压制了涡的增长。涡尺度约为射流宽度的一半，但是，由于涡量并不大，导致该区燃气与周围介质的混合并不明显。最终，燃气射流的发展停滞，滞止区形成了较高的燃料浓度。

（2）瞬态气体冲击射流

图 3-9 给出了瞬态气体冲击射流的内部结构模型，该模型将气体射流划分为四个部分。

第一部分为自由射流区。该区的特点与碰壁前瞬态气体自由射流类似。

第二部分为冲击区。射流冲击壁面瞬间产生冲击区。贴壁射流适用于该区，在碰撞点产生卷起，在部分周围介质引导下射流沿着壁面流动，该区有很大的压力梯度。

第三部分为贴壁主体区。由于壁面的摩擦阻力以及背压阻力，贴壁主体区的速度逐渐减小。自由射流区中产生的涡在贴着壁面发展期间尺度不断增大，涡不断进入下游（前端）的贴壁涡区。同时，该区吸收下游掉落下的团块和介质，壁面处燃料浓度最高。

第四部分为贴壁涡区。该区的中心，由于卷起作用形成贴壁涡。贴壁涡区伴随着涡旋，沿着壁面发展。尽管贴壁主体区持续不断地为该区射流提供动量，但该区混合和扩散很微弱，动量几乎完全损失，流动几乎停滞，燃料浓度变得更高。另外，由于射流与介质的剪切作用，外围部分流体出现脱落。

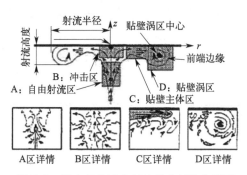

图 3-9　瞬态气体冲击射流的内部结构模型

（3）欠膨胀射流

喷嘴出口压力高于环境压力，气体在喷嘴出口处未能充分膨胀，射流在出口后继续膨胀，气体射流与周围介质的相互作用随之产生湍流、热交换和混合。在等熵流动假设下，上游燃料供应压力 P_a 与背压 P_o 之间的压力比定义为：

$$\left(\frac{P_a}{P_o}\right)_{crt} = \left(\frac{2}{\gamma+1}\right)^{\frac{\gamma}{\gamma-1}} \tag{3-10}$$

取氢的多变系数 γ 为 1.4 时，临界压力比约为 0.53，需要燃料供应压力是背压的 1.899 倍或更高时就能获得临界条件，临界喷射条件也有利于发动机控制策略，因为喷射的燃油量与临界条件下的背压无关。

临界喷射的氢气射流形态如图 3-10 所示，氢气出口速度为当地声速，马赫数（Ma）等于 1。氢气从喷孔流出后快速发展，中心区域马赫数超过 1，同时迅速向边界扩展膨胀。在快速膨胀过程中由于受到背景气体的压缩而产生反射冲击波，而在射流的下游区域，膨胀波和反射冲击波接触作用形成了马赫盘，导致末端气体的动能逐渐下降，马赫数小于 1。值得注意的是，虽然临界流动可以最大限度地提升喷嘴流量，但喷嘴出口的超声速流动和激波也限制了内部气体的流动，氢气与空气的混合主要发生在下游马赫数小于 1 的区域。

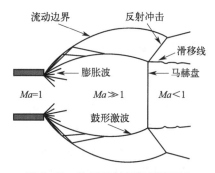

图 3-10　临界喷射氢气射流形态

当出口压力与环境压力之比大于 2 时，桶形冲击最终会变成圆盘状的正常冲击，称为

"马赫盘"，并且反射冲击。在足够高的压力比下，此过程可能会重复几次，从而导致连续出现桶形和正常冲击结构。

喷嘴下游的氢气进一步发展的射流形态以及与空气卷吸混合过程如图3-11所示，在射流过程中空气的卷吸主要发生在稳态区域，并在射流边界的流速呈现高斯分布。随着卷吸作用的逐渐增强，射流氢气动能逐渐耗散，射流形态在射流末端呈现涡球状。在氢内燃机中，由于氢气扩散系数大，同时缸内存在较强的进气湍流，氢气可完全贯穿进气歧管或气缸直至撞壁，而缸内的滚流或涡流可进一步促进氢气和空气混合。

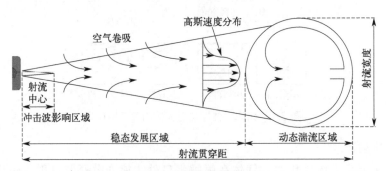

图3-11　氢气喷射射流形态

3.3.2　氢气射流特性试验平台和测试方法

氢气射流特性的测试方法主要有纹影法、粒子图像测速法（particle image velocimetry，PIV）、激光诱导荧光法（laser induce fluorescence，LIF）和火花引入激光诱导击穿光谱法（spark-induced breakdown spectroscopy，SIBS）。其中：①纹影法可以测试喷雾形状、贯穿距和喷雾锥角；②PIV用于测试喷雾场的流速；③LIF则可以测量喷雾的形状和局部空燃比；④SIBS技术可以测试不同曲轴转角下混合气的形成情况，测量火花塞周围的浓度分布。考虑到氢气特殊的物理化学特性，这些测试方法还需要进行重新修正。需要说明的是，如果只测试氢气射流形态和贯穿距，可以考虑采用更安全的氦气作为替代测试气体，试验证明，氢气更换为氦气后贯穿距误差小于5%。

（1）纹影法

在流体力学研究中，光学方法常用于测量气体流场的空间分布参数，如温度、压力、浓度和马赫数等。这些参数与气体密度存在确定的函数关系，而气体的光学折射率又是密度的函数。因此，通过检测流场中折射率的变化，可以推导出相关的状态参数。

纹影法是一种基于上述原理的光学显示技术。其基本原理是：当光线穿过具有密度梯度的流场时，由于折射率的变化，光线会发生偏折。利用刀口或其他遮挡装置切割经过流场后的光束，将这些偏折转化为记录平面上的光强变化，从而可视化流场的密度梯度分布。

在氢气射流测试中，纹影法被广泛应用于可视化氢气射流的流动特性。由于氢气与周围空气的密度差异显著，其射流过程中的混合、扩散和湍流特性对燃烧效率和安全性有重要影响。通过纹影技术，可以直观地观察氢气射流的形态、混合过程以及与周围空气的相互作用，为优化燃烧过程和提高系统安全性提供关键数据支持。

（2）粒子图像测速法

粒子图像测速，是一种用多次摄像以记录流场中粒子的位置，并分析摄得的图像，从而测出流动速度的方法。其基本原理是在流场中布撒示踪粒子，并用脉冲激光片光源入射到所测流场区域中，通过连续两次或多次曝光，粒子的图像被记录在底片上或 CCD（电荷耦合器件）相机上。采用光学杨氏条纹法、自相关法或互相关法，逐点处理 PIV 底片或 CC（副本）记录的图像，获得流场速度分布。因采用的记录设备不同，又分别称 FPIV（用胶片作记录）和数字式图像测速 DPIV（用 CCD 相机作记录）。利用 PIV 测量缸内速度场的分布时，为保证与氢气的流动跟随性，选用公称直径为 $1.8\mu m$ 的 SiO_2 粒子作为示踪粒子，并借助 Nd：YAG 激光器 532nm 的激光激发。

（3）激光诱导荧光法

氢气是双原子分子，结构稳定，难以被激发出荧光，使用平面激光诱导荧光技术时，需要在氢气中掺入示踪粒子如丙酮、三甲胺和三乙胺，其中最常使用的是丙酮，主要因为其饱和蒸气压高，在 10MPa 的氢气中可掺混 0.33% 浓度的丙酮，发出的荧光效率对温度的依赖性适中，且发射光谱部分在可见光区。测量丙酮的荧光信号并经过温度修正可得到混合气浓度分布的结果，考虑到混合不均匀等不确定因素，这种测量方法得到的过量空气系数的误差最高为 25%。可以考虑采用反向 PLIF（negative PLIF）的方法测试氢气射流，即将丙酮作为荧光示踪剂预先掺入背景空气中，而氢气本身不含示踪剂。当氢气射流进入已掺丙酮的空气中时，其所占据的区域不会产生荧光，因而在 PLIF 图像中表现为"暗区"。通过捕捉这些暗区的形态与演变，可提高测试值精度。

（4）火花引入激光诱导击穿光谱法

SIBS 利用紫外石英光纤传输激光，并在点火时刻激发等离子体，形成火花。由于可以借助原有的火花塞作为光源和光纤通道，因此这种方法不需要对内燃机进行任何改动，就可以直接测量点火时刻火花塞周围的局部空燃比，且测试范围广，可以量化氢气的分层现象。但是这种测量方法对点火时刻的缸内压力变化十分敏感，不同工况下都需要依据缸内压力重新修正。

3.3.3　典型 PFI 喷嘴射流特性

与液体燃料的喷雾相比，气体燃料的喷射不存在雾化和蒸发过程，喷射过程相对简单，但同时受到喷射压力、背景压力等多种外界因素的影响。下面以美国昆腾公司的一款 PFI 喷嘴氢气喷射的纹影试验来探索氢气喷射射流特性。

图 3-12 给出了在喷氢压力 4bar（1bar＝10^5Pa）、背景压力 1.01bar 下的氢气喷射过程，喷氢脉宽为 4ms。由图 3-12 可以看出：

① 由于出口处流速较高，氢气被输运到下游，此处氢气的扩散现象较微弱，因此出口处的喷氢锥角在整个氢气喷射过程中基本不变，所以下面对喷氢锥角不作分析。

② 由于喷氢开始时喷嘴内流道充满空气，所以由喷嘴喷出的气体为氢气和少量空气的混合气；当喷氢压力与背景压力之比小于或等于 2.5，即氢气喷射低于或接近临界状态时，氢气动量有限，贯穿阻力较大，速度衰减较快，而空气分子量大，其动量相对较大，速度衰减相对较慢，由于速度差的原因，射流结构会变为两部分，产生断裂。图 3-13 所示为氢气气柱的断裂过程。

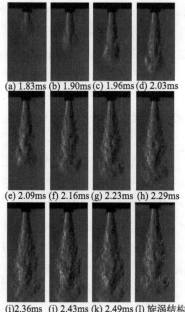

(a) 1.83ms (b) 1.90ms (c) 1.96ms (d) 2.03ms

(e) 2.09ms (f) 2.16ms (g) 2.23ms (h) 2.29ms

(i)2.36ms (j) 2.43ms (k) 2.49ms (l) 旋涡结构

图 3-12　在喷氢压力 4bar、背景压力 1.01bar 下的氢气喷射过程

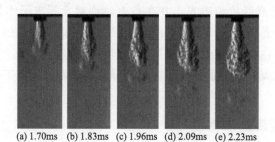

(a) 1.70ms　(b) 1.83ms　(c) 1.96ms　(d) 2.09ms　(e) 2.23ms

图 3-13　在喷氢压力 3bar、背景压力 1.9bar 下的氢气喷射过程

③ 气柱外边界上的氢气不断与介质气体进行动量交换，速度不断衰减，同时氢气不断向外扩散，两者综合作用下使氢气在气柱外边界上产生旋涡。由于旋涡在传递过程中对周围气体进行卷吸，从而耗损了大部分的能量，因此在传递的过程中，旋涡不断变小，直至消散。

图 3-14 给出了在喷氢压力 4bar、背景压力 1.01bar 下各喷氢脉宽对应的贯穿距离。可以看出，在喷氢压力和背景压力不变的情况下，不同脉宽对应的贯穿距离变化曲线并无太大差别，斜率的变化说明贯穿速度不断减小。可以这样理解，在喷氢压力和背景压力不变的情况下，喷氢脉宽只决定喷射持续时间，对氢气喷射初期的射流扩散过程基本无影响。

图 3-15 给出了在喷氢脉宽 4ms、背景压力 1.01bar 下各喷氢压力对应的贯穿距离。在保持喷氢脉宽和背景压力恒定的条件下，喷氢压力的增加会导致贯穿距离的斜率增大，贯穿

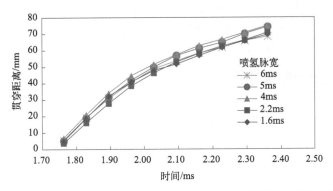

图 3-14　在喷氢压力 4bar、背景压力 1.01bar 下各喷氢脉宽对应的贯穿距离

速度提高。在喷氢脉宽和背景压力不变的情况下，喷出氢气所受的贯穿阻力恒定。随着喷氢压力的提高，喷出氢气的动量增大，使得贯穿速度相应提高。

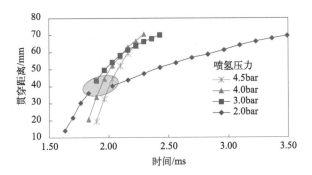

图 3-15　在喷氢脉宽 4ms、背景压力 1.01bar 下各喷氢压力对应的贯穿距离

（▨区域代表氢气气柱的断裂区域）

图 3-16 给出了在喷氢脉宽 4ms、喷氢压力 3bar 下各背景压力对应的贯穿距离。在保持喷氢脉宽和喷氢压力恒定的条件下，背景压力的增加会导致贯穿距离的斜率减小，贯穿速度降低。由于喷出氢气的动量恒定，随着背景压力的提高，喷出氢气所受的贯穿阻力增加，这使得贯穿速度相应降低。

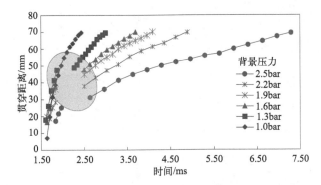

图 3-16　在喷氢脉宽 4ms、喷氢压力 3bar 下各背景压力对应的贯穿距离

（▨区域代表氢气气柱的断裂区域）

喷嘴出口处测得的射流锥角在整个氢气喷射过程中基本不变；当喷氢压力与背景压力之比小于或等于 2.5 时，氢气气柱会发生断裂；在气柱外边界上有旋涡产生，并且在传递的过程中旋涡不断变小，直至消散。

3.3.4　典型 DI 喷嘴射流特性

对于气体直喷喷嘴，很多学者在气体喷射方面的研究大多针对内开式喷嘴开展，在实际应用中，这类喷嘴具有质量流量相对较低的缺点，这会限制气体燃料内燃机的功率输出，而外开式喷嘴（见图 3-17）在质量流量方面具有更明显的优势。有些学者开展了外开式喷嘴的汽油或天然气喷射过程的试验研究，得到了不同喷射压力和背景压力下射流特性的变化规律。

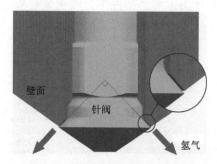

壁面　　针阀　　氢气

图 3-17　外开式喷嘴结构示意图

图 3-18 所示为喷嘴在喷射压力 8MPa 和 14MPa、背景压力 0.1MPa 和 0.5MPa 的四种条件下的喷射过程。以氢气开始喷射时间为 0 时刻，取 0.3ms、0.6ms、0.9ms、1.2ms、1.5ms 的 5 个时间点的射流发展特征，图像为处理后的灰度图。

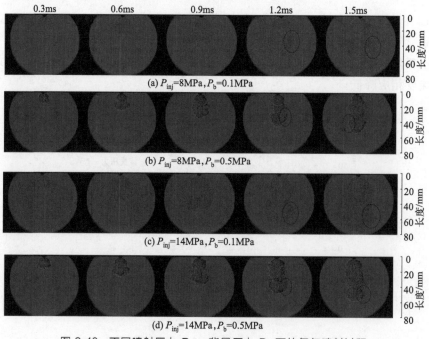

(a) P_{inj}=8MPa, P_b=0.1MPa

(b) P_{inj}=8MPa, P_b=0.5MPa

(c) P_{inj}=14MPa, P_b=0.1MPa

(d) P_{inj}=14MPa, P_b=0.5MPa

图 3-18　不同喷射压力 P_{inj}、背景压力 P_b 下的氢气喷射过程

观察射流的发展过程可以发现,氢气首先快速沿 45°锥角的喷孔方向发展,呈现"伞"状锥形结构,同时在锥形的上面形成射流轨迹线,它们组成了从喷嘴射出的初步发展形态。

对比不同时间节点的氢气射流纹影图像发现:氢气射流发展过程中,氢气射流线相对更加短小,射流气体会迅速膨胀并向下发展,与空气产生较深程度的掺混现象并逐渐形成大尺度涡流,但产生的涡流仅朝下和径向发展,不会发展到氢气上方。

如图 3-18 所示的氢气射流发展历程,可以发现从 $T_{inj}=0.3ms$ 开始,氢气射流在近场保持圆锥状,而远场处产生了一个很大的气体涡流。如图中的曲线圈所示,该涡流处的径向贯穿距离明显大于射流近场径向贯穿距离,同时随着射流的发展,涡流半径随之增大,这说明涡流具有径向发展的趋势。

在 $T_{inj}=0.6ms$ 以后,可以发现氢气射流呈现"葫芦"形状,近场保持圆锥状,远场形成不规则的涡流形状。相对于近场结构,远场结构径向尺寸更大,而两块区域之间有肉眼可见的分割状。这是由于氢气密度远小于定容弹内的氮气,由于喷射压力产生的动能,氢气射流近场处先保持沿喷孔方向的圆锥形态后向下发展,而随着贯穿距离的发展,远场处氢气射流受到阻力使动能降低,并与环境气体发生掺混,轴向贯穿速度快速下降。

喷射压力越大,则轴向、径向贯穿距离越大,这是由于较大的喷射压力会使氢气获得更高的动能,射流惯性增大。同时,喷射压力越大,氢气的喷射量也越大。因此随着喷射时间的延长,射流贯穿距离会进一步增大。另外,喷射压力的增大会加强涡流的产生,远场涡流结构的半径更大,氢气射流也更容易朝径向发展。从图中颜色深度可以发现,大尺度涡流大大降低氢气局部浓度,促进混合气均匀化,同时与喷嘴附近较高浓度的氢气形成浓度分层,有助于增加燃烧速度、降低局部燃烧温度。

而对比不同背景压力的纹影图像可以发现,背景压力越大,射流主体结构颜色越深,这表明氢气更加集中。背景压力的增大会抑制轴向、径向贯穿距离的增大,同时会抑制涡流的产生,使射流更集中于喷嘴轴线附近,轴向、径向贯穿距离更小,进而抑制射流体积扩大。

3.4 混合气形成数值模拟

在气体的绝热不可逆膨胀(等焓节流)过程中,焦耳-汤姆森效应对氢气的影响尤为显著。与氧气、氮气及空气等大多数气体不同,氢气在焦耳-汤姆森效应下会出现升温现象。这一现象源于其焦耳-汤姆森系数在反转温度(约 200K)以上为负,从而导致膨胀时的温度上升。这种升温效应反映了真实气体行为中的分子间吸引力与排斥力相互作用,而理想气体模型则忽略了这一点。在高压条件下(如 100bar 以上),理想气体模型与真实气体模型之间的密度差异显著,因此需要采用真实气体状态方程进行计算。

此外,理想等压节流的假设并不适用于实际氢气通过喷嘴的高速流动情况,这时热量往往会通过壁面传递,同时静态焓值可能降低,这进一步加大了流动和膨胀过程中的热力学行为的复杂化。因此,在模拟氢气喷射系统时,需特别考虑上述真实气体效应及其热动力学特性。

3.4.1 均匀性评价

混合气的均匀性对于氢内燃机有着很重要的意义,氢内燃机部分负荷时利用稀燃可以有效降低氮氧化物的排放,但如果混合气浓度分布差距较大,可能会出现平均浓度较低而局部浓度较高的情况，较浓区域的燃烧温度较高不仅使得氮氧化物排放增加，还会造成更多的传热损失。较浓的混合气如果靠近缸内热负荷大的区域还会使回火、早燃和爆燃等异常燃烧现象出现的可能性大大增加。

通过体积加权的当量燃空比不均匀系数 n_{index} 来评价缸内混合气的混合情况。n_{index} 增大则表明不均匀性增加。n_{index} 的定义见式(3-11)：

$$n_{index} = \frac{\sum |\phi_i - \phi_{avg}| V_i}{\sum \phi_i V_i} \tag{3-11}$$

$$\phi_{avg} = \frac{\sum \phi_i V_i}{V} \tag{3-12}$$

式中，ϕ_i 为单元 i 的当量燃空比；V_i 为单元 i 的体积；V 表示整个气缸的体积；ϕ_{avg} 为缸内平均当量燃空比。

对于缸内直喷氢内燃机，除考虑喷射形成的不均匀性外，还应衡量喷射带来的湍动能 P_{nk} 对缸内燃烧的影响，见式（3-13）：

$$P_{nk} = \frac{1}{2} \dot{m}_n \gamma R_s T_0 \left(\frac{2}{\gamma+1}\right) \tag{3-13}$$

式中，$\dot{m}_n$ 为氢气流量；γ 为比热；R_s 为气体常数；T_0 为喷射气体温度。

需要说明的是，氢内燃机混合气形成的过程与汽油机有所不同。在正常运行工况下汽油在很短的时间内完成喷射，喷嘴直接将汽油喷射到气门背面和进气道壁面上，部分蒸发或部分形成油膜，而后随着气流强烈的剪切作用形成微小液滴分布于混合气中进入气缸，蒸发成为燃油蒸气[图 3-19(a)]。而在氢内燃机中氢气的喷射脉宽要远大于汽油喷射脉宽，在气道内形成高浓度的混合气区域，并在进气行程中进入气缸[图 3-19(b)]。而且氢气与空气的混合完全依靠分子扩散和湍流扩散，缺少液体燃料破碎蒸发等微尺度的混合作用。因此，氢内燃机保持缸内混合气均匀性的要求更高。

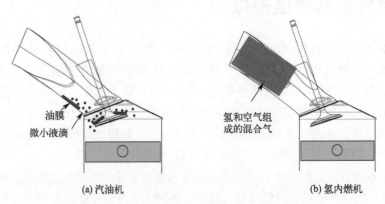

油膜
微小液滴

氢和空气组成的混合气

(a)汽油机　　　　　　　　　　(b)氢内燃机

图 3-19　汽油机与氢内燃机喷射方案示意图

3.4.2　典型喷射模型计算基础

为了准确模拟氢气喷射过程中的运动规律，仿真模型包括基本物理守恒规律：质量守恒定律、能量守恒定律、动量守恒定律、组分守恒定律以及实际气体状态方程。

其中，质量守恒定律如式(3-14) 所示：

$$\frac{\partial \rho}{\partial t}+\frac{\partial (\rho u)}{\partial x}+\frac{\partial (\rho v)}{\partial y}+\frac{\partial (\rho w)}{\partial z}=0 \tag{3-14}$$

能量守恒定律如式(3-15) 所示：

$$\frac{\partial (\rho T)}{\partial t}+\frac{\partial (\rho u T)}{\partial x}+\frac{\partial (\rho v T)}{\partial y}+\frac{\partial (\rho w T)}{\partial z}=\frac{\partial}{\partial x}\left(\frac{k}{c_p}\frac{\partial T}{\partial x}\right)+\frac{\partial}{\partial y}\left(\frac{k}{c_p}\frac{\partial T}{\partial y}\right)+\frac{\partial}{\partial z}\left(\frac{k}{c_p}\frac{\partial T}{\partial z}\right)+S_T$$

$$\tag{3-15}$$

动量守恒方程如式(3-16)～式(3-18) 所示：

$$\frac{\partial (\rho u)}{\partial t}+\frac{\partial (\rho u u)}{\partial x}+\frac{\partial (\rho u v)}{\partial y}+\frac{\partial (\rho u w)}{\partial z}=\frac{\partial}{\partial x}\left(\mu\frac{\partial u}{\partial x}\right)+\frac{\partial}{\partial y}\left(\mu\frac{\partial u}{\partial y}\right)+\frac{\partial}{\partial z}\left(\mu\frac{\partial u}{\partial z}\right)-\frac{\partial \rho}{\partial x}+S_u$$

$$\tag{3-16}$$

$$\frac{\partial (\rho v)}{\partial t}+\frac{\partial (\rho v u)}{\partial x}+\frac{\partial (\rho v v)}{\partial y}+\frac{\partial (\rho v w)}{\partial z}=\frac{\partial}{\partial x}\left(\mu\frac{\partial v}{\partial x}\right)+\frac{\partial}{\partial y}\left(\mu\frac{\partial v}{\partial y}\right)+\frac{\partial}{\partial z}\left(\mu\frac{\partial v}{\partial z}\right)-\frac{\partial \rho}{\partial y}+S_v$$

$$\tag{3-17}$$

$$\frac{\partial (\rho w)}{\partial t}+\frac{\partial (\rho w u)}{\partial x}+\frac{\partial (\rho w v)}{\partial y}+\frac{\partial (\rho w w)}{\partial z}=\frac{\partial}{\partial x}\left(\mu\frac{\partial w}{\partial x}\right)+\frac{\partial}{\partial y}\left(\mu\frac{\partial w}{\partial y}\right)+\frac{\partial}{\partial z}\left(\mu\frac{\partial w}{\partial z}\right)-\frac{\partial \rho}{\partial z}+S_w$$

$$\tag{3-18}$$

组分守恒方程如式(3-19)所示：

$$\frac{\partial (\rho c_s)}{\partial t}+\frac{\partial (\rho c_s u)}{\partial x}+\frac{\partial (\rho c_s v)}{\partial y}+\frac{\partial (\rho c_s w)}{\partial z}=$$

$$\frac{\partial}{\partial x}\left(D_s\frac{\partial (\rho c_s)}{\partial x}\right)+\frac{\partial}{\partial y}\left(D_s\frac{\partial (\rho c_s)}{\partial y}\right)+\frac{\partial}{\partial z}\left(D_s\frac{\partial (\rho c_s)}{\partial z}\right)-\frac{\partial \rho}{\partial x}+S_s \tag{3-19}$$

仿真采用 R-K 方程［式（2-2）］表达真实气体状态，消除焦耳-汤姆森效应的影响。R-K 方程可以在压力低于 30MPa 时有着较高的计算精度，因此该数学模型中采用 R-K 模型作为氢气喷射过程仿真的实际气体状态方程。

此外，实际缸内流动过程是一个湍流流动。湍流是一种混乱的流动，湍流的强度由雷诺数反映，涡旋大小与环境和黏度有关。在仿真中，不同的湍流模型具有其适用性，选用不同的湍流模型时求解精度也是不同的。

常见的氢气喷射仿真湍流模型有 k-ε 模型、k-ω 模型、重整化群（RNG）k-ε 模型、SST（剪切应力传输）模型、大涡模拟（LES）、RANS（雷诺平均）/LES 混合模型（如分离涡模拟 DES、延迟分离涡模拟 DDES）等，其中对于整体流动特性分析，推荐使用 RANS 模型，如（RNG)k-ε 或 SST 模型，可快速评估喷射射流的整体流场和湍流强度分布。对于近壁面流动研究，采用 k-ω 或 SST 模型，结合壁面函数准确描述喷嘴附近流动与缸壁交互行为。当对喷射过程有精度需求，并对喷射流场中瞬态涡流和湍流混合特性进行研究时，可使用 LES 或 RANS/LES 混合模型。

3.4.3　进气道氢气喷射与混合

基于 3.1 节氢气喷射方式的比较分析，进气道喷射的主要风险在于可能诱发回火及早燃异常燃烧，回火发生的条件之一便是进气道氢气残留，本节计算是基于一款进气道氢气喷射、自然吸气 2.0L 排量氢内燃机而展开的，选取的几何模型及网格模型如图 3-20 所示。

(a) 进气歧管、气道及燃烧室的几何模型　　(b) 三维模型网格划分及边界条件

图 3-20　几何模型与网格模型

计算的流动区域包括集气腔、进气歧管（含氢气喷射器）、进气门、气缸等，其整体网格如图 3-20(b) 所示。在构建网格时，对进气门、进气门座圈以及气流通道处的网格进行加密，使其能够真实反映几何形状和流动的速度梯度。

关于最晚喷氢结束角的四种计算方案，当量燃空比为 1，获得喷射方案 1、2、3 和 4 在气门关闭后（580°CA）和压缩上止点前 5°CA（715°CA）缸内的 3000r/min 下混合气当量燃空比的云图，如图 3-21 所示。

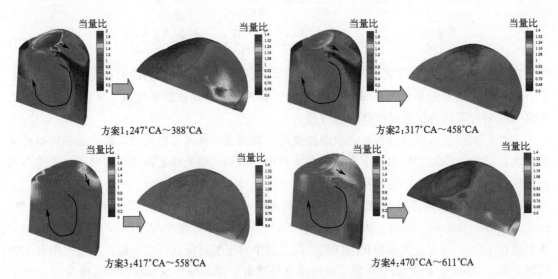

图 3-21　高负荷混合气当量燃空比云图（另见文前彩图）

当进气门关闭后，由于滚流的影响，原进气门下方较浓的混合气沿着滚流的旋转方向朝排气门侧运动，而排气门侧缸壁附近较稀薄的混合气则运动到了进气门侧。因此点火时刻缸内的混合气分布受到气门关闭时缸内混合气分布的影响，而气门关闭时刻混合气的分布又和氢气喷射相位有较大关系。

利用前面定义的当量燃空比不均匀系数来评价气缸内混合气的均匀程度，对计算结果取积分平均，可以得到上止点前 5°CA，4 个方案的缸内混合气不均匀系数，如图 3-22 所示。

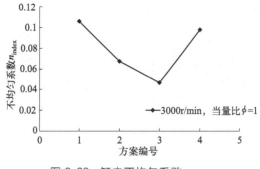

图 3-22　缸内不均匀系数

　　由图 3-22 可以看出，方案 3 的均匀性最好。图 3-23 为 4 个方案进气过程中进气道的平均当量比随曲轴转角变化的曲线。分析图 3-23 可得：方案 3 和方案 4 的喷射开始角度都比较滞后，上个循环喷射的氢气只有部分进入气缸，而残余的氢气滞留在气道中并在下个循环进入气缸。但方案 3 滞留的氢气量少，因此进气过程中当量比的峰值较小，变化幅度小。方案 1 和 2 在进气过程中当量比的变化幅度明显要高出许多。由于方案 3 进气过程中混合气当量比变化小，因此在经过压缩冲程后点火时的缸内混合气的均匀性最好。

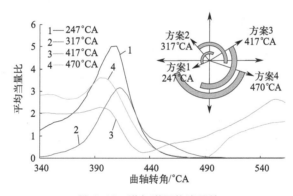

图 3-23　进气道平均当量比

　　当负荷变化时，喷射脉宽发生变化，计算中取发动机转速为 3000r/min，当量燃空比为 0.5。取进气结束时刻和上止点前 25°CA 混合气当量燃空比云图如图 3-24 所示。喷氢相位的设置与高负荷喷氢相位一样，保持与当量比 φ 为 1 时的各对应方案喷射结束角度一致，由于喷射脉宽减小，相应的喷射开启角度滞后。在平均当量比为 0.5 的情况下如果喷射角度不当，缸内混合气局部当量比会超过 0.7，从而使局部燃烧温度偏高而氮氧化物排放增加。

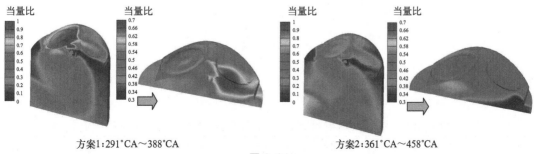

方案1：291°CA～388°CA　　　　　　　　方案2：361°CA～458°CA

图 3-24

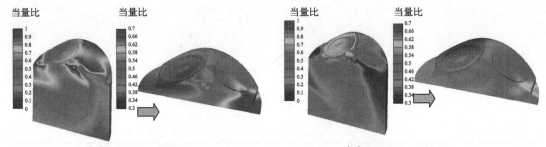

方案3：461°CA～558°CA   方案4：514°CA～611°CA

图 3-24   低负荷混合气当量燃空比云图 （另见文前彩图）

图 3-25 为 $\phi = 0.5$ 时方案 1 至方案 4 的不均匀系数。与 $\phi = 1$ 时各方案不同的是，方案 2 的均匀性最好而方案 3 的均匀性最差。图 3-26 为进气过程的气道内混合气平均当量比。从图 3-26 可以发现，由于方案 3 上循环残留在进气道内的混合气过浓，使得在本循环进气开始的当量比过大，结果与方案 1 和方案 4 相似。而方案 2 进气过程中混合气当量比变化幅度最小，故其均匀性也最好。

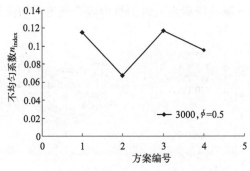

图 3-25 $\phi = 0.5$ 时缸内不均匀系数

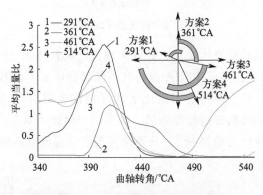

图 3-26 $\phi = 0.5$ 时进气道平均当量比

3.4.4   缸内氢气直接喷射与混合

对于直喷氢内燃机，氢气的喷射过程影响发动机缸内湍流场发展和可燃混合气形成，从而影响发动机后续的燃烧过程，因此有必要从微观角度研究直喷氢发动机缸内喷射混合的过程。氢气的喷射压力远大于临界压力，喷嘴出口处的流速恒定为当地声速，使得氢气射流的膨胀不足，氢气射流在流出喷嘴后迅速膨胀，使喷嘴近场的流动具有马赫数大、膨胀激波复杂的特点。缸内氢-空的混合状态与喷射相位、喷嘴位置（侧置/中置）、喷嘴孔数、喷嘴结构和喷射压力直接相关，并受到缸内湍流的影响。

　　Kaiser 在一台 0.5L 的光学发动机上比较了 1200r/min 总体过量空气系数为 1.8 的工况下，喷射相位（start of injection，SOI）分别为 −112°CA、−90°CA 和 −77.5°CA 的点火时刻时缸内浓度的分布。如图 3-27 所示，喷嘴安装于视窗位置的正上方，比较可以发现，当喷射相位为 −112°CA 时，缸内的混合气形成十分均匀。而稍微推迟即采取中段喷射时，缸内混合气一部分呈现过量空气系数为 2.5 的混合浓度，一部分出现在 λ＝1 的浓度，同时中喷可使氢气的主要分布离开壁面，可以减少传热，提高效率。推迟喷射时，点火时刻处尚处在混合的阶段，缸内大部分还是过量空气系数为 3 的稀混合区，而靠近喷嘴出口区域的 λ 达到了 0.5。

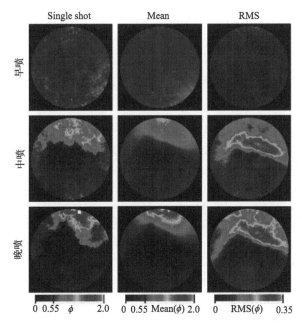

图 3-27　不同喷射相位下点火时刻时缸内混合情况
Single shot—单拍；Mean—平均值；RMS—均方根

　　对比不同喷射时刻的混合气形成过程研究可以发现，早喷预混好，但是火花塞附近湍流度很低；晚喷压缩压力高，火花塞附近的湍动能大，有利于燃烧，但易在喷嘴附近形成过浓混合气导致排放过高。提前喷射的策略能保证缸内气体均匀混合，其中提前的窗口期主要与喷射压力有关，喷射压力越高，喷射脉宽短，喷射策略也更灵活。此外，随着喷射压力提高，缸内湍流强度增强，贯穿距离加长。在此过程中，高压氢气射流与上行活塞作用，若采用多孔喷嘴结构，各气流间还会相互作用，这有效促进了氢气的扩散过程，进而促进均质混合气的形成。因此，高喷射压力也有利于均质混合气的形成。综上，直喷氢内燃机缸内最理想的混合气形成情况应为高湍流度的缸内均质混合气，利用高喷射压力和合理的多次喷射可以促进理想混合气形成。

参 考 文 献

[1] Goyal H，Jones P，Bajwa A，et al. Design trends and challenges in hydrogen direct injection（H2DI）internal combustion engines-A review［J］. Int J Hydrogen Energy，2024，86：1179-1194.

[2] Kabat D M，He-el J W. Durability implications of neat hydrogen under sonic flow conditions on pulse-width modulated injectors［J］. Int J Hydrogen Energy，2002，27（10）：1093-1102.

[3] Kaiser S，White C M. PIV and PLIF to evaluate mixture formation in a direct-injection hydrogen-fuelled engine［J］. SAE Int J Engines，2008，1（1）：657-668.

[4] Kawamura A，Sato Y，Naganuma K，et al. Development project of a multi-cylinder DISI hydrogen ICE system for heavy duty vehicles［C］.//SAE 2010 Powertrains Fuels & Lubricants Meeting. 2010.

[5] Laichter J，Kaiser S A，Rajasegar R，et al. Optical investigation of mixture formation in a hydrogen-fueled heavy-duty engine with direct-injection［C］.//WCX SAE World Congress Experience. Detroit，Michigan，United States，2023.

[6] Li Y，Gao W Z，Zhang P，et al. Effects study of injection strategies on hydrogen-air formation and performance of hydrogen direct injection internal combustion engine［J］. Int J Hydrogen Energy，2019，44（47）：26000-26011.

[7] Lyne A，Sapsford S，Akehurst S，et al. Powering growth：the role of hydrogen internal combustion engines in non-road mobile machinery［D］. United Kingdom：University of York，2024.

[8] Oikawa M，Takagi Y，Mihara Y，et al. Attainment of high thermal efficiency and near-zero emissions by optimizing injected spray configuration in direct injection hydrogen engines［C］.//2019 JSAE/SAE Powertrains，Fuels and Lubricants. 2019.

[9] Salazar V M，Kaiser S A. An optical study of mixture preparation in a hydrogen-fuelled engine with direct injection using different nozzle designs［J］. SAE Int J Engines，2009，2（2）：119-131.

[10] Sari R，Shah A，Kumar P，et al. Hydrogen internal combustion engine strategies for heavy-duty transportation：engine and system level perspective［C］.//Symposium on International Automotive Technology. Pune，India，2024.

[11] Scarcelli R，Wallner T，Matthias N，et al. Mixture formation in direct injection hydrogen engines：CFD and optical analysis of single- and multi-hole nozzles［J］. SAE Int J Engines，2011，4（2）：2361-2375.

[12] Scarcelli R，Wallner T，Obermair H，et al. CFD and optical investigations of fluid dynamics and mixture formation in a DI-H2ICE［C］.//ASME 2010 Internal Combustion Engine Division Fall Technical Conference. San Antonio，Texas，USA：ASMEDC，2010：175-188.

[13] Shudo T. Improving thermal efficiency by reducing cooling losses in hydrogen combustion engines［J］. Int J Hydrogen Energy，2007，32（17）：4285-4293.

[14] Verhelst S. Recent progress in the use of hydrogen as a fuel for internal combustion engines［J］. Int J Hydrogen Energy，2014，39（2）：1071-1085.

[15] Wang X，Sun B G，Luo Q H，et al. Visualization research on hydrogen jet characteristics of an outward-opening injector for direct injection hydrogen engines［J］. Fuel，2020，280：118710.

[16] Welch A，Mumford D，Munshi S，et al. Challenges in Developing Hydrogen Direct Injection Technology for Internal Combustion Engines［C］.//Powertrains，Fuels and Lubricants Meeting. 2008.

[17] Whitesides R，Hessel R P，Flowers D L，et al. Application of gaseous sphere injection method for modeling underexpanded H_2 injection［J］. Combust Theor Model，2011，15（3）：373-384.

[18] 孙柏刚，包凌志，罗庆贺. 缸内直喷氢燃料内燃机技术发展及趋势［J］. 汽车安全与节能学报，2021，12（3）：265.

[19] Wimmer A，Wallner T，Ringler J，et al. H_2-Direct injection-A highly promising combustion concept［C］.//SAE 2005 World Congress & Exhibition. 2005.

[20] Wittek K，Cogo V，Prante G. Development of a pneumatic actuated low-pressure direct injection gas injector for hydrogen-fueled internal combustion engines［J］. Int J Hydrogen Energy，2023，48（27）：10215-10234.

[21] Wu B，Sharma P，Yu T，et al. High-speed 2-D raman and rayleigh imaging of a hydrogen jet issued from a hollow-

cone piezo injector [J] .//16th International Conference on Engines & Vehicles. Capri，Italy，2023.

[22] Zhang G X，Zhang Y F，Shi P H，et al. Near-field jet characteristics of a single-hole medium-/low-pressure hydrogen injector [J] . Energy，2025，314：134122.

[23] Hu Z，Yuan S，Wei H，et al. High-pressure injection or low-pressure injection for a direct injection hydrogen engine? [J] . Int J Hydrogen Energy，2024，59：383-389.

[24] Huang Z Y，Yuan S，Wei H，et al. Effects of hydrogen injection timing and injection pressure on mixture formation and combustion characteristics of a hydrogen direct injection engine [J] . Fuel，2024，363：130966.

[25] Kaczmarczyk K O，Liu X，Im H G，et al. Investigation of URANS CFD methods for supersonic hydrogen jets [C] .//WCX SAE World Congress Experience. Detroit，Michigan，United States，2024.

[26] Schmelcher R，Kulzer A，Gal T，et al. Numerical Investigation of Injection and Mixture Formation in Hydrogen Combustion Engines by Means of Different 3D-CFD Simulation Approaches [C] .//2024 Stuttgart International Symposium. Stuttgart，Germany，2024.

[27] Stewart J R. CFD modelling of underexpanded hydrogen jets exiting rectangular shaped openings [J] . Process Saf Environ Prot，2020，139：283-296.

[28] Yip H L，Srna A，Yuen A C Y，et al. A review of hydrogen direct injection for internal combustion engines：towards carbon-free combustion [J] . Appl Sci，2019，9 (22)：4842.

[29] Zhang S W，Sun B G，Luo Q H，et al. Experimental multiple parameters optimization of the injection strategies for a turbocharged direct injection hydrogen engine to achieve highly efficient and clean performance [J] . Energy，2024，312：133592.

[30] Zhao L，Zhang A，Sari R L，et al. Simulated-based combustion system development in a direct-injection spark-ignited hydrogen engine [J] . Fuel，2025，388：134434.

第4章
氢内燃机燃烧与性能

氢气的可燃范围广、点火能量低、燃烧速度快、压燃温度高，从这些属性看，氢气是一种理想的内燃机替代燃料，但也需要注意到氢-空混合气燃烧的独特性与挑战，特别是这些物理化学特性所带来的氢内燃机端的双面性。本章从点火方式、氢-空混合气缸内燃烧特性、氢内燃机的循环变动、缸内燃烧数值模拟、氢内燃机的异常燃烧等方面阐述氢内燃机的燃烧特性和性能。

4.1　点火方式

4.1.1　火花点火

由于氢气压燃温度高、点火能量很低，着火范围宽广和具有很高的火焰传播速度，火花点火是氢内燃机最常见的点火方式。当采用稀薄燃烧方式后，为避免循环变动加大，降低未燃氢排放，需要进一步加大氢内燃机的点火能量。

与常规汽油机点火系统类似，氢内燃机点火系统由蓄电池、传感器、发动机电控单元（engine control unit，ECU）、点火开关、点火线圈及火花塞组成。其中点火线圈分别由初级绕组、次级绕组和铁芯、外壳等组成。当某一个初级绕组的接地通道接通时，该初级绕组充电。一旦ECU将初级绕组电路切断，则充电中止，同时在次级绕阻中感应出高压电，使火花塞放电。点火线圈产生高压的工作原理如图4-1所示。

点火能量的大小对发动机的性能有着直接的影响。当点火能量过大时，容易造成火花塞电极的烧蚀，缩短火花塞的使用寿命，甚至会引发早燃爆震，使发动机功率下降，机件受损；点火能量过小，则导致发动机燃烧状况恶化，降低发动机的动力性和经济性，并且使发动机的起动性能变差。因此，很有必要针对不同类型的发动机，来研究最适合的点火能量，并精确控制点火能量。发动机工作时，由于混合气压缩时的温度接近自燃温度，因此所需火花能量较小（1～5mJ），传统汽油机点火系统能发出15～50mJ的火花能量，足以点燃混合气。但在稀薄燃烧、起动、怠速及突然加速时需要较高的点火能量。为保证可靠点火，一般应保证50～80mJ的点火能量。

火花塞可以按热值高低分为热型、冷型、中型，各厂家对不同类型的定义不尽相同，火花塞热值实际上代表着火花塞对燃烧室温度的一种传递能力。因为氢燃烧时温度较高，火花塞温度可能会偏高，容易在气缸内产生热点引燃混合气发生回火和早燃，因此推荐氢内燃机采用冷型火花塞。

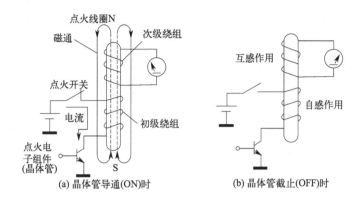

图 4-1　点火线圈产生高压的工作原理

4.1.2　压缩着火

氢气的自燃温度为 858K，远高于柴油的 523K，需要很高的压缩比。有研究表明，当量比混合气可在压缩比≥16：1 时发生自燃，但伴随烈爆震。同时起始角在压缩上止点前 15°至 5°CA 之间剧烈波动，表明压燃点火控制极不稳定。氢气的点火延迟非常短，平均指示压力明显高于同等条件下的柴油机。

氢气也可作为均质充量压燃（Homogeneous Charge Compression Ignition，HCCI）的燃料，试验发现氢气压燃后燃烧释放率极高，限制了着火时机的控制范围，导致操作窗口极窄，且排气中未燃氢含量较高。因此压燃氢气需要进气加温、预热塞或其他引燃燃料的辅助。

4.1.3　柴油微引燃

在从柴油机转化开发氢内燃机的进程中，一种可行高效的技术方案是进气道氢气喷射，保持原中央布置的高压供油系统喷油器，用微量喷射的柴油来引燃氢气，或采用缸内同轴氢/柴油直喷，在压缩冲程的中后期通过高压直喷系统将氢气直接喷入气缸，形成可燃混合气，在压缩终点（接近上止点），通过微量柴油的高压直喷实现点火，容易实现稀薄燃烧下的最小循环变动，实现了多点同时燃烧，加快了火焰燃烧速度，同时避免了异常燃烧的发生，通过匹配高压缩比，可实现超高热效率。

Scania 公司与 WestPort 公司合作开发了一款直列 6 缸 13L 氢内燃机，采用了 WestPort 公司独有的氢气/柴油双喷射技术，氢气喷射压力 26～29MPa，已实现有效热效率 52.5%，峰值功率/扭矩比同排量柴油机高 30%，80kg 氢气的续航里程超过 800km，CO_2 排放量比传统柴油机重卡低 94%，为商用车柴油机实现碳中和探索了新的技术路径。

4.2　氢-空混合气缸内燃烧特性

4.2.1　缸内燃烧阶段划分

缸内燃烧过程对发动机的动力性、经济性、燃烧噪声和污染物排放有重要影响，因此一直被视为影响发动机性能的重要因素。深入了解缸内燃烧过程可以为试验研究提供深入的理论指导，有助于发动机性能参数的优化，对于组织良好的燃烧过程，开发高效低排放氢内燃机具有重要意义。

对于火花点火发动机来说，燃烧过程一般分为滞燃期、急燃期和后燃期 3 个阶段。

（1）滞燃期

滞燃期是指从电火花跳火到形成火焰中心的阶段。作为氢内燃机燃烧过程中一个重要的参数，它对发动机性能有着直接的影响，对于点火提前角优化和车辆控制系统标定有重要的作用。计算滞燃期时，精确确定形成火焰中心所在角度（滞燃期终点）是非常有必要的。

滞燃期终点的判断是基于燃料着火时有温度和压力升高的现象，通过测量燃烧压力或温度来确定，也有采用离子电流法和压缩过程的多变指数法来确定的。在众多滞燃期终点确定方法中，压力和温度是最为常用的。利用压力计算滞燃期时，滞燃期定义为从火花点火到仪器能检测到燃烧室内压力开始脱离压缩线位置，通常通过燃烧压力和倒拖压力曲线分离点来确定，也可以通过辨识燃烧压力升高率与倒拖压力升高率曲线的分离点来实现滞燃期的测定。利用温度计算滞燃期时，滞燃期定义为火花点火到压缩温度线上温度的突然升高点所用时间。

在氢-空混合气着火滞燃期研究方面，许多学者在定容燃烧弹、快速压缩机和激波管上都开展了相关的研究，但没有提出滞燃期计算公式。而对于氢内燃机来说，得到较为准确的滞燃期拟合关系式，对于简化内燃机点火提前角标定和优化设计有着重要的意义。

图 4-2 给出了某 2.0L 氢内燃机 3000r/min、当量比为 0.22、点火提前角为 30°CA 时，燃烧压力和压力升高率曲线，其中燃烧压力通过试验测得，倒拖压力可以通过压缩阶段数据拟合或通过热力学计算分析得到。从图 4-2 可以看出，发动机点火之前燃烧和倒拖压力曲线能很好地吻合，这也验证了计算模型的精确性；点火之后由于燃烧放热，燃烧压力和倒拖压力曲线出现了分离，通过分析分离点位置就能够确定滞燃期。考虑到传感器测量精度，将燃烧压力与倒拖压力升高率差值大于 0 的位置作为分离点是不合理的，计算时将压力差值设定为 0.1bar，此时滞燃期定义为从给出点火信号到出现压力分离点所用的时间。同理，将燃烧压力与倒拖压力升高率的差值大于 0 的位置作为分离点也是不合理的，计算时可将压力升高率差值设定为 0.1bar/°CA。在实际应用时，人们通常将燃料燃烧 5% 或 10% 所用的时间定义为滞燃期，因此在比较几种滞燃期确定方法时，我们将 5% 放热率也考虑在其中。

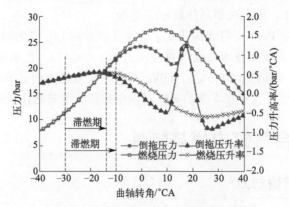

图 4-2   压力曲线和压力升高率曲线

　　图 4-3 给出了氢内燃机 3000r/min、点火提前角为 30°CA 时不同方法得到的滞燃期。从图中可以看出，将燃料 5% 放热率所用时间作为滞燃期时数值是最大的，比以 0.1bar/°CA 为判定时滞燃期长了 0.25ms，但两者都呈现同样的下降趋势；在这种工况下，按压力分离确定的滞燃期几乎没有差别。这是由于燃烧开始时一段时间内，燃料放热对气缸内热力状态的影响较小，压力变化不明显，同时由于传感器灵敏度的限制，通过燃烧压力曲线很难找到准确的分离点；而压力升高率变化会更加敏感，同时可以降低对传感器灵敏度的要求，得到的数据也相对比较可靠。用达到 5% 放热率所用时间只能粗略估计滞燃期，这个数值与实际情况差距较大。推荐压力升高率分离点作为滞燃期终点，滞燃期定义为给出点火信号到压力升高率差值大于 0.1bar/°CA 所用的时间。

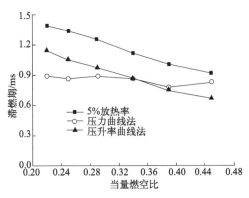

图 4-3　3000r/min 不同滞燃期计量方法比较

　　研究发现，影响滞燃期的因素主要有当量燃空比、转速和点火提前角。具体影响规律为：随着当量燃空比和转速的增加，滞燃期逐渐减小；随着点火提前角的增加，滞燃期逐渐增大。混合气浓度、温度和压力是导致滞燃期变化的内在因素，提高混合气浓度、温度和压力都能缩短滞燃期。

　　Arrhenius 公式见式(4-1)：

$$\tau = A p^{-b} \exp\left(\frac{E_a}{R_u T}\right) \tag{4-1}$$

　　在此基础上，引入当量燃空比 ϕ 和转速 n，提出如式(4-2)形式的滞燃期预测关系式：

$$\tau = A \phi^{-b} p^{-c} n^{-d} \exp\left(\frac{E_a}{R_u T}\right) \tag{4-2}$$

　　式中，τ 为滞燃期，ms；ϕ 为当量燃空比；n 为内燃机转速，r/min；p 和 T 分别为点火时刻缸内压力和温度，单位分别为 bar 和 K；$\dfrac{E_a}{R_u}$ 为温度系数；A、b、c 和 d 是常数，由试验数据确定。

　　根据试验数据拟合确定主要常数，得出该款氢内燃机滞燃期的计算公式如下：

$$\tau = 198.54 \phi^{-1.03} p^{-0.876} n^{-0.165} \exp\left(\frac{496}{T}\right) \tag{4-3}$$

　　(2) 急燃期

　　急燃期是指火焰由火焰中心烧遍整个燃烧室的阶段，亦称为火焰传播阶段。在这个阶段内，压力升高快，压力升高率 $dp/d\phi = 2 \sim 4\,bar/°CA$，对于发动机做功和工作粗暴程度、振动和噪声水平有很大影响。

急燃期终点一般为最高压力点、最高温度点或者90%燃料燃烧结束点，分别对应图4-4中的急燃期1、急燃期2和急燃期3。最高压力点到达时刻，对发动机做功能力有重大意义：如到达时刻过早，则混合气必然过早点燃，从而引起压缩负功的增加，最高燃烧压力过高，这会使得发动机效率降低，而且机械负荷增加；过晚到达则使得膨胀比减小，不利于发动机做功，最高压力点对应的曲轴转角需要通过氢内燃机的详细标定来获取，也以此确定该工况下的最大扭矩点。最高燃烧温度点到达时刻对于发动机来说影响也很大，由于热量比压力传递慢，因此最高温度点常比最高压力点晚。最高温度点越靠近上止点，大量热放出的位置越接近上止点，这对于发动机热效率来说有积极影响，但是此时活塞热负荷比较高，容易导致燃烧室零部件热负荷过高。

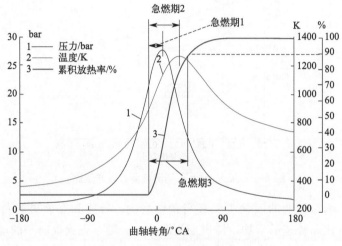

图 4-4　急燃期确定方法

实际氢内燃机研究过程中，人们常按已燃质量分数将燃烧过程分为火焰发展期和快速燃烧期（急燃期），并将10%～90%累积放热率所用时间作为急燃期，或燃烧持续期，把50%放热率点作为燃烧重心，也是大多数热力学性能计算模型需要输入的常用参数。

（3）后燃期

明显燃烧时期以后，燃烧放热反应仍在进行，明显燃烧期未烧尽的可燃气在此阶段继续燃烧。此阶段的燃烧称为后燃期，随着混合气逐渐变稀，燃烧速度越来越慢，后燃期明显加长，试验测得在超稀薄燃烧工况（过量空气系数大于4）时，未燃氢浓度高达 10000×10^{-6}。

4.2.2　不同工况燃烧特性

燃烧匹配是通过调整不同工况参数，让缸内的燃料、空气和燃烧室协同工作，使燃料的化学能最大限度地转化成有用功，提升整机的热效率并控制污染物排放的过程。本节基于一台2.0L增压进气道喷射氢内燃机重点研究不同工况的燃烧特性。

（1）不同转速下的燃烧参数变化特性

燃烧过程是"油（燃料）、气、室"的匹配过程，转速对于换气过程、缸内反应时间和喷氢过程都有影响，尤其是增压之后，缸内的气体湍流增强随着转速增加而增大，会给缸内的燃烧过程带来明显不同。如图 4-5 所示，随着转速升高，压缩终了压力总体趋势是升高，从 1500r/min 时压缩终了压力 1.7MPa 升高到 4000r/min 时的 2.6MPa，但在 2500r/min 以后的终了压力升高较少。原因是：一方面增压氢内燃机的增压中冷后压力随着转速升高而升高，从而导致压缩终了压力升高；另一方面，配气相位和进气歧管的设计目标是在 3000～3500r/min 时取得最大充量系数，使得进入气缸的空气流量增多，进而导致压缩终了压力升高。压缩终了压力升高，即燃烧初始压力增大，使得缸内的最高燃烧压力升高，如图 4-6 所示。在 4000r/min 时，最高燃烧压力有所下降的原因与增压压力和充量系数有关，为了抑制爆燃，增压压力被控制在 0.14MPa 左右，而此时的充量系数又有所下降，导致最高燃烧压力有所下降。

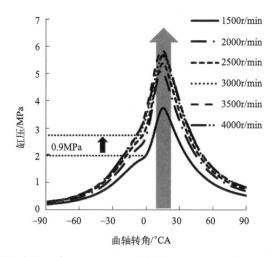

图 4-5　过量空气系数 λ ≈1.8、不同转速下燃烧压力随曲轴转角变化特性

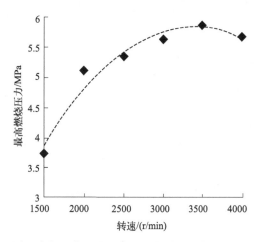

图 4-6　过量空气系数 λ ≈1.8 时最高燃烧压力随转速变化特性

最高燃烧压力和缸内的机械负荷相关，压力越高，缸内的机械负荷越高。最大压力升高率和燃烧噪声密切相关，是表征缸内燃烧过程粗暴度的重要参数。压力升高率的变化趋势是先增后减，如图 4-7 所示。压力升高率的变化趋势与缸内的燃烧过程有关，在燃烧的初始阶段，缸内的温度、压力较低，火焰传播速度不快，使得压力升高速度较慢；当火焰发展到急

燃期时，缸内压力快速增加，压力升高率变大；而在燃烧结束后，活塞下行，进入膨胀阶段，缸内压力迅速下降，出现了如图4-7所示压力升高率为负值（范围为 $-2\sim0$ MPa/°CA）的情况。最大压力升高率出现在上止点后 $12\sim15$ °CA 是因为氢-空混合气的燃烧速度较快，可以推迟点火，也能保证较高的等容度，使得氢内燃机的热效率得以提升。

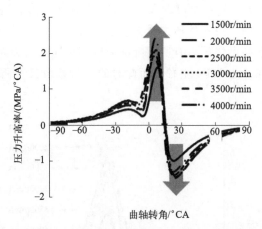

图 4-7　$\lambda \approx 1.8$、不同转速下压力升高率随转速变化特性

最大压力升高率随着转速升高有两种表现形式，如图4-8所示：首先，以曲轴转角计的最大压力升高率为 0.22MPa/°CA，出现在 2000r/min 时，随转速升高呈现先增后减的趋势。原因可以分两段进行阐述：在 1500r/min 时，由于排气能量较低，涡轮不仅不能正常工作，还会使排气背压增加，进而导致缸内换气过程变差，残余废气系数增大，进而使得缸内燃烧过程变差，燃烧速度降低，最大压力升高率下降；而在 2000r/min 之后，增压压力逐渐升高，换气过程的影响变小，此时随着转速升高，相同燃烧时间对应的曲轴转角变大，导致单位曲轴转角内的压力升高率降低，进而出现最大压力升高率下降的现象。

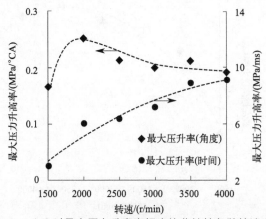

图 4-8　$\lambda \approx 1.8$ 时最大压力升高率相应的曲轴转角随转速变化特性

除以上与压力相关的参数外，燃烧速度和放热率也是表征燃烧过程的重要参数，能够为燃烧过程的匹配提供支撑。随着转速增加，燃烧持续期从 1500r/min 时 12.5°CA 增大到 4000r/min 时 18.1°CA，如图4-9所示。原因一方面是转速增加，每度曲轴转角对应的时间减少，导致燃烧持续期随着转速增加而增加；另一方面，转速增加，进入气缸的空气流量增

加，尤其是在增压之后，充量系数得到提升，进一步导致高转速下空气流量增加，在混合气浓度不变时，燃烧持续期随之加大。但是，1500r/min 和 2000r/min 时的燃烧持续期基本相等，原因是 2000r/min 时增压压力有所提升，提高了缸内混合气的燃烧速度，而在 1500r/min 时涡轮会增加排气背压，使得燃烧速度变慢，进而造成两者的燃烧持续期基本相等。随着转速增加，瞬时放热量也呈现出先增后减的趋势，其最大值逐渐增加，最大值出现的位置也不断靠近上止点，如图 4-10 所示。

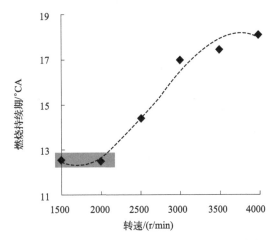

图 4-9　$\lambda \approx 1.8$ 时燃烧持续期随转速变化特性

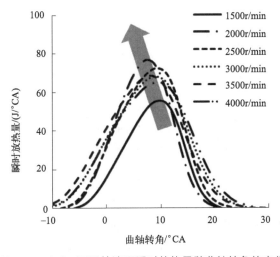

图 4-10　$\lambda \approx 1.8$、不同转速下瞬时放热量随曲轴转角的变化特性

（2）不同负荷下的燃烧参数变化特性

缸内压缩压力随着负荷增加不断升高，从平均有效压力（brake mean effective pressure，BMEP）为 0.27MPa 时的 1.2MPa 升高到 BMEP 为 0.79MPa 时的 2.3MPa，如图 4-11 所示。压缩终了压力增加的原因是随着负荷增大，节气门的节流作用减小，充量系数急剧升高，进入缸内的空气质量流量增大；同时，由于增压的作用，在大负荷时排气能量增加，压气机作用下使进入气缸的压力增加，改善了缸内换气过程，增大了充量系数，进而使压缩终了压力得以大幅提升。从图 4-12 最高燃烧压力的变化特性上可以看出，负荷增加会

导致缸内的燃烧压力急剧增大，活塞上的作用力增大，机械负荷增加。因此，控制增压氢内燃机的缸内燃烧压力需要控制增压压力，防止由于压缩初始压力过高产生爆震的现象。

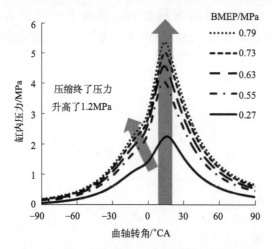

图 4-11　不同负荷下燃烧压力随曲轴转角变化特性

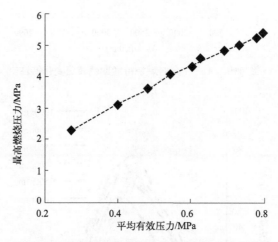

图 4-12　最高燃烧压力随平均有效压力变化特性

最大压力升高率随负荷增加而增大，幅值从 0.07MPa/°CA 增到 0.22MPa/°CA，说明负荷越大，缸内的燃烧噪声也就越大，燃烧过程越粗暴，如图 4-13 所示。缸内的最高燃烧温度从 1560K 增加到 1760K，说明缸内热负荷不断增大，如图 4-14 所示。

瞬时放热量随负荷增加的变化趋势基本相同，但最大瞬时放热量不断增大，而且出现的位置不断靠近上止点，如图 4-15 所示。原因和最高燃烧压力变化趋势的原因相同。而随着负荷增加，燃烧持续期大部分负荷时都处在 15°CA 附近，只有在 BMEP 为 0.27MPa 一个点的燃烧持续期明显较大，如图 4-16 所示。原因是在氢内燃机缸内残余废气系数会随着负荷减小而急剧增大，尤其对于增压氢内燃机来说，在低负荷时涡轮会使排气背压升高，缸内换气过程变差，残余废气系数相对更高，进而导致缸内火焰传播速度下降，燃烧持续期加长。因此，对于增压氢内燃机来说，依据性能要求选取工况点时，应该尽量避开小节气门开度区域。

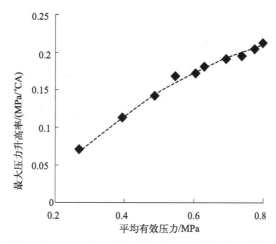

图 4-13　最大压力升高率随平均有效压力变化特性

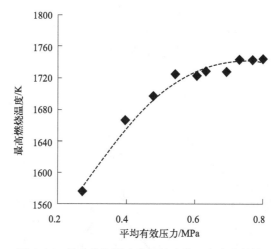

图 4-14　最高燃烧温度随平均有效压力变化特性

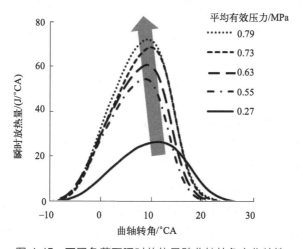

图 4-15　不同负荷下瞬时放热量随曲轴转角变化特性

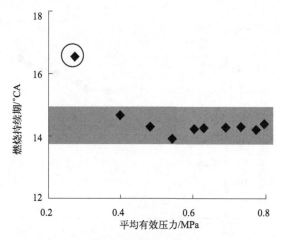

图 4-16　燃烧持续期随平均有效压力变化特性

（3）不同混合气浓度下燃烧参数的变化特性

燃烧压力随着混合气浓度（本小节的混合气浓度均指当量燃空比）升高而不断增大，如图 4-17 所示。原因是混合气浓度升高，增压中冷后压力有所升高，如图 4-18 所示，缸内换气过程得到改善，充量系数增大，进入气缸的混合气增多，使压缩终了压力升高，燃烧压力大幅增加。

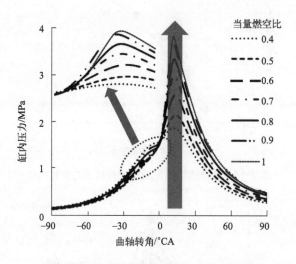

图 4-17　燃烧压力随混合气浓度变化特性

2500r/min 下最大压力升高率随混合气浓度升高而升高，且混合气浓度越高，增加幅度越大，如图 4-19 所示。混合气浓度越高，燃烧速度越快，在单位时间内压力升高率越高。而从图 4-20 可知，随着混合气浓度越高，最大压力升高率出现的位置越偏离上止点，即缸内燃烧过程的等容度越低，指示热效率越低。

瞬时放热量随着混合气浓度增大而急剧升高，其最大值在混合气浓度为 1 时是 0.4 时的 7 倍多，如图 4-21 所示。原因是混合气浓度越高，进入气缸的氢气质量越高，放热量越大。同时，混合气浓度升高时，燃烧持续期降低，进一步促使了瞬时放热量的增加。累积放热率曲线上的 50% 放热率点保持不变，而混合气浓度越高，累积放热率曲线越陡峭，燃烧持续

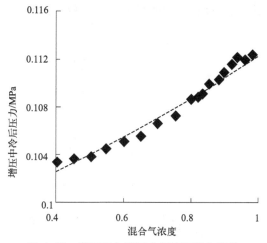

图 4-18　增压压力随混合气浓度变化特性

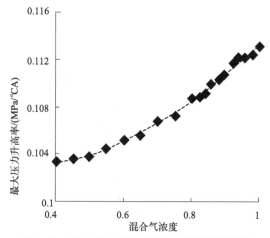

图 4-19　最大压力升高率随混合气浓度的变化

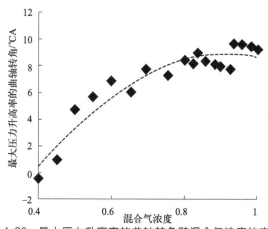

图 4-20　最大压力升高率的曲轴转角随混合气浓度的变化

期越短，即燃烧速度越快，如图 4-22 所示。因此，氢内燃机的缸内燃烧速度受混合气影响极大，混合气越稀薄，燃烧速度越慢，相应的点火提前角也就越靠前，这就使稀燃带来的指示热效率增加受到了限制，即提升氢内燃机的指示热效率需要兼顾考虑不同混合气浓度下的燃烧速度，只有两者恰当匹配才能使氢内燃机的指示热效率达到最高。

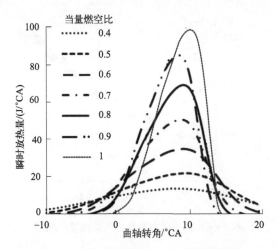

图 4-21　2500r/min、不同混合气浓度下瞬时放热量随曲轴转角变化特性

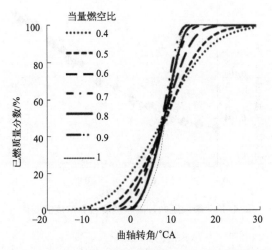

图 4-22　2500r/min 不同混合气浓度下累积放热率随曲轴转角变化特性

（4）不同点火提前角下的燃烧参数变化特性

如图 4-23 和图 4-24 所示，2500r/min 下随着点火提前角不断靠近上止点，即不断推迟点火，最高燃烧压力不断减小，而对应的曲轴转角不断偏离上止点。当点火提前角从 −30°CA 推迟到 0°CA 的过程中，最高燃烧压力（缸内压力）从 3.3MPa 减小到 1.7MPa，相应的曲轴转角从 2.5°CA 变化到 30°CA。说明随着点火提前角越靠近上止点，最大燃烧压力越小。因此，仅从最大燃烧压力的角度看，点火提前角越靠前越好。

但是，燃烧压力只是表征缸内燃烧过程的一个参数，而且点火越早，活塞上行过程中的压缩负功越大，因此需要从多参数角度考虑点火提前角对燃烧过程的影响规律。如图 4-25 所示，随着点火提前角越靠近上止点，最大压力升高率越小，即燃烧噪声越小，燃烧过程越温和。而点火时刻越早，燃烧初期压力升高率越大，对活塞的作用力就越大，使活塞负功增加，热效率降低，如图 4-26 所示。因此，点火提前角不能过早。

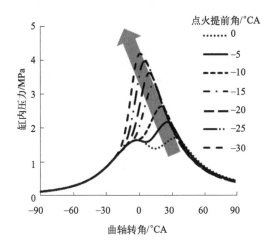

图 4-23　缸内压力随曲轴转角的变化

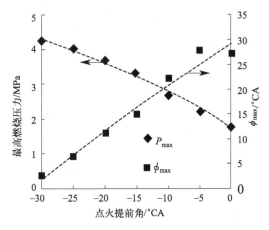

图 4-24　最高燃烧压力及对应的曲轴转角随点火提前角变化特性

P_{max}—最大燃烧压力；ϕ_{max}—对应的曲轴转角

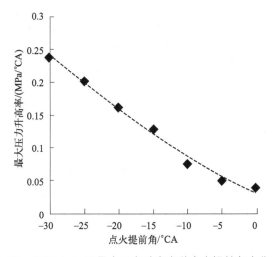

图 4-25　2500r/min 下最大压力升高率随点火提前角变化特性

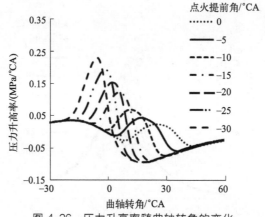

图 4-26　压力升高率随曲轴转角的变化

　　点火时刻越晚，燃烧持续期越长，如图 4-27 所示。原因是在上止点前点火，活塞上行压缩混合气，使混合气的温度和压力都升高，湍流度增强，燃烧速度加快，燃烧持续期变短。而从图 4-28 可以看出，累积放热率曲线随点火提前角靠近上止点而不断向后推迟。按 Otto 循环原理燃烧放热量越集中在上止点附近，燃烧等容度越高，热效率越高。因此，最佳的点火提前角应在 −15°CA 左右。

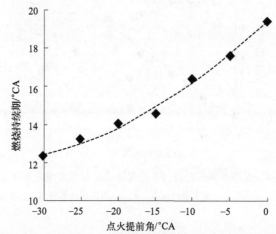

图 4-27　2500r/min 下燃烧持续期随点火提前角变化特性

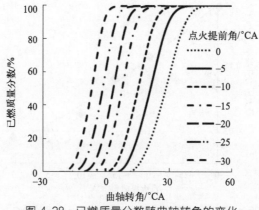

图 4-28　已燃质量分数随曲轴转角的变化

4.3　氢内燃机的循环变动

4.3.1　循环变动评价方法

氢内燃机中，最高燃烧压力是一个容易得到的评价循环变动的参数，但是最高燃烧压力容易受到诸多因素的影响，如点火提前角、燃烧周期及压缩上止点的精确性等参数都会影响到最高燃烧压力，最高燃烧压力的不确定性较大，不适用于评价氢内燃机的循环变动。

很多学者推荐平均指示压力（indicated mean effective pressure，IMEP）的协方差 COV_{IMEP} 作为评价循环变动的主要参数，其计算方法为：

$$COV_{IMEP} = \frac{\sigma_{IMEP}}{\overline{IMEP}} \times 100\%$$ (4-4)

式中，σ_{IMEP} 为 IMEP 的标准差；$\overline{IMEP}$ 为 IMEP 的平均值。

相关系数的定义为：

$$R(X,Y) = \frac{\frac{1}{N}\sum_i^N \left[(X_i - \overline{X})(Y_i - \overline{Y})\right]}{S_D(X)S_D(Y)}$$ (4-5)

式中，X_i、$\overline{X}$、$S_D(X)$ 和 Y_i、$\overline{Y}$、$S_D(Y)$ 分别为 X、Y 的值、平均值和标准差。若 $R(X,Y) < 0.3$，则认为 X 和 Y 基本无关；若 $0.3 \leqslant R(X,Y) < 0.8$，则认为 X 和 Y 相关，且值越大相关性越强；若 $R(X,Y) \geqslant 0.8$，则认为 X 和 Y 的相关性很强。

为探索最大燃烧压力 P_{max} 和 IMEP 之间的相关性，设计如表 4-1 所示条件的若干组试验，表中 MBT 表示使 COV_{IMEP} 最小时对应的点火提前角，计算的二者的相关性如图 4-29 所示。

如图 4-29(a)～(d) 所示，P_{max} 和 IMEP 的相关性对点火提前角比较敏感，在转速较高时二者的相关性很强，节气门开度增加，二者的相关性增强，节气门开度对二者的相关性影响较小。因此，COV_{IMEP} 可以在中高转速时用于评价氢内燃机的循环变动。

表 4-1　测试条件

编号	转速/(r/min)	当量比	点火提前角/°CA	节气门开度/%
A1～A7	2500	0.22	MBT	5～100
B1～B5	3000	0.29	25～45	100
C1～C5	5500	0.31～0.74	MBT	100
D1～D5	1500～3500	0.22	MBT	26

4.3.2　循环变动特性

通过上面的分析可知，COV_{IMEP} 适合用于评价增压氢内燃机的燃烧循环变动。减小燃烧循环变动对于降低最高燃烧压力和污染物排放、改善发动机工作粗暴性和经济性具有重要意义。影响氢内燃机循环变动特性的主要因素包括发动机转速、负荷、混合气浓度和点火提前角等。

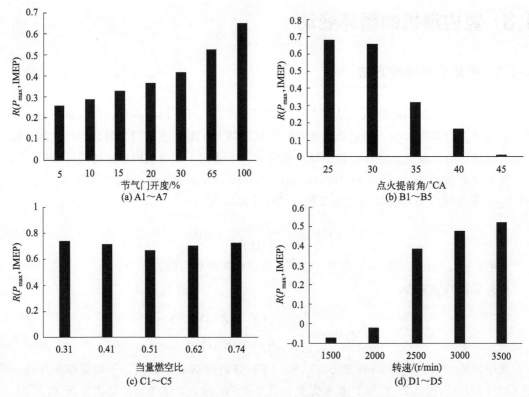

图 4-29　测试条件下 P_{max} 和 IMEP 相关性计算结果

随着转速升高,以 2500r/min 为界 COV_{IMEP} 出现先减小再升高的现象,如图 4-30 所示。首先,从 2000r/min 增大到 2500r/min,燃烧循环变动从 0.7% 降低到 0.35%。原因有两个方面:一方面是随着转速升高,缸内的湍流度增强,燃烧速度加快,燃烧持续期变短,缸内燃烧压力波动减小,使得循环变动减小;另一方面是,随着转速升高,增压氢内燃机在增压中冷后压力升高,使缸内的进气压力高于排气压力,缸内残余废气系数降低,混合气均匀性提升,进而使燃烧的循环变动降低。而当转速继续升高,增压中冷后压力基本保持不

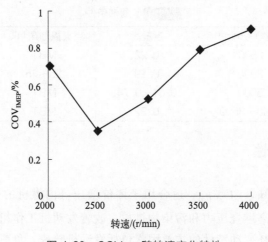

图 4-30　COV_{IMEP} 随转速变化特性

变，使得缸内废气残余系数相对升高，同时由于转速升高，混合气混合时间变短，不均匀性增加，循环变动增大。另外，随着转速升高，虽然混合气燃烧的绝对时间变短，但是混合气的燃烧持续期增加，使得燃烧的循环变动增大。

随着 BMEP 从 0.27MPa 增大到 0.79MPa，燃烧循环变动 COV_{IMEP} 从 0.65% 逐渐减小到 0.35%，减小了 46% 左右，如图 4-31 所示。原因是负荷较小时，由于节气门的节流作用，使进气管内的真空度较高，新鲜空气的质量流量较低，缸内的废气残余系数较高，使火花塞附近和整个气缸内的混合气组分变动较大，进而增加了氢内燃机低负荷时的燃烧循环变动。而随着负荷增加，进入气缸的空气质量流量增大，缸内残余废气减少，同时增压中冷后压力随着负荷增加而增大，导致进气压力升高，缸内残余废气系数进一步降低且缸内湍流强度增加，使燃烧循环变动减小。

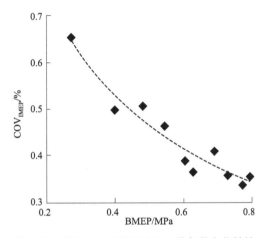

图 4-31　2500r/min 下 COV_{IMEP} 随负荷变化特性

氢-空混合气的浓度对于燃烧速度影响极大，而缸内混合气的燃烧速度对燃烧循环变动具有重要影响。随着混合气浓度从 0.4 增加到 1.0，燃烧的循环变动大幅下降，从 1.2% 降低到 0.5% 左右，如图 4-32 所示。混合气浓度对增压氢内燃机燃烧循环变动的原因可以从两

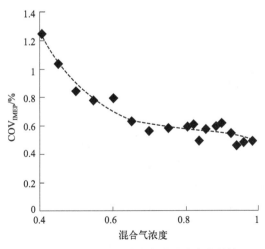

图 4-32　COV_{IMEP} 随混合气浓度变化特性

个方面来阐述。一方面，在相同节气门开度和转速下，混合气浓度增加会增加排气温度，进而增加排气能量，使增压氢内燃机的进气压力升高，缸内残余废气系数减小，同时进入气缸的新鲜空气流量也增加，进而使燃烧循环变动降低。另一方面，混合气浓度增加，燃烧速度加快，滞燃期及燃烧持续期都会显著缩短，使燃烧循环变动降低。

增压氢内燃机的燃烧循环变动对点火提前角极其敏感，以最佳点火提前角为界限，向两侧燃烧循环变动 COV_{IMEP} 都增大，如图 4-33 所示。点火提前角过小，即推迟点火时，活塞接近上止点，点火时缸内混合气的温度压力较高，初始燃烧反应剧烈，压力波动较大，燃烧循环变动 COV_{IMEP} 增加；同时，点火过晚会导致大部分燃料在活塞下行时被燃烧，此时缸内处于膨胀行程，温度和压力都在下降，使整个燃烧过程加长，燃烧循环变动加大。而当点火提前角过早时，活塞处于上行阶段，点火时缸内混合气的温度压力不够，同时由于容积较大，混合气不均匀性增大，燃烧循环变动 COV_{IMEP} 变大。

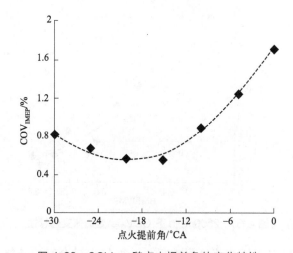

图 4-33　COV_{IMEP} 随点火提前角的变化特性

基于前述的分析结果可以看出，点火提前角对燃烧循环变动的影响最大，而负荷的影响最小。因此，在进行增压氢内燃机试验时，要控制点火时刻在 MBT 点，减小燃烧循环变动。同时，从不同因素对燃烧循环变动的影响程度上可以看出，增压氢内燃机的燃烧循环变动范围较小，在转速 1500～4000r/min 范围内，COV_{IMEP} 不超过 2％。

4.4　缸内燃烧数值模拟

随着计算机技术的发展，缸内燃烧数值模拟得到极大的推广和应用，并且其精度越来越高，数值模拟已然成为一种行之有效的常用的内燃机设计方法。常见的数值模拟方法分为一维和三维仿真。一维性能模拟主要用于内燃机性能的预测和开发，也用于后续的整车匹配开发；三维流动与燃烧仿真主要用于计算缸内各个参数空间分布及变化规律研究，可以作进一步的机理开发和对现象的解释。随着计算速度的增加，许多氢内燃机的设计工作也越来越离不开一维/三维仿真分析。

作者所在团队协助国内企业完成了多个氢内燃机型号的研究开发、设计与测试工作，总结了一些设计开发方面的经验流程，如图 4-34 所示。

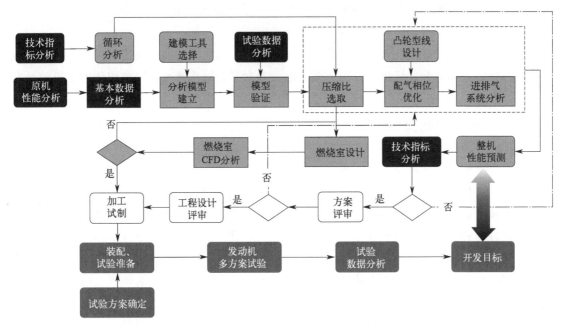

图 4-34　仿真分析的基本流程

4.4.1　一维性能模拟

一维仿真软件通过一维有限体积法来求解可压缩流体在等截面管道、变截面管路和空腔内的流动状况，能够高精度计算管内压力波动和质量流量以及能量损失。缸内燃烧过程的放热、压力和温度变化则通过热力学方法计算得出。由于一维模型计算速度快，可以对发动机气缸及整个进、排气系统进行建模，分析多个参数变化对发动机的进、排气过程和性能参数的影响。

常用的一维仿真商业软件有 RicardoWave、GT-suite 等，各个商用软件有其自身的优势和特点，但其模型建立、计算过程基本相同。下面以 RicardoWave（以下简称 Wave）为例，简要说明内燃机性能计算分析的一般步骤。

（1）建立内燃机的基本结构和参数模型

可以将发动机进、排气系统的三维实体模型转换为 *.stl 文件，并导入 Wave 中生成进排气系统管路模型。发动机的缸径、冲程、燃烧室表面积和凸轮型线等参数必须与试验发动机保持一致。各管道的摩擦系数和换热系数根据 Wave 手册给定的经验值设定。气门的流量系数在流量试验台上测试得到。摩擦扭矩通过试验台架倒拖得到，注意倒拖扭矩要减去泵气损失才是摩擦扭矩。

（2）输入试验相关参数

计算中的环境压力、温度、氢气的流量、喷射的相位和持续期等参数按照试验设置。燃烧模型一般使用 Wiebe 模型，燃烧模型参数可根据试验时缸内压力计算放热率得到，在设计氢内燃机的过程中，没有成熟数据可参照或模型参数选择时需要一些经验支撑，在氢内燃机试验过程中所测得的缸内燃烧压力在计算放热规律时，也应该注意相关公式选用，以期得到的数据更符合氢内燃机实际情况。气缸壁、缸盖和活塞的温度可根据已有机型经验设定。

传热采用 Woschni 模型，气门打开和关闭时的换热系数根据标定工况设定。

（3）建立好计算模型后，需要对模型进行标定

对于一维仿真计算，首先依据试验数据对进气量、充量系数及扭矩进行标定，再对其他数据进行标定。标定好的模型可以用于多工况、多方案的仿真计算，以加快氢内燃机的开发设计。

4.4.2　三维燃烧仿真

三维仿真模型是在流动基本方程（质量守恒方程、动量守恒方程、能量守恒方程和组分守恒方程）的控制下，通过网格对空间连续物理量进行离散，从而得到流场内各个位置上的基本物理量（如速度、压力、温度、浓度等）的分布。与一维计算相比，三维计算能够更精确地反映缸内各个物理量的场分布，是研究混合气形成、燃烧机理等十分重要的工具。

常见的内燃机三维仿真软件有 Fire、Converge、Fluent、Star-CCM＋等，其模型的建立过程基本相同。由于氢内燃机几何结构十分复杂，完全按照其真实实体建立内腔的几何模型非常困难，因此在保证对仿真计算结果影响不大的前提下，同时为了避免在网格划分时产生网格尺度的巨大差异，对几何模型进行了一些等效简化处理，主要有以下几点。

①　选取一缸作为研究对象。要求选择的缸最具有代表性，从理论分析的角度选择最能代表多缸内燃机工作的一个气缸进行建模计算。

②　不考虑气缸与活塞之间的间隙，即活塞顶平面与气缸壁面完全密封。

③　略去了某些过渡圆角、倒角等次要细节，但对几何模型的关键位置（如气门），由于其形状对流动截面和计算精度有很大影响，故在几何建模过程中对气门建模时应尽可能做到准确无误。

④　对于具有对称特征的几何区域，为减少计算网格数量，加快计算速度，可以选择其中一部分进行仿真计算。具体视计算目标而定。

氢气因其简单的组成、已知的物理化学性质以及较少的反应路径，使得燃料特性表征、替代物选择和化学动力学机制的研究变得更加便捷。然而，氢气的火焰传播速度与其他燃料显著不同，现有的火焰速度模型，尤其是在稀燃和超稀薄燃烧条件下需要进行适应性调整。此外，现有的爆震模型也可能不完全适用于氢气，还需要对氢内燃机边界下的爆震机理开展进一步的研究。

主要的建模过程如下：

①　建立模型之后需要对模型进行校核和验证。与一维仿真不同的是，除对各个特征物理参数的校核之外，在进行参数验证校核之前需对网格无关性和时间步长一致性对校核验证，避免因网格尺寸和时间步长带来较大的计算误差。

②　经过网格尺寸和时间步长的无关性验证后，需要对模型进行标定，常见的有利用纹影法等得到的氢气喷雾发展对氢气喷射模型进行标定、利用光学测量的火焰发展结果对缸内燃烧模型进行校核与验证等。

③　对缸内的燃烧状况进行模拟，分析回火、早燃、爆震等异常燃烧发生的机理，分析氮氧化物等污染物的生成机理等，以便对氢内燃机存在的弊端进行有针对性的设计改进，加快氢内燃机设计过程，并节约资源。

4.5　氢内燃机的异常燃烧

　　回火、早燃及爆震燃烧是氢内燃机的三种主要异常燃烧现象，是制约氢内燃机应用的主要障碍，一直是氢内燃机研究开发的国际热点问题，遗憾的是到目前还没有完整揭示这三种异常燃烧的详细机理。本节对前人在回火、早燃及爆震燃烧方面的研究成果进行综述，以帮助氢内燃机设计人员更好了解氢内燃机的异常燃烧。

　　如图 4-35 所示，氢内燃机的异常燃烧主要包括回火、早燃和爆震三种。回火是指新鲜充量在进气门关闭前就被点燃。早燃指进气门关闭后，新鲜充量在火花塞点火前就被点燃。爆震则指燃烧过程中，末端气体自燃而引发强烈的压力振荡。三种异常燃烧成为制约氢内燃机设计和研发的关键因素，其控制策略的制定是氢内燃机开发人员的核心工作之一。

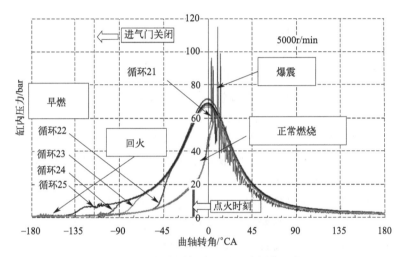

图 4-35　氢内燃机中三种异常燃烧现象

4.5.1　回火

　　氢内燃机与汽油机的差别主要在于这两种机型的燃料的物理特性不同。相对于汽油而言，氢气具有高易燃性、点火能量低等特点。对于进气道喷射式氢内燃机而言，由于缸内残余热点以及高温排气等因素的影响，导致新鲜充量在进气门关闭前就可能点燃产生回火，这对于氢内燃机的稳定性、可靠性和安全性将产生非常不利的影响。引发回火和早燃的原因大部分相同，从已发表的文献看，回火问题主要与进气道混合气浓度、残余废气、配气相位以及点火系统有关。

　　Das 在试验中发现火花塞是引起回火的主要因素，普通汽油机火花塞被设计成在较高的温度下工作以防止积碳，这个温度往往超过了氢的自燃温度而在进气过程中引发回火。Das 总结引起回火的原因，认为由于氢的淬熄距离短，缸内热点如排气门和火花塞的温度都较高，而氢的点火能量又很小，这些热点很容易点燃高浓度混合气。润滑油中的灰分在燃烧后形成了炽热的颗粒，也能在缸内部件温度不高时引燃混合气。由于这些微粒有着更高的热容和更大的质量，其温度很高且在排气过程中不容易下降。如果这些微粒附着在燃烧室壁面或者存在于排气冲程结束的残余废气中，就会引发回火。Das 还认为邻缸高压线的感应也是引起回火的原因。

Takashi 认为点火系统的残余能量引起火花塞意外跳火是引起回火的原因。由于低浓度时氢火焰离子浓度低，高压线圈中的能量不能完全释放，而有可能在进气或者压缩冲程以外点火。但在其试验中即便使用了水冷火花塞也不能避免高浓度时回火。Lee 发现火花塞间隙不是引起回火的主要原因，而活塞环顶岸的间隙内的混合气燃烧会引发回火。由于氢的淬熄距离短，使其能够传播到很狭小的缝隙中持续燃烧到进气过程开始。通过减小活塞环缝隙的容积和增加窜气量可以使用浓度更高的混合气而不发生回火。Lee 的试验中通过降低冷却液温度也可以提高混合气浓度。Swain 在研究中发现，通过选择合适的活塞环和合理设计活塞环顶岸间隙，可以达到化学计量比运行而不用对喷氢角度进行优化。

除了关注点火系统外，混合气浓度也是引发回火的原因之一。Berckmüller 认为残余废气可能是引起回火的原因。Lee 认为早燃是由于缸内热点所引起的，连续的早燃会进一步增加缸内热点的数量和温度，进而引起早燃更早地发生，最后引发回火。这一过程同样被 Tang、Verhelst 等在试验中观察到。Tang 在试验中使用了一台压缩比为 14.5 的发动机，他发现不管怎么改变喷氢正时也无法提高混合气浓度，限制混合气许用浓度的不是回火而是早燃。Verhelst 试验用一台柴油机改装的氢发动机，压缩比为 16，同样发现回火由连续失控的早燃所引发。Berckmüller 在压缩比为 12 的发动机上，受到早燃的限制，过量空气系数只能到 1.6。而降低压缩比到 11 则可以实现化学计量比。Kiesgen 提出加强鼻梁区和排气门的冷却来降低早燃的可能性，并优化了喷氢策略和使用了可变进排气门相位与升程，使发动机能够运行于化学计量比之下。

进气道氢气残留过多，会导致进气道内混合气浓度的累积效应，也是产生回火的重要原因之一，许多研究人员试图通过喷射过程及喷射策略来抑制回火问题。一些研究人员采用了进气管喷水的办法来抑制回火。通过在喷氢期间同时喷水，当喷水质量占进气质量的 7% 以上时就可以消除回火，喷水还可以降低混合气在高浓度时的 NO_x 排放。Das 发现使用 EGR（废气再循环）可以降低火焰速度从而减少回火的发生。

采用喷氢相位优化可显著抑制回火。Hong 采用在排气门关闭后一段角度再开始喷氢的方法，但是这样的方法在高转速和大负荷时会遇到氢气喷嘴流量不够大的问题。Heffel 和 Natkin 都将喷氢结束角度设定在进气下止点。Li 和 Kahraman 都使用了进气管喷水的办法，不过两者都没有使用当量比混合气。Li 的喷氢开始角度都在压缩上止点前 $240 \sim 280°CA$。Berckmüller 提出通过喷氢相位和气门正时，可以达到化学计量比运行。Verhelst 在一台 V8，7.4L 发动机上，当量比为 0.5 的情况下混合气喷射原则是最晚在进气门关闭时停止喷氢，但似乎没有考虑氢气喷射到气门还需要时间。Verhelst 还在一台单缸发动机上试验，推迟喷射使冷却时间延长无法被证明是有益的，因为推迟喷射会造成混合恶化而发生早燃。Stockhausen 重新设计了曲轴箱通风系统，在曲轴箱通往进气管的管路上安装了油气分离装置，使润滑油在重力的作用下流回油底壳。杨振中通过在一台单缸发动机上的试验发现，在进气过程中喷氢可以形成更浓的混合气而不发生回火。

作者团队参照前人对于回火问题的研究，并以此为参照对氢内燃机进行了改进，如采用冷型非铂金火花塞，调整点火间隙，采用高压线圈集成在点火器上的独立点火系统等。使用低灰分润滑油，安装油气分离器去除曲轴箱通风中的润滑油，排气门采用钠冷却进一步降低温度等。氢气喷射在排气门关闭后才开始进行，以便空气对气缸热点和残余废气充分冷却。然而在试验中发现即便采用了这些手段依然没有办法完全避免回火的发生。回火不仅发生在浓混合气时，在怠速、暖机和小负荷时也时有发生。

4.5.2　早燃

（1）早燃特性

氢内燃机中的早燃指在进气门关闭后火花塞点火前，新鲜充量发生燃烧的现象。图 4-36 为典型早燃的燃烧压力曲线和正常燃烧压力曲线的对比，由图中可以看出早燃燃烧压力大约在上止点前 $52°CA$ 脱离正常燃烧压力，而从瞬时放热率可以看出燃烧实际发生在上止点前 $60°CA$。

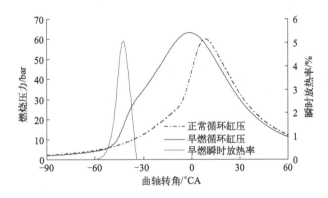

图 4-36　早燃工况时燃烧压力曲线和瞬时放热率

氢气低点火能量和宽燃烧范围特性导致氢内燃机在中高负荷工况时早燃频发，持续早燃会引起缸内温度、压力快速上升，加速末端气体自燃，从而加剧发动机爆震，这是直喷氢内燃机中主要异常燃烧的根源，也是限制氢内燃机性能提升的关键问题。影响早燃的因素主要包括缸内热点、油污染物、活塞缝隙、点火系统、混合气浓度、残余废气。早燃的诱发频率与气体温度、壁面温度、火花塞电极材料、机油、冷却、循环变动等参数紧密相关（图 4-37）。

图 4-37　早燃诱发因素

目前抑制早燃发生的主要措施包括设计专门的点火系统来防止残余能量释放和使用冷型火花塞，采用稀薄燃烧策略来提高惰性作用和降低缸内温度，减小活塞环和缝隙体积、降低残余废气量，采用预燃室射流点火技术可以大幅提高点火稳定性和燃烧速率，同时有效降低异常燃烧现象的发生，采用缸内直喷结合喷射策略优化来冷却火花塞，以及降低润滑油灰度等。

（2）早燃识别

早燃异常燃烧的显著特征主要包括：①燃烧现象的零星和间歇性出现；②点火时刻早于火花点火时刻；③可能导致比正常燃烧更高的缸内峰值压力及压力振荡幅度。

研究发现，异常燃烧发生时缸内最大燃烧压力与5%燃烧放热点（MFB05）对应的曲轴转角呈现强对应关系，因此拟采用 MFB05 作为氢内燃机早燃的主要判据，并以式（4-6）作为轻微早燃的判据，式（4-7）作为严重早燃的判据。

$$MAD-5.5\times|\sigma_{MAD}|<MFB05<MAD-3.5\times|\sigma_{MAD}| \qquad (4-6)$$

$$MFB05<MAD-5.5\times|\sigma_{MAD}| \qquad (4-7)$$

式中，MAD 为所有循环中 MFB05 与中位数差值的平均值；σ_{MAD} 为标准差。

氢内燃机在转速 2500r/min、BMEP 1.23MPa 工况下早燃识别结果如图 4-38 所示，试验测试了本条件下 220 个循环的早燃分布规律，通过上述方法识别到了 41 次明显早燃（上图）和 6 次轻微早燃（下图）。

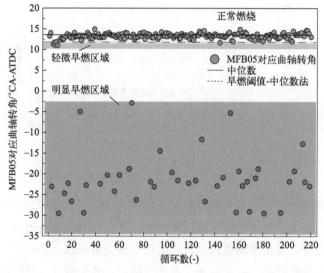

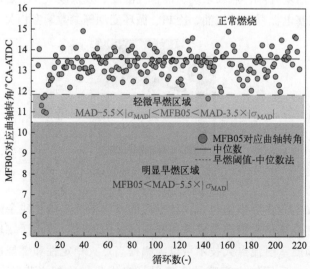

图 4-38　基于放热时刻的早燃识别结果（ATDC—上止点后）

4.5.3　爆震

（1）爆震特性

爆震燃烧是燃烧室中末端混合气的自燃现象，严重爆燃会导致内燃机性能的快速恶化，因此爆震燃烧一直是制约火花点火内燃机性能提高的重要因素之一。从前面分析的氢燃料的物性参数来看，氢比汽油有着更高的辛烷值、更高的自燃温度和较快的火焰传播速度，都表明氢气比汽油更不容易爆燃。而事实上，氢内燃机中的爆燃往往是多发的，也伴随回火与早燃同期发生，因此需要高度关注氢内燃机中的新爆震现象及机理。

图 4-39 所示为氢内燃机正常工况和爆燃时的燃烧压力曲线，发动机转速 4000r/min，节气门开度 100%，混合气当量燃空比 1.09，点火角度 5°CA BTDC。爆燃发生在上止点后 13.5°CA，在正常工况最高燃烧压力出现的曲轴转角附近。爆燃发生后峰值压力达到了 85bar，未燃气在极短的时间内完全燃烧，放出大量的热量，产生的压力波以超声速在缸内来回反射，造成了缸内压力的剧烈波动及之后缸内压力的剧烈振荡。根据热力学双区模型计算的爆燃发生时的未燃混合气温度为 1061K，还有 31% 的混合气未燃。

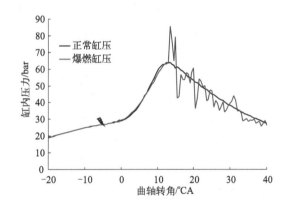

图 4-39　爆燃缸内压力和正常缸内压力（4000r/min，ϕ=1.09）

图 4-40 为转速 4000r/min，ϕ=1.09，点火提前角从 2°CA BTDC 调整到 MBT 角度（5°CA BTDC）后，第一个发生爆燃的循环（循环 121）和之前三个循环（循环 118~120）的燃烧压力曲线[图 4-40(a)]和瞬时放热率曲线[图 4-40(b)]。循环 118 依然正常燃烧，由于循环变动的存在，之后的两个循环 119 和 120 的燃烧速度越来越快。燃烧速度的提高使得传热量增加，燃烧室部件温度升高，末端混合气的温度分布更不均匀，靠近热点的温度明显偏高。当循环 121 的燃烧速度变慢时，在火焰前锋到达之前，末端未燃气就发生了自燃，出现了爆燃的现象。

由于氢气的燃烧速度快和自燃温度高，使其在低速时有着很好的抗爆性。而高速时由于热负荷增加，缸内元件温度升高易出现局部热点；且氢的点火能量小，受热点的影响更大，因此高速时氢内燃机的爆燃倾向增加。根据以往不同氢内燃机机型的爆震燃烧工况统计数据，氢气发生爆燃时未燃混合气平均温度大约在 1000~1100K。由于气缸内的反应时间有限，氢气在气缸条件下自燃温度比用容弹法测得的自燃温度 858K 要高得多。在低于 858K

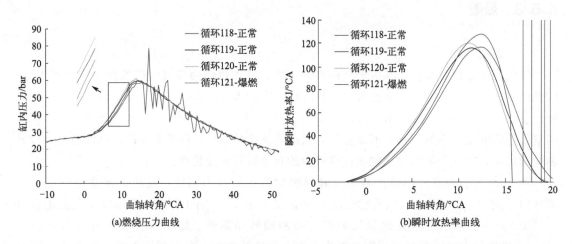

(a)燃烧压力曲线   (b)瞬时放热率曲线

图 4-40　爆燃及前三循环的缸内压力对比（另见文前彩图）

（4000r/min，ϕ＝1.09）

情况下，回火、早燃是诱发爆震燃烧的另外一个重要因素。

图 4-41 显示了 3000r/min，ϕ＝0.61 时爆燃及前循环进气压力和缸内压力对比。由图 4-41 可以看出在第 59 个循环时进气中期发生了回火，在紧接着的第 60 循环中就发生了爆燃。图 4-42 显示了 3500r/min，ϕ＝0.75 时爆燃及前循环进气压力和缸内压力对比。从进气压力曲线可以分辨出在进气初期就发生了回火，由于此时本循环的氢气还没有喷射，回火只是烧掉了上个循环残留的氢气，因此本循环依然可以燃烧。

这两个发生爆燃循环的共同点是在前一个循环都发生了回火，混合气在进气管内燃烧后生成的高温废气进入到气缸中，在进气压缩过程中向壁面大量散热，大大提高了缸内元件的温度和热点出现的可能性。如图 4-41 所示，爆燃出现在燃烧压力脱离压缩压力的前期，未燃混合气被压缩自燃的可能性不大，更有可能是被热点点燃而出现的表面点火爆燃。

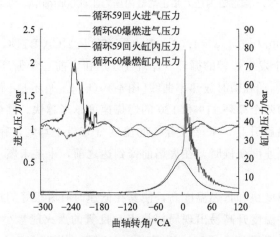

图 4-41　爆燃及前循环进气压力和缸内压力对比（另见文前彩图）

（3000r/min，ϕ＝0.61）

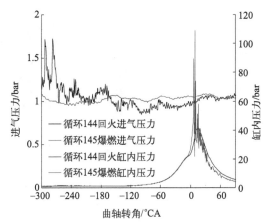

图 4-42　爆燃及前循环进气压力和缸内压力对比（另见文前彩图）

（3500r/min, ϕ =0. 75）

图 4-43 显示了图 4-42 工况下连续的 5 个循环的燃烧压力曲线，在循环 145 发生强烈的爆燃后，经过两个正常燃烧的循环，循环 148 又发生了爆燃，但爆燃始点较循环 145 滞后许多，压力振荡幅度也远低于循环 145。由于循环 145 强烈的爆燃大量向燃烧室壁面传热，使得缸内燃烧室零部件温度升高，导致在后续的循环中出现爆燃的可能性大大增加，循环 148 的前两个循环虽然没有发生回火也发生了爆燃。

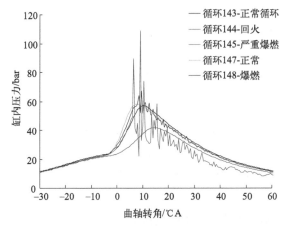

图 4-43　爆燃及前后循环缸内压力对比（另见文前彩图）

（3500r/min, ϕ =0. 75）

图 4-44 为转速 5000r/min, ϕ =0. 64，点火角度 15°CA BTDC 时连续的循环燃烧压力曲线。由于点火角度比 MBT 角度提前许多，使得缸内燃烧压力和热负荷都比较高，尽管混合气当量燃空比只有 0. 64 也发生了爆燃。图中所示从第 16 个循环到第 21 个循环发生了连续的爆燃，爆燃产生的压力波破坏了壁面边界层，向壁面的传热增加进而出现了热点。循环 22、23 和 24 中，混合气在点火前就被热点引燃发生了早燃，早燃使得向燃烧室壁面的传热量进一步增加，热点的数量和温度上升，早燃出现的角度越来越提前。最终在进气门关闭前混合气就开始燃烧，引起了回火。

综上所述，氢内燃机的三种异常燃烧现象相互影响、互为因果。不当的喷氢相位或点火角度等控制参数设置可能诱发回火现象，进而导致燃烧压力和热负荷不足的循环发生爆燃。

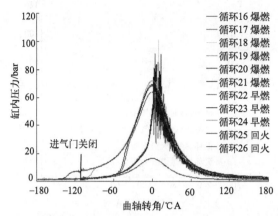

图 4-44　爆燃引发早燃和回火现象的燃烧压力曲线（另见文前彩图）
（5000r/min，ϕ =0.64）

这种爆燃会加剧燃烧室零部件的温度升高，形成热点，最终引发早燃和回火现象。

（2）爆震的识别

针对早燃耦合爆震特性分析，研究发现单纯依靠爆震起始时刻未燃混合气的热力学状态似乎无法准确预测缸内压力振荡强度。上述相关性分析表明，早燃后的爆震强度与早燃着火时刻、爆震开始时刻对应的参数有一定的相关性，但通过单一参数无法准确判断爆震强度。

因此拟采用根据 Rudloff 等提出的表征不同燃烧模式的无量纲参数 π，计算其与早燃后的 KI 相关性。π 值的计算方法如下：

$$\pi = \frac{\Delta P_{\text{exp}}}{\Delta P_{\text{isoc}}} = \frac{(P_{\text{max}} - P_{k0})}{(P_{\text{max\_isoc}} - P_{k0})} \tag{4-8}$$

$$\Delta P_{\text{isoc}} = \frac{(n-1) \times Q}{V_{\text{cyl}}} \tag{4-9}$$

$$Q = \text{LHV} \times m_{\text{f}} \times \text{MFB}_{k0} \tag{4-10}$$

式中，ΔP_{exp} 指缸内最高压力和爆震开始时刻缸内压力之差，表征了爆震燃烧压力升高幅值；ΔP_{isoc} 指在爆震开始时刻对应的燃烧室容积下，剩余未燃混合气发生定容燃烧的理论压力升高幅值；ΔP_{isoc} 可由爆震开始时刻燃烧室容积 V_{cyl} 和未燃混合气放热量 Q 计算得出；LHV 和 m_{f} 分别为燃料低热值和每循环燃油喷射量。

由此可对爆震进行分类识别，当 π 值小于 1 时对应的燃烧模式为亚声速爆燃，此时爆震模式为普通爆震或无爆震。而当 π 值大于 1 时，则可识别为超级爆震。

参 考 文 献

[1] Distaso E，Calò G，Amirante R，et al. Highlighting the role of lubricant oil in the development of hydrogen internal combustion engines by means of a kinetic reaction model [J]. J Phys Conf Ser，2022，2385（1）：12078.

[2] Duan J F，Liu F S，Sun B G. Backfire control and power enhancement of a hydrogen internal combustion engine [J]. Int J Hydrogen Energy，2014，39（9）：4581-4589.

[3] Han T，Singh R，Lavoie G，et al. Multiple injection for improving knock，gaseous and particulate matter emissions in direct injection SI engines [J]. Appl Energy，2020，262：114578.

[4] Koopmans L，Backlund O，Denbratt I. Cycle to cycle variations：their influence on cycle resolved gas temperature and unburned hydrocarbons from a camless gasoline compression ignition engine [C]. //SAE 2002 World Congress & Ex-

hibition. 2002.

［5］ Kuzhagaliyeva N，Thabet A，Singh E，et al. Using deep neural networks to diagnose engine pre-ignition ［J］. Proc Combust Inst，2021，38 （4）：5915-5922.

［6］ Li X Y，Sun B G，Zhang S W，et al. Investigations of combustion characteristics and mechanism of backfire-induced super-knock in a turbocharged hydrogen engine ［J］. Energy，2024，312：133453.

［7］ Li Y，Gao W Z，Li Y H，et al. Numerical investigation on combustion and knock formation mechanism of hydrogen direct injection engine ［J］. Fuel，2022，316：123302.

［8］ Liang Z D，Xie F X，Guo Z Z，et al. Optimization and prediction of a novel preignition in hydrogen direct injection engines through experimentation and the random forest algorithms ［J］. Energy Convers Manage，2024，313：118602.

［9］ Liang Z D，Xie F X，Wang Z S，et al. Suppressing pre-ignition and knock in hydrogen direct injection spark ignition engines with variable valve timing and split injection ［J］. Energy Convers Manage，2025，327：119570.

［10］ Manzoor M U，Yosri M，Talei M，et al. Normal and knocking combustion of hydrogen：a numerical study ［J］. Fuel，2023，344：128093.

［11］ Meske Prof R，Schmidt K，Shiba H，et al. Component and combustion optimization of a hydrogen internal combustion engine to reach high specific power for heavy-duty applications ［C］.//2023 JSAE/SAE Powertrains, Energy and Lubricants International Meeting. Kyoto，Japan，2023.

［12］ Poursadegh F，Brear M，Hayward B，et al. Autoignition，knock，detonation and the octane rating of hydrogen ［J］. Fuel，2023，332：126201.

［13］ Rönn K. Low-speed pre-ignition and super-knock in boosted spark-ignition engines：A review ［J］. Progress in Energy and Combustion Science，2023，95：101064.

［14］ Sun B G，Zhang D S，Liu F S. Cycle variations in a hydrogen internal combustion engine ［J］. Int J Hydrogen Energy，2013，38 （9）：3778-3783.

［15］ Wang Z，Qi Y L，He X，et al. Analysis of pre-ignition to super-knock：hotspot-induced deflagration to detonation ［J］. Fuel，2015，144：222-227.

［16］ Willems R，Seykens X，Bekdemir C，et al. The potential of hydrogen high pressure direct injection toward future emissions compliance：optimizing engine-out NO_x and thermal efficiency ［C］.//CO_2 Reduction for Transportation Systems Conference. Turin，Italy，2024.

［17］ Winklhofer E，Jocham B，Philipp H，et al. Hydrogen ICE combustion challenges ［C］.//16th International Conference on Engines & Vehicles. Capri，Italy，2023.

［18］ Xu H，Ni X D，Su X J，et al. Experimental and numerical investigation on effects of pre-ignition positions on knock intensity of hydrogen fuel ［J］. Int J Hydrogen Energy，2021，46 （52）：26631-26645.

［19］ Yosri M，Palulli R，Talei M，et al. Numerical investigation of a large bore，direct injection，spark ignition，hydrogen-fuelled engine ［J］. Int J Hydrogen Energy，2023，48 （46）：17689-17702.

［20］ Zhang S W，Sun B G，Luo Q H，et al. Experimental evaluation of pre-ignition and multi-objective optimal controlling of turbocharged direct injection hydrogen engines under high-load and high-speed conditions using taguchi and TOPSIS methods ［J］. Energy Conversion and Management，2025，325：119378.

［21］ Aleiferis P G，Rosati M F. Flame chemiluminescence and OH LIF imaging in a hydrogen-fuelled spark-ignition engine ［J］. Int J Hydrogen Energy，2012，37 （2）：1797-1812.

［22］ Bao L Z，Sun B G，Luo Q H，et al. Experimental study of the polytropic index of the compression stroke for a direct injection hydrogen engine ［J］. Int J Hydrogen Energy，2020，45 （52）：28196-28203.

［23］ Bika A S，Franklin L，Kittelson D B. Engine knock and combustion characteristics of a spark ignition engine operating with varying hydrogen and carbon monoxide proportions ［J］. Int J Hydrogen Energy，2011，36 （8）：5143-5152.

［24］ Dhyani V，Subramanian K A. Development of online control system for elimination of backfire in a hydrogen fuelled spark ignition engine ［J］. Int J Hydrogen Energy，2021，46 （27）：14757-14763.

［25］ Dimitriou P，Tsujimura T. A review of hydrogen as a compression ignition engine fuel ［J］. Int J Hydrogen Energy，

2017，42（38）：24470-24486.

[26] Kahraman E，Cihangir Ozcanlı S，Ozerdem B. An experimental study on performance and emission characteristics of a hydrogen fuelled spark ignition engine [J]. Int J Hydrogen Energy，2007，32（12）：2066-2072.

[27] Kim Y Y，Lee J T，Choi G H. An investigation on the causes of cycle variation in direct injection hydrogen fueled engines [J]. Int J Hydrogen Energy，2005，30（1）：69-76.

[28] Lee J，Lee K，Lee J，et al. High power performance with zero NO_x emission in a hydrogen-fueled spark ignition engine by valve timing and lean boosting [J]. Fuel，2014，128：381-389.

[29] Liang Z D，Xie F X，Du J K，et al. Research of lean burn characteristics and interaction of hydrogen direct injection engine based on response surface methodology [J]. Fuel，2025，387：134401.

[30] Lu Y，Que J H，Liu M Q，et al. Study on backfire characteristics of port fuel injection single-cylinder hydrogen internal combustion engine [J]. Appl Energy，2024，364：123110.

[31] Luo Q H，Hu J B，Sun B G，et al. Effect of equivalence ratios on the power，combustion stability and NO_x controlling strategy for the turbocharged hydrogen engine at low engine speeds [J]. Int J Hydrogen Energy，2019，44（31）：17095-17102.

[32] Sadiq Al-Baghdadi M A R. Effect of compression ratio，equivalence ratio and engine speed on the performance and emission characteristics of a spark ignition engine using hydrogen as a fuel [J]. Renewable Energy，2004，29（15）：2245-2260.

[33] Wang B W，Lin H，Bai C，et al. Combustion and heat transfer characteristics of a heavy-duty low-pressure-direct-injection hydrogen engine with a flat-roof-and-shallow-bowl combustion chamber [J]. Int J Hydrogen Energy，2024，96：597-611.

[34] Yu X M，Wu H M，Du Y D，et al. Research on cycle-by-cycle variations of an SI engine with hydrogen direct injection under lean burn conditions [J]. Appl Therm Eng，2016，109：569-581.

第5章

氢内燃机污染物生成与控制

氢气是无碳燃料，燃烧后的主要产物是水，尾气中仅有少量机油参与燃烧产生的微量含碳污染物及未燃氢，进入气缸的空气中含有氧气和氮气，在氢-空混合气燃烧高温的作用下，会产生部分氮氧化物（nitrogen oxides，NO_x）排放，也是氢内燃机的主要污染物，控制氮氧化物排放是氢内燃机开发的首要任务。本章主要介绍氢内燃机污染物生成机理、排放特性，之后再论述氮氧化物的缸内控制方法和缸外后处理策略。

5.1 氢内燃机污染物排放特性

传统化石燃料（C_mH_n），如柴油、汽油、天然气的主要成分是碳、氢，其燃烧过程中产生的主要产物是二氧化碳和水，也会生成其他含碳的污染物，如 CO、HC 及颗粒物，如式(5-1) 所示：

$$H_nC_m+O_2+3.76N_2 \longrightarrow CO_2+CO+HC+PM+H_2O+3.76N_2 \tag{5-1}$$

除燃烧生成的水蒸气和未燃空气外，氢内燃机的排气中还有未燃 H_2、HC、CO、CO_2、NO_x 等多种成分。其中排气中未燃 H_2 的含量主要与混合气的浓度有关。试验证明，当混合气过量空气系数 $\lambda>3$ 时，由于燃烧不充分，导致未燃氢的体积浓度上升至 1.2%；$\lambda=4$ 时，未燃氢的占比最高可达 1.5%；在 $\lambda<3$ 时，未燃氢的体积浓度均小于 0.2%，可以忽略。虽然氢气为零碳燃料，但少量机油参与燃烧会导致 CO_2 和 HC、CO 排放的生成，其排放在重型船用氢内燃机上较为显著。试验测得，氢内燃机在 WHTC（世界统一瞬态循环）下 CO_2 排放为 0.2g/(kW·h)，与先进柴油机 500g/(kW·h) 相比，降碳幅度可达 99.96%，而其余 HC 和 CO 排放均小于 0.01g/(kW·h)，可忽略不计。

NO_x 是氢内燃机的主要排放污染物，是氮气和氧气在缸内高温环境下反应形成的。NO_x 排放是导致酸雨、光化学烟雾等环境问题的主要物质之一，其环境危害严重，世界各国都将 NO_x 排放作为重要污染物列入排放法规。相比于汽油，氢气燃烧大多工作在富氧条件下，且燃烧温度更高，因此氢内燃机的 NO_x 排放要高于汽油机，最大甚至可达 10000×10^{-6}，折合超过 15g/(kW·h)，而这也是限制氢内燃机应用的重要难题。

5.1.1 NO_x 生成机理

NO_x 排放是氮氧化物排放的总称，具体包括一氧化氮（NO）、二氧化氮（NO_2）和一氧化二氮（N_2O）。试验证明，氢气燃烧过程产生的 NO_x 中 95% 以上是 NO，其余氮氧化物仅占 5%，因此 NO 是氢内燃机的主要排放产物。

在氢内燃机中 NO 的生成机理包含 15 种物质和 58 步反应，主要有热 NO、瞬发 NO、N_2O 和 NNH 四种途径。其中氢内燃机的热 NO 主要遵从泽尔多维奇机理，主要的影响因素是高温、富氧及反应时间，可通过基于热 NO 的扩展泽尔多维奇机理描述 NO 的生成过程：

$$N_2 + O \Longleftrightarrow NO + N \tag{5-2}$$

$$N + O_2 \Longleftrightarrow NO + O \tag{5-3}$$

$$N + OH \Longleftrightarrow NO + H \tag{5-4}$$

热 NO 的生成率对温度和活性基元的浓度很敏感。当反应温度超过 1300K 后，热 NO 可通过反应式(5-3) 少量生成，由于反应式(5-2) 具有极快的反应速率和较高的活化能，当反应温度超过 1800K 后，热 NO 大量生成。

而瞬发 NO 和燃料 NO 是由于燃烧过程中碳氢化合物（如燃料分子）在火焰前沿与氮气反应或燃料中的含氮化合物燃烧生成，这两种机理在氢内燃机中不敏感。

在温度低于 1500K 的稀燃工况下，N_2O 的生成机理如下：

$$O + N_2 + M \Longleftrightarrow N_2O + M \tag{5-5}$$

$$H + N_2O \Longleftrightarrow NO + NH \tag{5-6}$$

$$O + N_2O \Longleftrightarrow NO + NO \tag{5-7}$$

NNH 是由氮气（N_2）与活性氢的高温反应生成的中间体。之后，NNH 分解或与其他分子反应生成 NO 和其他副产物。氢燃烧释放大量活性氢原子（H），为 NNH 的生成提供了丰富的反应条件。研究证明，在 1600K 的低温反应中，NNH 生成 NO_x 的机理如下：

$$N_2 + H \Longleftrightarrow NNH \tag{5-8}$$

$$NNH + O \Longleftrightarrow NO + NH \tag{5-9}$$

此外需要说明的是，对于从原始排气采样测量得到的污染物浓度单位均为 10^{-6}（ppm），为与排放标准约定的 g/(kW·h) 统一，这里给出具体的计算式(5-10)，需进行 n 次试验，求得其平均值：

$$e_{gas} = \frac{u_{gas} \times \sum_{i=1}^{i=n} c_{gas,i} \times q_{mew,i} \times \frac{1}{f}}{W_{act}} \tag{5-10}$$

式中，e_{gas} 为每种排放物的比排放量，g/(kW·h)；u_{gas} 为排气组分密度和排气密度比，具体数值见表 5-1；$c_{gas,i}$ 为测得的排气组分的瞬时体积浓度，10^{-6}；$q_{mew,i}$ 为瞬时排气质量流量，kg/s；f 为采样频率，Hz；W_{act} 为实际循环功，kW·h。

表5-1　氢内燃机排气组分密度和排气密度比

气体成分	CO	CO_2	HC	NO_x	N_2O	H_2	H_2O
气体密度/（kg/m^3）	1.25	1.9636	—	2.053	1.977	0.089	0.6
u_{gas}	0.001057	0.001660	—	0.001735	0.001671	0.000075	0.000507

注：（1）密度比是在排气组分过量空气系数为 2 时，干空气、273.15K、101.3kPa 的条件下计算得到的数值。

（2）HC 密度取决于所用润滑油组分。

各排放物组分在冷热态 WHTC 或冷热态中国发动机瞬态工况时的加权比排放量 e 为冷态和热态循环排放的加权计算结果：

$$e = \frac{(0.14 \times m_{cold}) + (0.86 \times m_{hot})}{(0.14 \times W_{act,cold}) + (0.86 \times W_{act,hot})} \tag{5-11}$$

式中，m_{cold} 和 m_{hot} 为冷启动、热启动循环各排放物组分的质量，g/test；$W_{act,cold}$ 和 $W_{act,hot}$ 为冷启动、热启动循环的实际循环功，kW·h。

5.1.2 氢内燃机 NO$_x$ 排放特性

稀薄燃烧对氢内燃机 NO$_x$ 排放的生成有重要影响，明确不同过量空气系数下氢内燃机的性能就显得尤为重要。自然吸气条件下氢内燃机原始排放的 NO$_x$ 排放规律如图 5-1 所示，过量空气系数大于 2.5 时，NO$_x$ 排放量几乎为 0；过量空气系数大于 2 时，缸内最高温度小于 1600K，NO$_x$ 排放随着当量燃空比的增加而有所增加，低于 $200\sim350\times10^{-6}$；当过量空气系数低于 2 时，缸内燃烧温度从 1600K 上升到 1800K，跨越 1700K 温度区间，NO$_x$ 的排放量急剧上升；过量空气系数为 1.2 时，NO$_x$ 排放达到峰值，约为 7000×10^{-6}；当逐渐接近化学当量比时，NO$_x$ 排放量又逐渐下降。

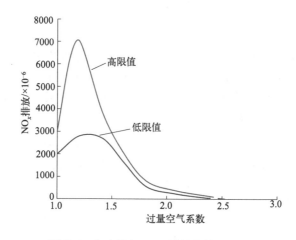

图 5-1　氢内燃机 NO$_x$ 排放的基本规律

相比之下，涡轮增压直喷氢内燃机的最小 λ 受到异常燃烧的限制。图 5-2 比较了某 2.0L 直喷氢内燃机 NO$_x$ 排放变化规律。当 λ 从 1 变化至 2 时，自然吸气氢内燃机的 NO$_x$ 排放从最高的 3642×10^{-6} 迅速下降到 234×10^{-6}，并在 λ 超过 2.5 后排放接近于零。而增压后负荷迅速增加，$\lambda=2$ 时的 NO$_x$ 排放则达到 1629×10^{-16}，并在 $\lambda=2.65$ 时才能降低至 18×10^{-6}，提高转速后，在相同 λ 条件下，NO$_x$ 继续升高。这是因为在外特性工况下，减小 λ 是通过提高喷氢脉宽实现的，而当涡轮增压器高效介入时，更多的氢气参与燃烧导致排气温度提高，涡轮转速提升，进气压力和进气流量也呈比例上升，λ 总体变化很小，必须通过大幅改变氢气流量才能实现 λ 的调整。在相同 λ 下，涡轮增压的动力性远超自然吸气。例如，当 $\lambda=2.5$ 时，3000r/min 时涡轮增压的 BMEP 达到 1.5MPa，进气绝对压力为 267kPa；2000r/min 时 BMEP 也有 1.1MPa，进气绝对压力达 170kPa；而 2000r/min 下自然吸气的 BMEP 仅达 0.45MPa，进气绝对压力仅 99kPa。负荷的提高导致缸内燃烧压力和缸内燃烧温度的大幅提升，依据热 NO$_x$ 机理，NO$_x$ 排放在富氧环境下主要与反应温度有关，因此相同 λ 下高转速涡轮增压工况的 NO$_x$ 排放较高。

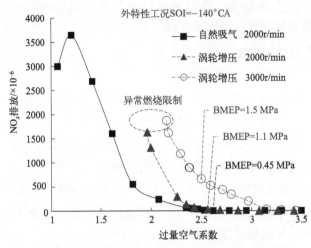

图 5-2　不同转速及涡轮增压对 NO_x 排放的影响

表 5-2 总结了各种排量和喷射方式以 g/(kW·h) 计算的氢内燃机的氮氧化物排放水平，其中进气道喷射氢内燃机因其混合时间长，工作负荷和升功率较低，在采用稀薄燃烧后，可实现原始排放即满足国 Ⅵ B 排放标准。而对于直喷氢内燃机，由于喷射窗口靠后，混合时间短，最高氮氧化物排放在 10g/(kW·h) 以上，必须采用稀薄燃烧等手段控制缸内排放，并通过缸外后处理满足排放法规的要求。

表5-2　不同喷射点火方式氢内燃机排放对比

序号	参数	性能指标/(kW/L)	技术路径	过量空气系数	氮氧化物/[g/(kW·h)]
1	7.8 L PFI	23	单级增压+ EGR，压缩比 12	1.6~2.3	0.06（稳态）~0.4
2	7.7L PFI	28.6	两级增压	2.3~2.8	0.51（WHTC 循环）
3	1.5L DI	80	VGT[①] 增压	1.4~4	0.1~15
4	12.8L DI	21.6	单级增压	1.9~2.4	4~10
5	15L HPDI	23.3	柴油引燃	1.6~1.7	6~10

① VGT 为可变截面涡轮增压系统。

5.2　NO_x 排放控制方法

氢内燃机的缸内燃烧温度最高可达 2500K 左右，高温环境会使缸内的氮气和氧气发生反应，生成氢内燃机的主要排放污染物 NO_x。而增压直喷氢内燃机的进气压力更高，工作时的负荷更大，缸内燃烧温度更高，NO_x 生成量更大。本节主要介绍混合气浓度控制、喷射和点火优化、废气再循环、喷水技术等方法对直喷氢内燃机 NO_x 排放的影响规律，探索实现缸内超低 NO_x 排放的技术路径。

5.2.1　混合气浓度控制

混合气变稀时，氢内燃机面临着火延迟长、火焰传播慢、燃烧等容度降低等问题，故氢内燃机稀薄燃烧技术重点为匹配合理的点火时刻、喷氢时刻与混合气浓度，促进稀薄混合气快速燃烧。同时，不同转速和负荷工况下控制排放的稀薄燃烧限制也各不相同：如图 5-3 所示，试验基于一台涡轮增压直喷氢内燃机，转速为 1500r/min 时，λ 达到 2.6 时就已经实现超低排放，转速 2500r/min 下，超低排放对应的 λ 为 2.78，而对于 3500r/min 的转速，λ=3.29 时才能实现相同的排放水平。这主要因为相同过量空气系数下，不同转速下的负荷不同，导致缸内反应温度存在差异，高转速下负荷高，因此缸内温度较高。此外，高转速下混合时间显著降低，在相同的喷射时刻和脉宽下，转速 3500r/min 的混合窗口只有转速 2500r/min 下的 1/2，因此更有可能成为不均匀的混合气，加速了局部浓区的形成，从而提高了利用稀薄燃烧降低 NO_x 排放的控制难度。

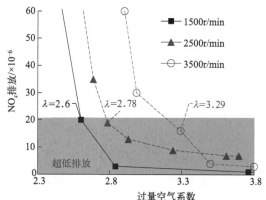

图 5-3　涡轮增压直喷氢内燃机不同转速超低排放特性对比

5.2.2　喷射和点火优化

（1）喷氢相位和压力控制

对于进气道喷射氢内燃机，喷射相位对排放的影响较小，而对于直喷氢内燃机，如图 5-4 所示，在喷射压力为 14MPa 时，NO_x 排放对喷氢开始角（start of injection，SOI）的变化十分敏感：当 SOI 早于 140°CA BTDC 时，在所有转速下，NO_x 均低于 20×10^{-6}，而当 SOI=80°CA BTDC 时，转速为 2000r/min 时，NO_x 排放急剧上升至 274×10^{-6}。在低转速下（1500～2500r/min）SOI=−120°CA 即可保证超低排放。但高转速 2500r/min 时，SOI 需提前至 −160°CA 才能实现超低排放。因此随着转速提高，混合时间变短，需要尽早喷入氢气，从而形成较为均质的混合气。

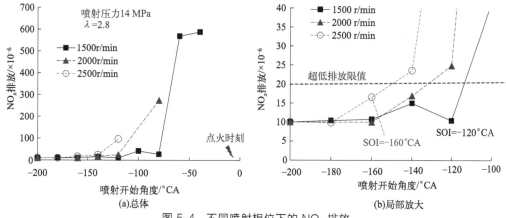

图 5-4　不同喷射相位下的 NO_x 排放

此外，提高喷射压力也可缩短喷射周期，增强混合能力。随着喷射压力提高，缸内湍流强度增强，贯穿距离加长。在此过程中，高压氢气射流与上行活塞作用，若采用多孔喷嘴结构，各气流间还会相互作用，这有效促进了氢气的扩散过程，进而促进均质混合气的形成。因此高喷射压力也有利于均质混合气的形成。当气瓶余量较低，必须采用低喷射压力时，应通过提前喷射延长混合时间，实现排放控制。

（2）点火角对超低 NO_x 排放的影响

由于氢气点火能量小、着火范围广，调整点火提前角可以快速改变燃烧相位。考虑到过早燃烧易引发爆震，而过晚燃烧会导致燃烧定容性变差，循环变动提高，因此 50% 燃烧点对应的曲轴转角（CA50）变化的范围被限制在 0°CA 到 20°CA。如图 5-5 所示，随着点火角度的推迟，NO_x 排放快速下降后逐渐稳定，其中，CA50 为 6°CA 时对应MBT 点火，可以实现最大动力性。提前点火（CA50 从 6°CA 提前到 0°CA）会导致 NO_x 排放急剧增加，BMEP 略

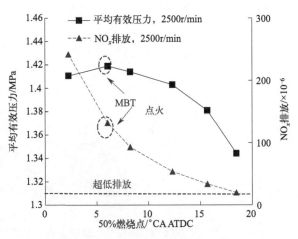

图 5-5　不同点火角度下 NO_x 变化

有下降。相比之下，推迟点火（CA50 从 6°CA 延迟到 18°CA）可以将 NO_x 排放从 132×10^{-6} 降低至超低排放，BMEP 仅损失 0.07MPa。但由于后燃严重，有效热效率从 41.4% 快速降低至 39.3%。因此，适度推迟点火可在保证动力性的前提下显著降低 NO_x 排放，但过程中的热效率无法保证。

5.2.3　废气再循环

废气再循环（EGR）作为降低内燃机 NO_x 排放的主要技术手段，已经被广泛应用。通过将部分废气重新引入进气系统，使其与新鲜混合气一起再次进入燃烧室燃烧，从而实现控制燃烧温度、降低氮氧化物排放等目的。氢内燃机的 EGR 技术分为热 EGR 和冷 EGR，其中热 EGR 的废气未经冷却直接循环，进入进气系统的废气温度较高，一般在 300~600℃甚至更高，会使进气温度明显升高，但其系统相对简单，不需要专门的冷却装置，成本相对较低。冷 EGR 则将经过冷却后的 80~200℃废气引入缸内，能有效降低进气温度，但由于温度范围涉及水的凝结过程，可能造成零部件腐蚀、润滑油稀释等问题。

（1）EGR 控制 NO_x 排放

氢内燃机的 EGR 主要成分为氮气和水（含量最高可达 34%），则

$$\Delta T = \Delta Q / (n \times c_p) \tag{5-12}$$

式中，ΔT 为温度的升高量。燃烧过程中温度的升高受混合气的摩尔数与摩尔热容乘积 $n \times c_p$ 的影响。

图 5-6 中列举了异辛烷和氢气在无 EGR 和有 EGR 时，混合气的组分和摩尔数与摩尔热容的乘积 $n \times c_p$，其中 $n \times c_p$ 对应温度分别为 400K（A 至 D）和 500K（E）。A 和 B 分别

为汽油在部分负荷有 EGR 和无 EGR 的情况。C 至 E 分别为氢气稀燃当量燃空比时，无 EGR、冷却的 EGR（N_2）、热 EGR（H_2O 和 N_2）的情况，EGR 量以使混合气达到化学计量比为准。汽油机进行 EGR 的工况多数为部分负荷，节气门部分打开，此时进行 EGR 会增加进入气缸工质的摩尔数，使得工质的 $n \times c_p$ 增加，因此降低了燃烧温度，减少了 NO_x 排放。而由于氢内燃机在使用 EGR 前节气门就已全开，故在使用冷却 EGR，即再循环废气全部由氮气组成时，摩尔数 n 不变，$n \times c_p$ 比稀燃时增加十分有限，由此带来的燃烧温度的下降也会十分有限。如果使用热 EGR，由于再循环废气温度较高，使得进气温度增加，因此进入气缸内工质的摩尔数减少，进而使 $n \times c_p$ 比稀燃时减小，燃烧温度不仅不会下降，有可能还会升高（还需考虑 EGR 对燃烧速度的影响）。

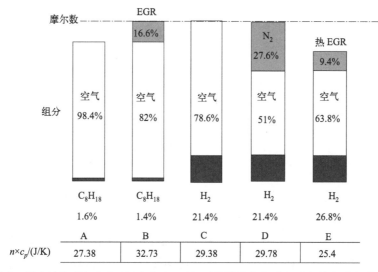

图 5-6　异辛烷和氢气在无 EGR 和有 EGR 时的混合气组分及摩尔数与摩尔热容乘积

NO_x 生成的主要影响因素除了温度外，还有氧气浓度。EGR 气体稀释了进气中氧的浓度，也会使得 NO_x 的生成量减小。通过汽油机和氢内燃机的对比发现，利用 EGR 提高工质的比热容降低燃烧温度的机理在氢内燃机上起不到太大作用。氢内燃机只能利用 EGR 降低进气氧浓度来减少 NO_x 排放。当增加 EGR 量使混合气略浓于化学计量比时，使用未燃氢在三元催化器中还原生成的 NO_x。

（2）EGR 率测量计算方法

测量氢内燃机中的 EGR 率主要有 4 种计算方法：①定容积法，假设容积效率不变，测量使用 EGR 前后空气流量、温度；②进排气氧浓度计算法；③进排气湿度计算法；④测量 EGR 和空气流量计算法。前 3 种方法随着 EGR 率的逐渐增加，误差都逐渐增大。其中依据氧浓度计算的误差量最小，且氧浓度传感器布置方便，精度更高。最后一种方法主要取决于流量计测量湿空气的精度，适用于试验台架。氢内燃机的 EGR 率可用式(5-13) 计算：

$$\gamma_{EGR} = \frac{m_{EGR}}{m_{air} + m_{fuel} + m_{EGR}} \tag{5-13}$$

式中，γ_{EGR} 是 EGR 率，%；m_{EGR}、m_{air}、m_{fuel} 分别是再循环废气、空气、氢气质量流量，kg/h。

（3）EGR 影响规律

热 EGR 对于 NO_x 排放的影响效果如图 5-7 所示，试验测点位于三元催化器后。由图 5-7 可以看出，在负荷为 1.75kg/h 和 2.02kg/h 的小负荷工况下，随着 EGR 率的增加，NO_x 排放不但没有减少，反而有所上升，在最大 EGR 率下的 NO_x 排放分别是稀燃情况下的 1.8 倍和 3.8 倍。而氢气流量为 2.37kg/h 和 2.79kg/h 的工况下，随 EGR 流量的增大，NO_x 排放小幅下降（14% 和 46%）。

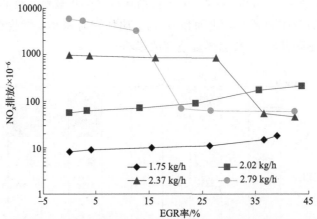

图 5-7　不同氢气流量下排气 NO_x 排放随 EGR 率的变化

因此小负荷下（过量空气系数>2）NO_x 排放很低，在 100×10^{-6} 以下。此时使用热 EGR 会使得原本较低的 NO_x 排放有所升高，同时缸内热负荷和排放温度都上升，而扭矩则略微下降。由此可见，小负荷下 EGR 能力较弱。而在中高负荷下 EGR 具有很好的效果。

图 5-8 为荷兰 TNO 公司在一台 1.8L 压缩比为 18.5∶1 的单缸机上，利用模拟增压的方式测试了转速为 1500r/min 时不同负荷下冷却 EGR 对柴油引燃氢内燃机的影响，并得出了相似的结论。在 BMEP 为 8bar 和 16bar 的负荷下，随着 EGR 的介入，在指示热效率保持

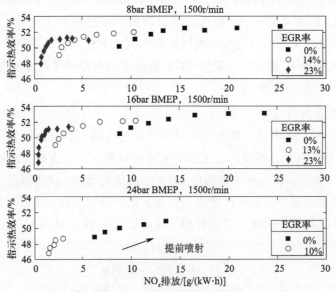

图 5-8　不同 EGR 率下指示热效率和 NO_x 排放

在 50％以上时，可将 NO_x 排放控制在低于 $5g/(kW \cdot h)$，相比于峰值减小了 80％。而在 BMEP 为 24bar 的高负荷工况下，23％的 EGR 率无法实现稳定燃烧，同时 EGR 也使指示热效率下降了 2％，因此 EGR 在高负荷时效果不显著。

综上所述，在小负荷下由于排放初始值较低，EGR 的加入会进一步恶化燃烧，使得高效燃烧控制更加复杂。同时在中高负荷下，虽然 EGR 在降低 NO_x 排放方面具有显著作用，但是其难点在于氢内燃机常用工况多采用稀薄燃烧和节气门全开的控制策略，从而减少泵气损失，于是进排气间的背压较小，实现高 EGR 率的难度高。

5.2.4　喷水技术

氢内燃机的燃烧主要产物是水和未燃空气，因此喷水降低 NO_x 的原理和 EGR 相同，但是相比于 EGR，喷水可实现喷射量的主动可控，既可灵活调节缸内过量空气系数，又能更精准调控燃烧工质、控制燃烧温度。除了水可以改变缸内混合气的比热容之外，喷水技术还可以利用水的汽化吸热，使缸内的温度和压力降低，对抑制爆震和 NO_x 排放有效果。在使用喷水的过程中，需要优化设计喷水压力、喷射器位置和喷孔数量及形状，保证喷出的水具有良好的雾化效果，避免出现湿壁现象。

喷水技术按喷射方式划分也可以有进气道喷水和缸内直喷两种，氢内燃机过量空气系数变化范围广，喷水流量与氢气流量的比值可从 0.1 变化至 10，因而多采用进气道喷水的方式保证较长的喷射窗口和较大的喷水流量。采用进气道喷水方式时，喷射相位可选为排气冲程，进气道的水蒸发后在下一循环吸入缸内，而采用缸内直喷喷水方式时，喷射相位选择在进气和压缩冲程，从而降低混合气温度，降低缸内燃烧压力，抑制 NO_x 的生成。取得最佳热效率时，喷水相位应设置在压缩冲程前段，而最低排放点的喷水时刻应尽量选择在压缩冲程末期，这主要考虑到前期喷水的冷却作用可以降低压缩功耗，而后期喷水可以降低燃烧温度。研究发现在压缩冲程前期喷水可以达到最佳热效率，而控制 NO_x 排放时，喷水时刻应选择在压缩冲程末期。随着喷水量的增加和喷水时刻的优化，NO_x 排放最高可以降低 71％。

5.3　后处理器

通过各类缸内净化技术可以有效降低氢内燃机的原始排放水平，甚至在不使用后处理装置时有些策略也可以达到现有排放法规要求，但是这些控制策略会牺牲动力性或经济性，并且只能在部分工况下实现，难以满足商业应用的各种工况需求，尤其是大负荷高功率、冷启动、急加减速、怠速等工况，因此为进一步降低排放水平，需要采取缸外净化手段。

氢内燃机尾气有其独特的特性，随着发动机的转速、负荷以及混合气浓度的变化，排气特性多维度变化表现为较宽范围温度变化特性、高流速脉动、高含量水蒸气和氧气浓度。如图 5-9 所示，氢内燃机后处理系统可按照燃烧策略划分为全工况稀燃的类柴油机后处理，以及涵盖当量比和稀薄燃烧的类汽油机后处理两种。

其中类柴油机后处理系统包括用于处理未燃烧氢排放的小尺寸（与柴油相比）氧化催化剂（oxidation catalyst，OC）、用于处理机油燃烧生成颗粒物的颗粒捕捉器（particulate fil-

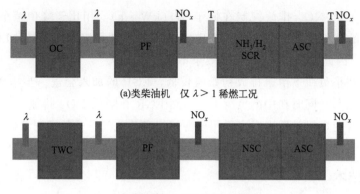

(a)类柴油机   仅 $\lambda > 1$ 稀燃工况

(b)类汽油机 $\lambda > 1$ 和 $\lambda = 1$ 稀燃工况

图 5-9   氢内燃机后处理系统

ter，PF）、利用 NH_3 或 H_2 处理 NO_x 排放的选择性催化还原（selective catalytic reduction，SCR）系统和用于消除 NH_3 泄漏的氨逃逸催化剂（ammonia slip catalyst，ASC）。

类汽油机后处理系统包括利用排气中未燃氢和机油燃烧生成的 HC 还原 NO_x 排放的三元催化器（three-way catalytic，TWC）、处理机油燃烧生成颗粒的 PF、在稀燃工况下捕集 NO_x 排放的氮氧化物储存还原催化器（nitrogen storage catalyst，NSC）和处理 TWC 中可能生成的氨排放的 ASC。下面对该系统在氢内燃机中的作用机理及效果进一步介绍。

5.3.1   类柴油机后处理系统

氧化催化器通常是在陶瓷基体上涂上 Pt 等贵金属作为氧化催化剂，在氢内燃机中的具体用途为：①处理尾气中的未燃氢和 HC 以及 CO；②在 SCR 前端将 NO、N_2O 等氧化成 NO_2，以增强 SCR 反应速率。试验表明，OC 对 NO_x 总量没有显著影响，但会通过氧化 NO，显著提高 NO_2 的比例。但是与柴油机排气环境相比，氢内燃机尾气的高含水量成分会显著降低 OC 氧化能力。

传统的选择催化还原利用氨（NH_3）作为还原剂，将 NO_x 选择性地还原为氮气（N_2）和水（H_2O）。试验证明，铜基分子筛（Cu-ZSM-5 等）SCR 在氢内燃机排气边界下表现出较好的性能，当温度超过 400℃时，NO_x 转化效率高达 99%，是一种有效的后处理剂。同时在氢内燃机中，氢气作为燃料的同时将其作为还原剂用于脱硝极为方便。H_2-SCR 具有低温低活性好、不需要尿素喷射系统和 ASC 单元、避免 NH_3 二次污染排放的优势。然而 H_2-SCR 技术却存在活性温度窗口窄，难以覆盖工况区间，催化剂仍依赖 Pt、Pd 等贵金属催化剂等问题，难以商业化应用。

氨逃逸催化器主要配合 NH_3-SCR 使用，它在载体内壁使用贵金属等催化剂涂层，通过催化氧化还原反应，将 NH_3 反应生成 N_2。开展了氢内燃机的 ASC 的 NH_3 转化效率试验，温度 275℃下，NH_3 的转化效率超过 90%。

5.3.2   类汽油机后处理系统

氢内燃机三元催化器可利用排气中的未燃氢、少量的 HC 和 CO 还原 NO_x 排放，在化学当量比附近，TWC 具有超过 99% 的转化率。试验结果如图 5-10 所示，在富氧阶段，即

混合气浓度为 $0.4 \sim 0.95$ 时，TWC 前后的 NO_x 排放量有一定的差异，主要是尾气中 HC、CO 和少量（几十 ppm）的未燃氢导致的，但 NO_x 被还原量有限。当混合气浓度超过 0.95 后，NO_x 排放量急剧下降，在当量比时 TWC 后的 NO_x 浓度仅为 17×10^{-6}（17ppm）。

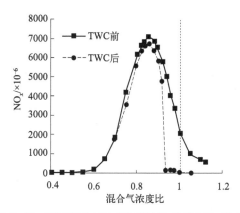

图 5-10　不同混合气浓度下 TWC 前后 NO_x 浓度

在稀薄燃烧工况下，通过 NSC 后处理器捕集 NO_x，并在浓燃条件下通过尾排 H_2 实现后处理器再生，将其还原为无害的氮气和水。研究表明，H_2 作为还原剂的效果在 NSC 中比 CO、HC 的效果更好，但是由于异常燃烧限制，氢内燃机中极少出现过量空气系数小于 1 的工况，可通过增加氢气喷射系统实现后处理器的再生。

5.4　排放控制策略

氢内燃机的主要矛盾集中于动力性、经济性和排放特性之间。三者的解决途径既有一致性也有差异性，甚至两两之间的解决途径可能存在矛盾。所以，为了兼顾三者，满足氢内燃机的综合性能要求，需要解耦三者的影响因素，进而提出更加科学合理的控制策略。

5.4.1　BMW 控制策略

为有效控制 NO_x 排放，BMW 公司于其 7 Mono-Fuel 车型上创新性地采用了全新控制策略。在发动机低速小负荷工况时，运用低混合气浓度；而在高速大负荷工况下，浓度则采用化学当量比，特意避开混合气浓度（λ，即过量空气系数）处于 $1 \sim 2$ 的区间。与此同时，为契合排放标准，在上述控制策略的基础之上，增添了由 TWC 与 NO_x 颗粒捕集器构成的后处理装置，以此对 NO_x 作进一步处理。

此方案虽成功解决了功率密度问题，但不可避免地导致成本攀升。另外，鉴于氢内燃机排气中所含的 HC 与 CO 极少，致使 NO_x 在 TWC 中的还原量受限，主要依靠 NO_x 颗粒捕集器来收集，故而未能实现全工况近零 NO_x 排放的预期效果。

具体策略如图 5-11 所示：

① 在高负荷下，发动机以 $\lambda = 0.97$ 的混合气运行。利用废气中未燃烧的氢气，在三元催化器中减少氮氧化物的原始排放量。

② 在低负载工况下，发动机以 $\lambda > 2$ 的状态运行。此时，极低的氮氧化物原始排放量不需要进行废气后处理。

③ λ 值处于 $0.97 \sim 2$ 的范围，鉴于无法开展有效的排气后处理，因此该范围不在氢内燃机的运行区间之内。

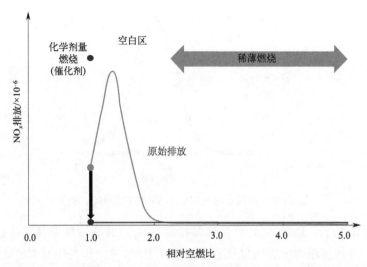

图 5-11　在 BMW 7 Mono-Fuel 车辆中实施的发动机运行策略示意图

5.4.2　三级跨越式控制策略

"三级跨越式控制策略"是实现氢燃料内燃机全工况优化的主要技术手段。其核心是使用大流量 EGR 来控制 NO_x 排放并调整发动机负荷。整个系统的控制策略（图 5-12）如下。

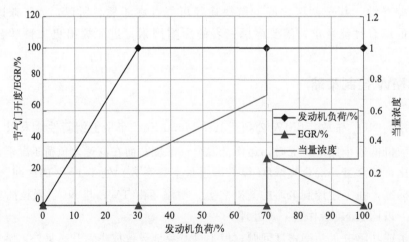

图 5-12　"三级跨越式控制策略"的示意图

① 怠速与极小负荷（0~10%）：节气门、EGR 阀关闭，调整喷氢量使得混合气浓度逐步增加，从最低运行浓度 $\Phi 1$ 至经济运行浓度 $\Phi 2$。

② 小负荷（10%~30%）：节气门开度增加至 100%，通过调整喷氢量，使氢内燃机维持经济运行浓度 $\Phi 2$，此时 NO_x 排放很低，EGR 阀关闭。

③ 中等负荷（30％～50％）：通过调整喷氢量，使氢内燃机负荷增加，但控制当量燃空比小于 $\Phi 3$，此时 NO_x 排放很低，EGR 阀关闭。

④ 高中负荷（50％～70％）：EGR 阀逐步打开，在负荷达到 60％ 时完全打开；与此同时，节气门开度迅速减小到开度 α，使得此时的混合气快速达到 $\Phi 4$（化学计量比或稍浓）状态，之后随着负荷的增大而逐步增大开度，当负荷为 60％ 时节气门完全打开。EGR 阀、节气门、氢气喷嘴联动保证在此负荷变化期间混合气浓度的快速切换。

⑤ 大负荷（70％～100％）：随着负荷的进一步增大，EGR 阀开度逐步减小，适当增加喷氢，维持在 $\Phi 4$ 浓度，利用催化器进一步降低 NO_x，当负荷达到 100％ 时，EGR 阀完全关闭。

这种策略的缺点主要在于高负荷时的控制难度：氢内燃机通常在当量燃空比 0.6 时就会出现高浓度的 NO_x 排放，此时将当量燃空比调整到化学计量比需要超过 45％ 的 EGR 率。由于氢内燃机在当量燃空比 0.6 以下的 EGR 率为 0，因而氢内燃机从中负荷向高负荷变化时 EGR 率经历了很大的跃变，这就要求氢内燃机在当量燃空比 0.6 附近工作时，EGR 率必须有很高的调节速度，控制难度很高。

5.4.3　超低 NO_x 排放控制策略

图 5-13 和图 5-14 总结了直喷氢内燃机开发过程中实现超低排放并追求高性能指标的重要技术路径。这些技术方法包括 EGR 技术、提高压缩比、稀薄燃烧、涡轮增压、米勒循环等。两图中，处于右下角的三角标志代表初始工况，此时 NO_x 排放高达 1429×10^{-6}，BMEP 仅达 0.6MPa，有效热效率（brake thermal efficiency，η_{BTE}）为 30％，处于接近最低的水平。采用最大为 28％EGR 率的废气再循环时，可以在保持负荷和热效率不变的情况下大幅降低 NO_x 排放，但是无法实现超低排放。实现超低 NO_x 排放的技术路径主要有以下三步：第一步稀薄燃烧，过量空气系数提高后可以降低泵气损失和燃烧温度，提高热效率（η_{BTE} 提升至 31％），控制 NO_x 排放（最低至 20×10^{-6}），但动力性因为稀燃有所损失（BMEP 降低至 0.43MPa）；第二步采用涡轮增压和提高压缩比，可以大幅提升负荷，提高机械效率，在实现超低排放的同时，显著提升动力性（BMEP 提升至 0.76MPa）和经济性（η_{BTE} 达到 36％）；第三步优化增压匹配、增大喷射压力、优化喷射、保证均匀混合气形成，可以将氢内燃机 η_{BTE} 提升至 41.5％，并进一步提升动力性（BMEP 最高达到 1.39MPa）。

因此稀薄燃烧、涡轮增压、提高压缩比和喷射优化被证明是实现高效超低排放氢内燃机的重要技术路径。而在追求更高的功率和效率时，动力性-经济性-排放性三者间的矛盾关系开始展现出来：通过燃烧优化和米勒循环的配合，可以达到图中■标志代表的 42％ η_{BTE} 的目标，但此时 NO_x 排放提升至 1000×10^{-6} 左右。最大功率点（BMEP 超过 2MPa）目标可以通过提高喷射脉宽和控制异常燃烧实现，但此时 NO_x 排放剧烈增加，最高可达 5000×10^{-6} 左右。在达到更高动力性（BMEP>2MPa）和更高经济性（η_{BTE}>42％）的过程中，采用缸内净化已经无法实现超低排放，必须通过缸内和缸外结合净化的手段控制并实现超低 NO_x 排放。

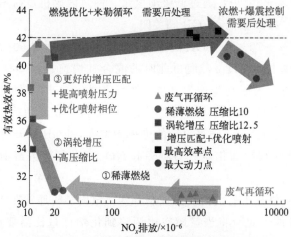

图 5-13　不同技术手段有效热效率随 NO_x
排放变化（另见文前彩图）

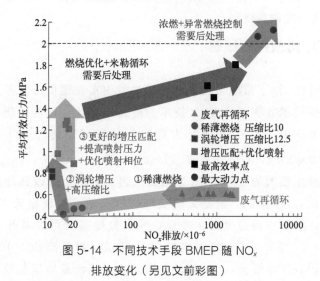

图 5-14　不同技术手段 BMEP 随 NO_x
排放变化（另见文前彩图）

参 考 文 献

[1]　Pani A，Burla V. Formation，kinetics and control strategies of NO_x emission in hydrogen fueled IC engine [J]. Int J Eng Res and，2020，V9（1）：10081.

[2]　Armbruster F，Kraus C，Prager M，et al. Optimized emission analysis in hydrogen internal combustion engines：fourier transform infrared spectroscopy innovations and exhaust humidity analysis [J]. SAE Int J Engines，2024，17（7）：3-17.

[3]　Arnberger A. Industrialization of the Commercial Hydrogen Engine till 2025 [C]. // Symposium on International Automotive Technology. Pune，India，2024.

[4]　Bao L Z，Sun B G，Luo Q H，et al. Experimental study of the polytropic index of the compression stroke for a direct injection hydrogen engine [J]. Int J Hydrogen Energy，2020，45（52）：28196-28203.

[5]　Fu Z，Li Y H，Wu W L，et al. Experimental study on the combustion and emission performance of the hydrogen direct injection engine [J]. Int J Hydrogen Energy，2024，61：1047-1059.

[6]　Hiyama D，Ito A，Nishibe K，et al. A study on developing MPI hydrogen ICE over 2MPa BMEP for medium duty vehicles [C]. //2023 JSAE/SAE Powertrains，Energy and Lubricants International Meeting. Kyoto，Japan，2023-32-37.

［7］ Jin S，Deng J，Xie K，et al. Knock control in hydrogen-fueled argon power cycle engine with higher compression ratio by water port injection ［J］. Appl Energy，2023，349：121664.

［8］ Klippenstein S J，Harding L B，Glarborg P，et al. The role of NNH in NO formation and control ［J］. Combust Flame，2011，158（4）：774-789.

［9］ Koerfer T，Durand T，Virnich L. Hydrogen Engine Development toward Performance Parity with Conventional Fuel-Type Engines While Ensuring Ultralow Tailpipe Emissions ［J］. SAE Int J Engines，2024，3-17，8-61.

［10］ Ling-zhi B，Bai-gang S，Qing-he L，et al. Simulation and experimental study of the NO_x reduction by unburned H_2 in TWC for a hydrogen engine ［J］. Int J Hydrogen Energy，2020，45（39）：20491-20500.

［11］ Luo Q H，Hu J B，Sun B G，et al. Experimental investigation of combustion characteristics and NO_x emission of a turbocharged hydrogen internal combustion engine ［J］. Int J Hydrogen Energy，2019，44（11）：5573-5584.

［12］ Özyalcin C，Sterlepper S，Roiser S，et al. Exhaust gas aftertreatment to minimize NO_x emissions from hydrogen-fueled internal combustion engines ［J］. Appl Energy，2024，353：122045.

［13］ Purohit A L，Nalbandyan A，Malte P C，et al. NNH mechanism in low-NO_x hydrogen combustion：experimental and numerical analysis of formation pathways ［J］. Fuel，2021，292：120186.

［14］ Rawat S K，Srivastava V，Bhatia D. Kinetic analysis of the role of selective NO_x recirculation in reducing NO_x emissions from a hydrogen engine ［J］. Chem Eng J，2019，377：120143.

［15］ Sandhu N S，Leblanc S，Yu X，et al. Characterization of an integrated three-way catalyst/lean NO_x trap system for lean burn SI engines ［C］.//Energy & Propulsion Conference & Exhibition. Greenville，South Carolina，United States，2023.

［16］ Skottene M，Rian K E. A study of NO_x formation in hydrogen flames ［J］. Int J Hydrogen Energy，2007，32（15）：3572-3585.

［17］ Takagi Y，Mori H，Mihara Y，et al. Improvement of thermal efficiency and reduction of NO_x emissions by burning a controlled jet plume in high-pressure direct-injection hydrogen engines ［J］. Int J Hydrogen Energy，2017，42（41）：26114-26122.

［18］ Thomas Koch D，Sousa A，Bertram D. H_2-engine operation with EGR achieving high power and high efficiency emission-free combustion ［C］.//2019 JSAE/SAE Powertrains，Fuels and Lubricants. 2019.

［19］ Unni J K，Bhatia D，Dutta V，et al. Development of hydrogen fuelled low NO_x engine with exhaust gas recirculation and exhaust after treatment ［J］. SAE Int J Engines，2017，10（1）.

［20］ Wallner T，Matthias N S，Scarcelli R，et al. Evaluation of the efficiency and the drive cycle emissions for a hydrogen direct-injection engine ［J］. Proc Inst Mech Eng D：J Automob Eng，2013，227（1）：99-109.

［21］ Xu P Y，Ji C W，Wang S F，et al. Realizing low emissions on a hydrogen-fueled spark ignition engine at the cold start period under rich combustion through ignition timing control ［J］. Int J Hydrogen Energy，2019，44（16）：8650-8658.

［22］ Yamane K. Hydrogen Fueled ICE，Successfully Overcoming Challenges through High Pressure Direct Injection Technologies：40 Years of Japanese Hydrogen ICE Research and Development ［C］.//WCX World Congress Experience. 2018.

［23］ Zhu S P，Hu B，Akehurst S，et al. A review of water injection applied on the internal combustion engine ［J］. Energy Convers Manage，2019，184：139-158.

［24］ H_2 ICE powertrains for future on-road mobility ［C］.//A. Kufferath E S，Lenz H P，Österreichischer Verein für Kraftfahrzeugtechnik，et al. 42nd International Vienna Motor Symposium. Vienna，Austria：Österreichischer Verein für Kraftfahrzeugtechnik（ÖVK）/Austrian Society of Automotive Engineers，2021.

第6章
氢内燃机及车辆设计

由于氢气理化性质的特殊性，缸内燃烧、传热特性都与点燃式的汽油、天然气等传统燃料有所不同。目前随着对氢内燃机性能研究的不断深入，提升氢内燃机的热效率、输出功率和排放控制成为重要课题。在氢内燃机的设计过程中，必须充分考虑氢气的理化特性及其相互作用机制，重点分析影响系统性能的关键因素，通过优化设计参数来提升发动机的整体性能表现。

因此，需要根据氢气的特性对氢内燃机的相关几何参数、气门正时等参数进行设计计算。针对氢内燃机排气温度低、废气能量较低的特点需要重新选配适用的涡轮增压器。氢内燃机的专用设计还应包括点火系统和火花塞，氢气供给系统，尺寸适当的发动机冷却系统，以及对氢内燃机专用润滑油的合理设计和材料选择。氢气燃烧所遇到的主要问题是在进气管中的氢气浓度过高所导致的进气管回火和缸内早燃，以及经由活塞环渗漏到曲柄箱的氢气导致的安全隐患。同时考虑到氢气点火能量低，可燃范围广，会使润滑油产生乳化现象等特殊性质，有必要对相关零部件重新选配，以保证氢内燃机工作的可靠性与使用寿命。此外，由于氢气密度低，存在氢脆现象等特点，氢内燃机的各系统对于在车辆上的改装提出了新的要求，以保证车载氢内燃机在车辆运转时的工作稳定性和安全性。

本章主要介绍氢内燃机热力学开发、系统及零部件开发、氢内燃机增压匹配、设计实践案例、氢内燃机材料、车载储氢与供氢系统、氢内燃机混合动力系统、氢内燃机及车辆安全等内容。

6.1 氢内燃机热力学开发

6.1.1 燃烧系统设计

氢内燃机燃烧系统设计也涉及空气系统、氢喷射系统及燃烧室匹配多种因素，其中的过量空气系数 λ 的控制尤为关键，如图 6-1 所示，图中阴影区域分别代表爆震和失火，它们分别发生于化学当量比附近的中高负荷及相对空燃比大于 2.4 的过稀薄区域。随着相对空燃比从 0.8 增加至 2.2，热效率逐渐增大，NO_x 排放先增大后减小。在 λ 为 2~2.2 时，可在避免异常燃烧的同时，实现最大的动力性和经济性及最佳的排放控制。需要说明的是，对于不同的燃烧系统，最佳 λ 范围可能各不相同，例如某款采用分层燃烧的直喷氢内燃机最佳 λ 在 2.5 附近。

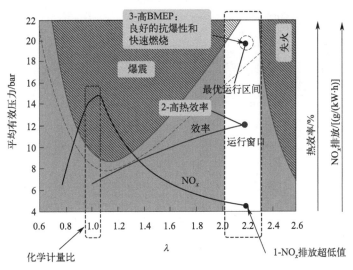

图 6-1　动力经济和排放随过量空气系数变化

在氢内燃机中，不合适的进气、燃烧控制等会引发异常燃烧。异常燃烧时，缸内压力显著提升，发动机零部件的热负荷和机械负荷大幅增加。燃烧系统的主要零部件包括气缸、活塞等受到超过设计强度的热冲击和机械过载，将出现凹坑和划痕。这些不可逆的零部件损伤会增加机械摩擦损失，影响氢内燃机的性能；甚至会影响发动机正常运转，导致工作寿命降低。氢内燃机的回火、早燃、爆震三种异常燃烧现象相互影响，互为因果。为了尽可能减少氢内燃机的异常燃烧现象，在开发时对燃烧系统有特定的需求。

如前文所述，控制异常燃烧最有效的方法就是限制 λ。随着 λ 的提升，混合气越稀薄，早燃和爆震倾向逐渐减少。但更高的进气压力、更早的点火正时、更低的发动机转速以及更高的压缩比均会使得异常燃烧倾向增大。此外，当 λ 过高时，燃烧持续期过长，使得循环变动过大，燃烧不稳定。在异常燃烧和循环变动的限制下，某款 2.0L 增压直喷氢内燃机的 λ 边界如图 6-2 所示。当压缩比为 12.5 时，在 2500r/min 下，氢内燃机可以在 λ 为 3.78 时稳定运行并在 λ＝1.80 时达到最大输出扭矩 325N·m。在 4500r/min 下，稳定运行工况的最大 λ 为 3.16，提高负荷到 KLλ（不发生爆震时的最小 λ）为 1.40，可达到最高输出功率 125kW。相比之下，压缩比从 12.5 提高至 13，导致压缩终了温度和压力升高，末端混合气自燃风险增大，造成 KLλ 增大了 0.3，同时动力性边界大幅缩小。因此，随着转速降低、提前点火、进气压力提高以及压缩比提高会使得爆震风险增大，导致 KLλ 提高，限制了性能边界的拓展。

在燃烧系统设计时还需考虑燃烧室结构优化。如表 6-1 所示，对于进气道喷射和大排量重型氢内燃机，其设计升功率较低，考虑到当量比附近的氢气燃烧的火焰速度很快，因此可以使用低湍流燃烧室（饼状或圆盘状燃烧室和轴向对称的进气道），提升进气充量系数并减少传热损失，从而提高发动机的热效率。同时，低湍流燃烧室可以避免在混合气当量比较高的工况运行时出现过高的压力升高速率，并降低异常燃烧的风险。而对于高性能小排量氢内燃机，则应采用结构紧凑的篷顶燃烧室，配合高滚流进气，实现高速工况的氢空快速混合。

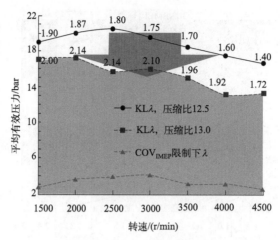

图 6-2   压缩比对性能的影响

表6-1   不同氢内燃机燃烧系统设计

特性	PFI 氢内燃机	DI 重型氢内燃机	DI 高性能氢内燃机
燃烧系统	涡流，进气道喷射	涡流，缸内直喷	滚流，缸内直喷
增压方式	高压比 VGT 增压器	两级涡轮增压	两级涡轮增压，电子增压
缸盖设计	柴油机基础最小改动， 平顶燃烧室	柴油机基础最小改动， 平顶燃烧室，侧置喷射	篷顶燃烧室，中置喷射， 冷却加强

由于氢气淬熄距离短和可燃极限宽，研究发现氢气可以在活塞顶部狭缝区域持续（顶部活塞环上方的缝隙体积）燃烧，从而导致缸内早燃。为了减少缸内热点的产生，可以对活塞环进行设计，减少活塞环狭缝容积，抑制顶部火焰的持续燃烧。同时，氢火焰更短的淬熄距离也意味着活塞顶的热负荷增加，有研究表明可以通过在顶部活塞环凹槽区域添加特殊涂层，例如硬化离子涂层和用于柴油发动机的铬陶瓷涂层以提升氢内燃机活塞的热负荷能力。

6.1.2　配气相位优化

配气相位是用曲轴转角表示进、排气门的开闭时刻以及开启持续时间的物理量。气缸的进气、排气和扫气过程直接决定了进气、废气排出和冷却的情况，配气相位直接影响了发动机的进、排气过程，对燃烧过程的好坏起着至关重要的作用。

对于进气道喷射氢内燃机，回火问题始终限制着提升功率密度，主要是进气道喷氢会有少部分氢气残留在进气歧管内，而且氢气的最低点火能量很小，在下一循环被进气道内热点或者在扫气行程被高温排气点燃，引发回火。其中一种控制回火的方法是通过延迟进气门开启的时刻，使得气门重叠角尽可能地小，甚至为零。一方面，可以避免扫气形成中高温排气进入进气歧管，点燃进气造成回火；另一方面，可以防止进气歧管中残余氢气随着进气流进入排气管道，使得氢气被高温排气点燃。

对于直喷氢内燃机，由于工作负荷高，为控制过量空气系数，避免异常燃烧，在配气相位的优化方面主要考虑不同负荷下的空气量需求。在中小负荷下通过提前开启进、排气门以降低泵气损失优先，在高负荷则适当推迟进气门关闭时刻，以增加空气流量为主。

因此，进气门开启角的延迟可以减少回火的风险；进气门关闭角的调整可以实现更高效率的循环方式（米勒循环），改善氢内燃机的性能；排气门开启角的调整影响着增压氢内燃机进入涡轮的排气能量；排气门关闭角的调整影响着缸内的残余废气量。通过合理调整氢内燃机的配气相位可提高氢内燃机的性能。

6.2 系统及零部件开发

6.2.1 点火系统

氢气点火能量小，冷型火花塞能够快速散热，不易形成热点，同时氢内燃机不存在积碳，使其成为氢内燃机火花塞的最佳选择。氢内燃机的最小点火能量随转速的增加而减小，随负荷的增加先增大而后减小，因此设计点火能量时需匹配低速大负荷工况点的需求。研究证明，铂是氢气发生氧化反应的催化剂，会促进缸内氢气和空气发生不可预测的燃烧，进而引发异常燃烧。因此，氢内燃机必须使用非铂火花塞。

研究表明，与碳氢化合物燃烧混合物相比，氢气的电导率较低，因此点火操作后剩余的电能会引起二次放电，从而导致回火或者早燃。具体来说，氢-空混合气在缸内点燃时，点火系统放电后，线路中仍然存在高压，当大量电荷被储存在点火系统的线路中，燃烧室压力突然下降时，点火线圈端部的绝缘电阻值降低，导致二次放电，引发回火和早燃。因此为降低二次电压，可采用电容放电点火系统，或通过合理调整点火线路的电阻解决二次放电问题。此外，由于氢气的燃烧不会产生表面沉积物，通过减小火花塞间隙也可以降低火花塞的放电电压。但是缸内燃烧产生的水凝结在火花塞尖端可能会导致冷启动更加困难。因此调整后的火花塞间隙不能过小，以保证良好的冷启动性能。

6.2.2 喷射系统

氢气喷嘴是氢内燃机区别于汽油机、柴油机、天然气发动机的最具有标志性的关键零部件。氢气密度小，而缸内直喷喷射窗口短，因此喷射需要的流量大，需要针阀开启能力强；缸内喷嘴工作温度在500℃左右，且氢气流体黏度低，喷嘴内部运动部件阻尼低，针阀接触阀座时振动幅度大、冲击力强，易发生共振，易导致装配失效、零件磨损。此外，相比于液体燃料，氢气无法润滑喷嘴，氢气喷嘴针阀与阀座的磨损进一步加重，而商用氢气喷嘴要求至少两万小时的寿命。因此直喷喷嘴对流量、密封、可靠和耐久特性要求很高。

6.2.3 冷却系统

相比于汽油燃烧，氢气在化学当量比条件下燃烧时，层流火焰速度有显著的提升，从而降低了氢内燃机的燃烧持续时间，因而产生更高的温度，对周围的气缸部件（活塞、缸盖、进排气门、缸套）施加了更高的热负荷。此外，与甲烷或汽油相比，氢气燃烧的火焰/壁相互作用具有更小的淬熄距离（即更薄的热边界层）。因此，氢内燃机需要的冷却量增加，需要求冷却系统带走更多的能量，以降低缸内的热负荷，保证缸内各部件的可靠性。

内燃机的冷却系统带走的能量主要分为冷却液和机油两部分，其中冷却液带走的能量远高于机油带走的能量。对某款2.5L涡轮增压氢内燃机的冷却系统的能量占总能量的比例随转速和负荷变化进行研究分析后发现（图 6-3）：冷却系统的能量所占的比例随着负荷增加而减小，负荷的影响要大于转速的影响。产生这种差异的原因可以从两个维度进行分析：从负荷维度来分析，冷却系统带走的能量比例最大值出现在小负荷区域，原因是，在相同转速下冷却液和机油的流量不随负荷变化，而在小负荷时，有用功较低，机械摩擦相对较大，摩擦产生的热量主要由冷却系统带走，这就使得小负荷冷却系统带走的能量所占的比例较大。而从转速维度上分析，在负荷不变、转速增加时，冷却系统带走的能量所占的比例基本不变。这是因为对于冷却系统与气缸的热交换有作用时间以及气缸温度两个主要的影响因素。一方面，转速增加使得热交换的作用时间变短，换热量减小，冷却系统带走的能量减小；另一方面，随着转速的增加，缸内的燃烧温度不断增加，气体和冷却系统的对流换热量增加，冷却系统带走的能量增加。两种因素相互作用的结果导致冷却液带走的能量随着转速增加而增加，但是所占的比例基本保持不变。还有研究表明，氢内燃机中通过向缸壁传热导致的热损失比例随着当量比的增加而单调增加。随着当量比的增加，火焰速度增加，火焰温度升高，淬火距离减小，导致热边界层变窄。

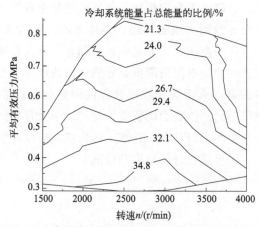

图 6-3　冷却系统带走的能量随转速和负荷变化

综上所述，相比于汽油机的冷却系统，由于传热量占比增加，需要更大的冷却量，氢内燃机的冷却系统需要更大的冷却液流量，因此冷却系统的尺寸需要适当扩大。同时优化发动机内部的冷却液流道设计，将缸内向缸壁传播的热量及时带走，以避免缸内燃烧过程中产生热量，有利于抑制氢内燃机早燃。

6.2.4　润滑系统

与传统燃料相比，氢燃料燃烧温度更高，极易加速润滑油老化，进而引发润滑失效，致使部件过早磨损。同时，氢气发动机的燃料喷嘴与传统发动机存在显著差异。在常规汽油、柴油发动机中，燃料以小液滴形态喷入气缸，能对阀门和阀座起到润滑与冷却作用；而氢内燃机的燃料为气态，无法为阀座及部件提供润滑，导致部件过度磨损。

此外，氢内燃机燃烧室的高温会使尾气中氮氧化物含量升高，不仅会污染环境，还会加速润滑油变质，产生更多油泥，进而影响润滑质量。氢气燃烧产物包含水（H_2O），氢内燃机燃烧后尾气中的含水量相较于传统燃料大幅增加。水的存在对润滑油质量和使用性能危害极大。温度降低时，润滑油的流动性能和黏温性能变差，可能导致油路和滤清器堵塞；温度升高时，水汽化会引发油路气阻，液态水与机油混合还会导致机油乳化。机油乳化引发的机油变质会降低机油黏度，削弱发动机的润滑、冷却和密封作用。机油乳化不仅缩短机油使用寿命，还会污损发动机摩擦面，加剧运动面磨损，严重时甚至导致整机报废。另外，水的存在会加剧油品氧化，增加油泥，加速有机酸对设备部件的腐蚀，使添加剂水解失效。所以，氢内燃机的润滑系统必须选用与曲轴箱水含量兼容的发动机润滑油。

除了含水量更高，氢气也会对润滑油产生影响。发动机燃烧时，部分可燃混合气和燃烧产物会经活塞环从气缸窜入曲轴箱。有学者对氢内燃机曲轴箱窜气成分的测量表明，窜入曲轴箱的气体中氢气占比很高（体积百分比约为5%，甚至超出测试设备量程）。这主要是因为氢气火焰传播速度快、燃烧迅速，导致缸内燃烧压力急剧上升，再加上氢气密度极低，使得燃烧室向曲轴箱的漏气量很大。对比氢内燃机使用前后的润滑油成分发现，使用后的润滑油性能严重下降，润滑性能大幅降低。各类添加剂（如二烷基二硫代磷酸锌等润滑和耐磨添加剂）浓度大幅降低，未使用的润滑油中含有的酯类在使用后的润滑油中几乎消失。经对比，氢内燃机使用后的润滑油黏度系数远低于未使用的润滑油。

相关试验表明，氢内燃机可使用汽油机润滑油，但仍会出现机油乳化现象。因此，氢内燃机运转一段时间后，需检查机油状态，并根据实际情况决定是否更换机油。解决氢内燃机润滑系统机油乳化问题的最佳方案是专门开发适用的润滑油，但目前尚无此类专用润滑油。研究适用于氢内燃机的润滑油是提升氢内燃机可靠性的重要课题。

6.2.5　曲轴箱通风系统

氢内燃机工作时，燃烧室的高压可燃混合气与已燃气体会经活塞组和气缸间隙漏入曲轴箱，形成窜气。窜气会稀释机油，降低其性能，加速其氧化变质。水汽凝结在机油中形成油泥，阻塞油路；废气里的酸性气体混入润滑系统，导致发动机零件腐蚀与加速磨损；窜气还会使曲轴箱压力过高，破坏密封，造成机油渗漏流失。作者试验发现，若不干预，曲轴箱内氢气浓度可达8%。

过多氢气会降低润滑油性能，还存在安全隐患。因此，氢内燃机需安装曲轴箱通风系统，将曲轴箱内氢气浓度至少降至爆炸极限4%以下。负压通风系统通过喉管引入或输送略高于曲轴箱压力的压缩空气，同时利用真空泵排空气体，借助压缩空气压力与真空泵入口旁通阀的平衡，将曲轴箱压力控制在轻微负压状态。实测使用通风系统后，曲轴箱中氢气体积百分比低于1%。

曲轴箱通风系统按曲轴箱压力可分为正压和负压两种。曲轴箱通风系统设计应带有强制通风或安全阀功能，具有阻火作用或安装阻火装置，以确保曲轴箱着火或爆炸时火焰不会扩散到周围大气环境。汽油发动机利用曲轴箱与进气歧管间压力差维持通风，这在氢内燃机的某些运行策略中无法实现。氢内燃机常采用稀薄燃烧策略，节气门全开以减少节流损失、提高热效率，导致进气歧管压力较高。在对排放要求较低的环境下，氢内燃机可采用开式曲轴箱通风，保持曲轴箱内部正压，促使氢气和水蒸气排出。

6.2.6　电子控制系统

ECU是内燃机中的核心部件，氢内燃机的混合气形成、燃烧与排放控制策略明显不同于柴油机、汽油机或天然气发动机，具体体现在以下几方面。

（1）喷射窗口选择

氢气密度低、燃烧速度快，其喷射窗口需与燃烧过程紧密配合。在传统内燃机中，燃油喷射主要基于负荷与转速，喷射窗口相对较为固定。而氢内燃机，喷射窗口需兼顾氢气的快速混合与燃烧需求。例如，在进气冲程早期喷射，可利用进气气流实现氢气与空气充分混合；但在高负荷时，为避免早燃，可能需延迟喷射。通过喷射窗口的精准选择，能有效提升氢气利用率，减少未燃氢排放，同时优化燃烧过程，提高发动机热效率。

（2）灵活的喷射策略

在氢内燃机中，二次喷射可在特定工况下显著改善燃烧与排放性能。当发动机处于部分负荷时，首次喷射的氢气形成较稀混合气，在燃烧后期进行二次喷射，并补充适量氢气，促使燃烧更充分。这一过程由电子控制系统精确控制，通过传感器实时监测缸内压力、温度等参数，确定二次喷射的时刻与喷氢量。二次喷射能有效降低氮氧化物排放，同时提升发动机在部分负荷下的经济性与动力性。

（3）大范围增压器控制

氢内燃机增压器的控制策略与传统燃料内燃机有所不同。传统内燃机增压器控制主要围绕提升进气量以满足燃油燃烧需求。而氢内燃机由于氢气燃烧特性，增压器控制不仅要考虑进气量，还要兼顾氢气与空气的混合均匀性。在氢内燃机中，电子控制系统根据发动机工况、氢气喷射量等因素，精确调节增压器的增压比。在低负荷时，适当降低增压比，防止混合气过浓导致燃烧不充分；高负荷时，提高增压比，保证充足的进气量与氢气充分混合燃烧。同时，通过调节增压器的旁通阀等装置，优化增压器的动态响应，减少涡轮迟滞现象，使发动机在不同工况下都能保持良好的性能与稳定性。

6.3 氢内燃机增压匹配

6.3.1 氢内燃机增压的难点

增压是氢内燃机提升动力性的主要措施之一，进气压力升高，一方面可以提升进气密度，进而增加空气质量流量；另一方面，缸内换气过程的质量也会随着增压压力升高而得到改善。当进气压力高于排气压力时，换气过程做正功。另外，进气压力升高可以降低缸内残余废气系数，改善燃烧过程。进气增压一般分为机械增压和涡轮增压两类。机械增压的方式利用发动机输出的轴功对进气进行压缩，增加进气密度，进而使氢内燃机升功率增加。但是，这种方式浪费了氢内燃机的输出轴功，使机械式增压的氢内燃机动力性提升有限。相比而言，废气涡轮增压的方式能够利用排气能量，使得燃料的利用率得到提升，进而提高氢内燃机的输出功率。这种增压方式更利于提升氢内燃机的热效率，使氢内燃机与燃料电池之间的效率差距进一步缩小，因此氢内燃机大都使用废气涡轮增压方式。

图 6-4 所示为传统内燃机增压器的增压压比及流量特性对比，由于柴油机的转速变化范围较小，且负荷调节方式为"质调节"，空气是过量的，在高增压情况下不会出现爆燃问题，因此柴油机增压器的增压压比较高；汽油机转速变化范围大，在高增压情况下受到爆燃的限制，导致增压压比小而空气的流量范围大。图 6-5 所示为氢内燃机增压器的增压压比及流量特性。对于氢燃机而言，其增压器的设计同时兼备了汽油机和柴油机增

压器的设计特点。

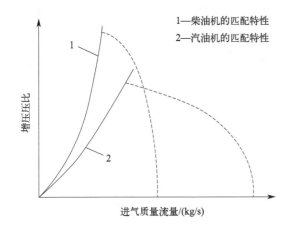

图 6-4　柴油机和汽油机的增压压比及流量特性
（图中实线为增压压比；虚线为进气质量流量）

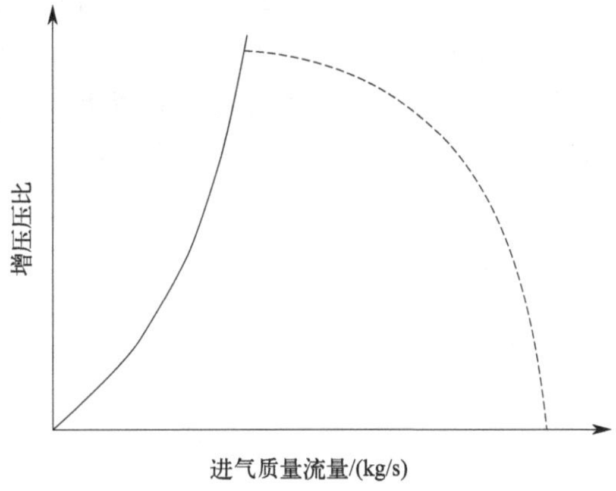

图 6-5　氢内燃机的增压压比及流量特性
（图中实线为增压压比；虚线为进气质量流量）

（1）压气机

与汽油机相比，氢内燃机的进气流量更宽，压比更高，增压器转速更高，堵塞、超速、喘振风险更高；与柴油机相比，氢内燃机压比更高，喘振风险更高。

（2）涡轮

与汽油、柴油机相比，氢内燃机涡轮前温度较低，涡轮前压力较高，压气机与涡轮机匹配更困难；与汽油、柴油机相比，氢内燃机压比高，涡轮前温度低，增压器运行效率低，需针对全工况进行高效设计。

综上，氢-空混合气着火界限宽、火焰传播速度快且点火能量低，理论混合比时易发生表面点火、回火以及自燃等异常燃烧；再则混合气的浓度与氢内燃机的 NO_x 排放密切相关，采用理论混合比时，NO_x 生成量会远超限值。因此氢内燃机在中小负荷常采用稀薄燃烧的控制策略，一方面降低原始氮氧化物排放，另一方面可以保证节气门全开降低换气损失。氢气的当量空燃比是汽油的两倍多，结合稀薄燃烧的策略，空气流量要比传统的汽油机大很多，氢内燃机需要大流量、高压比的压气机和高膨胀比涡轮。而且相比于传统的汽油机和柴油机，氢内燃机的排气温度较低，通常在 500℃ 左右，稀燃小负荷时仅有 300℃。但目前采用的增压匹配技术还不能满足氢内燃机全转速范围的要求，市面上针对汽油机或者柴油机设计的废气旁通阀式涡轮增压器仅仅能适配低转速（3000r/min 以下）或者高转速（3000r/min 以上）的单一需求，从而影响动力性和经济性。另外，采用涡轮增压后排气背压增加，缸内的残余废气增多，燃烧不充分，相同负荷下相比于自然吸气状态未燃氢含量增加了 1%。因此，氢内燃机的增压匹配要比传统汽油机和柴油机复杂。

6.3.2　压气机与涡轮选型

对于增压汽油机的增压器选型，只需要根据目标功率和给定的排量等条件就可以估算出压气机所需的流量和压比，进而通过选型得到适合的增压器型号，或者根据流量和压比设计所需的压气机和涡轮。但是，对于 PFI 氢内燃机来说，由于进入气缸的混合气包含气态的氢气，这就使得进入气缸的空气量减少。因此，对于增压氢内燃机来说，相同工况下，其压气机的流量要小于同排量、同工况下汽油机的压气机流量。所以，对于增压氢内燃机的增压器要重新进行选型。

根据氢内燃机的工况目标和高增压、大流量的进气需求，进行增压器的压气机流量和压比的设计和选型，确定压气机的选型范围和原型，具体的计算公式如下。

步骤一：利用氢燃料内燃机的相关技术参数，由式(6-1)计算氢气流量 M_H。

$$M_H = \frac{P_e \times 10^3}{H_u \eta_{et}} \tag{6-1}$$

式中，M_H 为氢气流量，kg/s；H_u 为氢气热值，J/kg；η_{et} 为有效热效率；P_e 为目标功率，kW。

根据给定的混合气浓度，可以通过式(6-2)计算得到所需的空气流量 M_C：

$$M_C = \frac{L_0 M_H}{\phi} \tag{6-2}$$

式中，M_C 为空气流量，kg/s；L_0 为每千克氢气完全燃烧时的理论空燃比；ϕ 为混合气当量比浓度。

利用气体状态方程和质量方程可以计算出空气在气缸中的分压 P_C：

$$P_C = \frac{60 M_C \rho_C R_C T_C \tau}{\eta_V V_h n} \tag{6-3}$$

式中，τ 为冲程系数，对于四冲程发动机，$\tau = 2$；η_V 为充气系数；V_h 为气缸的容积，L；n 为发动机的标定转速，r/min；ρ_C、R_C 和 P_C 分别为气缸中的空气密度、空气气体常数和分压，kg/m³、J/(kg·K) 和 Pa；T_C 为压气机出口处的温度，K。

压气机的压比可以通过下式计算得到：

$$\pi_C = \frac{P_C}{P_a} \tag{6-4}$$

式中，π_C 是压气机的压比；P_a 表示大气压力，Pa。

步骤二：根据氢内燃机的低排温、低焓值的排气特点进行涡轮端的选型设计，为氢内燃机的专用增压器选型提供指导；在此基础上，联合增压器厂进行增压器选型和设计方案，并使用数值计算方法进行迭代计算，提出氢内燃机增压器匹配设计方法。具体方法如下所示。

① 确定过量空气系数 λ，根据设计功率和氢内燃机的有效热效率计算氢气和空气的流量。

② 根据氢气与空气反应的化学方程式，计算出各排气组分的质量分数 w。

③ 通过假设废气温度 T_1，查询各废气组分对应的 c_p，计算出废气混合物定压比热容（$c_{p\text{mix}}$）。

④ 涡轮进口温度 T_2 的理论值是根据氢内燃机设计点期望的有效热效率 η 和相应工况下的经验参数冷却与燃料功率比 η_{cooling} 计算得到的。当 $T_2 = T_1$ 时，可以确定涡轮前排气温度。涡轮的膨胀比可以根据涡轮增压器效率、涡轮前排气温度、压气机的压比来计算。

⑤ 涡轮前排气压力可通过膨胀比与涡轮排气压力的比值来估算，而涡轮前排气压力与氢发动机转速有关。根据上述参数，计算得到了涡轮的折合流量。

根据设定的氢内燃机目标功率，有效热效率和设定的过量空气系数，氢气、空气流量以及总流量可以根据式(6-5) ～式(6-7) 计算得到。

$$M_H = \frac{P_e \times 1000}{H_u \times \eta} \tag{6-5}$$

$$M_C = \lambda L_0 M_H \tag{6-6}$$

$$M_T = M_H + M_C \tag{6-7}$$

式中，M_H 为氢气流量，kg/s；M_C 为空气流量，kg/s；L_0 为 1kg 氢气完全燃烧所需要空气质量的理论值；λ 为设定的过量空气系数；M_T 为总流量，kg/s；

接下来氢气反应后废气中各组分的质量分数可以通过式(6-8) ～式(6-11) 计算得到。

$$2H_2 + \lambda O_2 + 3.71\lambda N_2 \Longrightarrow 2H_2O + (\lambda-1)O_2 + 3.71\lambda N_2 \tag{6-8}$$

$$w_{H_2O} = \frac{2 \times 18}{2 \times 18 + (\lambda-1) \times 32 + 3.71\lambda \times 28} \tag{6-9}$$

$$w_{O_2} = \frac{(\lambda-1) \times 32}{2 \times 18 + (\lambda-1) \times 32 + 3.71\lambda \times 28} \tag{6-10}$$

$$w_{N_2} = \frac{3.71 \times \lambda \times 28}{2 \times 18 + (\lambda-1) \times 32 + 3.71\lambda \times 28} \tag{6-11}$$

步骤三：设定一个排气温度 T_1，排气中每种组分的定压比热容 c_p 可以通过查询得到（温度是影响定压比热容 c_p 最重要的因素，而压力相比较于温度对 c_p 的影响较小。因此组分的压力选择 0.25MPa 作为一个合理值）。最终排气的定压比热容 $c_{p\text{mix}}$ 可以根据式(6-12)计算得到。

$$c_{p\text{mix}} = w_{H_2O} c_{pH_2O} + w_{O_2} c_{pO_2} + w_{N_2} c_{pN_2} \tag{6-12}$$

式中，c_{pH_2O} 为水蒸气的定压比热容，kJ/(kg·K)；c_{pO_2} 为氧气的定压比热容，kJ/(kg·K)；c_{pN_2} 为氮气的定压比热容，kJ/(kg·K)。

步骤四：计算并确定涡轮前温度以及涡轮膨胀比。确定氢内燃机设计点的目标热效率和该工况下的传热比例系数经验值后，涡轮入口气体温度的理论值 T_2 通过式(6-13)计算得到。

$$T_2 = \frac{(1 - \eta - \eta_{\text{cooling}})H_u + \lambda L_0 c_{p\text{intake}} T_C}{(1 + \lambda L_0) c_{p\text{mix}}} \tag{6-13}$$

式中，H_u 为氢气热值，kJ/kg；$c_{p\text{intake}}$ 为氢内燃机进气的定压比热容，kJ/(kg·K)；T_C 为经过中冷器后的进气温度，K。

当假设值 T_1 与计算值 T_2 的差值在允许误差范围内时，确定温度 T_1 为涡轮前排气温度。该方法提高了涡轮前排气温度和涡轮膨胀比计算的精度。式(6-14)计算可得到涡轮前排气温度，涡轮前排气压力可由式(6-15)得到。最后，一定条件下涡轮减重流量可以用式(6-16) 计算。

$$\pi_T = \frac{1}{\left\{1 + \left[1 - (\pi_C)^{\frac{\kappa_L-1}{\kappa_L}}\right] \times \frac{\dot{m}_L}{\dot{m}_T} \times \frac{c_{p\text{intake}}}{c_{p\text{mix}}} \times \frac{T_C}{T_1} \times \frac{1}{\eta_{TL}}\right\}^{\frac{\kappa_T}{\kappa_T-1}}} \tag{6-14}$$

$$p_{\text{pre-turbine}} = p_{\text{turbine discharge}} \times \pi_T \tag{6-15}$$

$$\dot{m}_{\text{reduced}} = \frac{(\dot{m}_H + \dot{m}_C) \times \sqrt{T_1}}{p_{\text{pre-turbine}}} \tag{6-16}$$

式中，κ_L 为压气机的绝热指数；κ_T 为涡轮的绝热指数；η_{TL} 为涡轮增压器的总效率。

6.4　设计实践案例

6.4.1　增压直喷氢内燃机动力性提升

（1）异常燃烧控制

PFI 氢内燃机中，来自缸内和排气的热点容易点燃进气道内的氢气，使氢气在进气管内燃烧，引发回火。而在 DI 氢内燃机中，保证进气门关闭后喷氢，可以防止氢气回流进入进气道，有效避免回火发生。但是在不断提高功率密度、探索最大动力性边界的试验过程中，早燃和爆震两种异常燃烧仍然是限制动力性提升的重要因素。

试验过程中发现，在保证节气门全开，不断增加喷射脉宽，提升动力性边界的过程中，增压直喷氢内燃机会概率性发生抖动和异响。现有的爆震传感器识别到此异常燃烧过程后，ECU 会通过内置的爆震保护控制策略，立刻推迟点火角，直至发动机稳定运转。但在后续的燃烧分析中发现，由于氢-空混合气燃烧范围宽，大多数异常燃烧现象实为早燃，或由早燃引发的爆震，因此传统爆震传感器存在"伪爆震"现象。而在早燃发生时，若将其归咎于爆震，推迟点火角后，动力性下降，会导致功率下降，无法达到最大动力性极限。

为探明直喷氢内燃机异常燃烧的特点和发生的边界条件，试验首先关闭了 ECU 中推迟点火的爆震保护功能，设置喷射压力为 14MPa，转速为 2000r/min，SOI 设置为 180°CA BTDC，点火时刻为 8°CA BTDC。当平均有效压力到达 1.5MPa，λ 为 2.12 时，发动机发生抖动和异响，通过燃烧分析仪监测到有早燃发生。如图 6-6 所示，对于无早燃发生的正常工况，缸内压力在点火时刻后平稳上升，并在 15°CA 时到达峰值 12.2MPa。而早燃现象发生在运转时的第 20 个循环，早燃时缸内压力从 −25°CA 就开始急剧上升，远早于 −8°CA 的点火时刻，并在 1°CA 时达到最大压力 18.96MPa。之后缸内压力保持快速波动，其振荡幅值可达 2MPa，试验过程中伴随着间断的、尖锐的异响。这主要因为随着缸内的热负荷和机械负荷增加，缸盖、缸壁和活塞顶部的传热损失增加，对缸壁和活塞环处的润滑油膜影响较大，容易形成热点。缸内热点（来自机油、燃烧室缝隙热处、排气残留等）容易提前引燃低点火能量的氢气。其特点是，当第一次早燃发生后，缸内剧烈的燃烧导致气缸温度升高，在缸内产生了更多的热点，从而触发下一次更早也更剧烈的早燃。图 6-6 证明了此推论，在第 41 个循环再次监测到了早燃发生，缸内压力在 −30°CA 猛烈上升。对两次早燃的瞬时放热率（图 6-7）进行对比分析表明，相较于第一次早燃，第二次早燃具有更早的曲轴转角且放热率变化显著加快，并在 19°CA 时达到峰值 91J/°CA。因此，直喷氢内燃机中早燃一旦发生，就必须调整控制参数、切换运行工况，防止发生更剧烈的早燃，并引发进一步的爆震。试验发现，抑制早燃最有效的方法是推迟喷射。在氢气喷射前留出更长的冷却时间，可以降低缸内温度、减少缸内热点，从而降低早燃发生的概率。

然而，在高转速工况下，推迟喷射后早燃依旧发生。这主要因为一方面转速提升导致冷却时间变短；另一方面，高转速的排气背压增加，缸内残余废气系数增加，缸内温度提升。如图 6-8 所示，由于氢气喷嘴流量限制，转速 3000r/min 时 SOI 设定至最早的 −140°CA，喷射结束角已达 −10°CA，接近点火时刻。3000r/min 早燃发生时平均有效压力为 1.5MPa，此时缸内压力从 −15°CA 快速上升，并在 6°CA 时达到最高的 17.2MPa。图 6-9 对比瞬时放热率可以发现，不同转速下发生早燃时放热率变化趋势基本相同，瞬时放热率最高达到94J/°CA。与2000r/min不同的是，转速提高后，由于进气流速加快，湍流强度增加，火焰传播速度也相应增加。因此3000r/min时早燃并不会引发爆震，早燃后压力波在上止点附近未监测到波动。

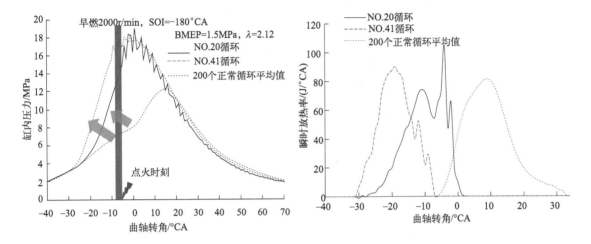

图 6-6　2000r/min下早燃缸内压力变化　　图 6-7　2000r/min下早燃瞬时放热率变化

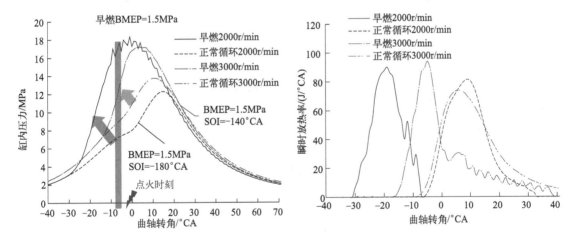

图 6-8　2000r/min和3000r/min早燃缸内压力对比　　图 6-9　2000r/min和3000r/min早燃放热率对比

图6-10比较了不同转速下，调节SOI后受异常燃烧限制下平均有效压力的变化。图中实体图案的柱状图代表早燃限制下的最大动力性，条纹图案则表示在此工况下发生爆震。如前文所述，转速在1000～2500r/min范围内，推迟SOI可以有效突破早燃的限制，实现动力性的提升。例如2500r/min时，BMEP从SOI＝－180°CA时的1.67MPa提高至SOI＝－140°CA时的1.89MPa。因此推迟喷射可以抑制异常燃烧，实现动力性提升。但在高转速3000r/min下，由于换气过程变差，冷却时间变短，缸内热点增多，推迟喷射依旧无法避免早燃，动力性提升幅度也较少。分析导致异常燃烧的机理可以发现，除了调节喷氢相位的方法，优化配气相位、降低进气温度、采用废气再循环等手段也可以减少缸内热点、降低缸内燃烧温度、延缓燃烧速度从而抑制氢内燃机的异常燃烧。

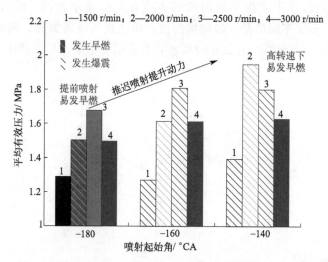

图 6-10　不同转速下喷氢相位变化后异常燃烧特性及最大平均有效压力

（2）增压匹配提升动力性

涡轮增压是直喷氢内燃机提高功率密度最经济有效的解决方案。在外特性工况下，考虑到高转速下喷射区间较短，调整喷氢压力为最高压力 14MPa。保持节气门全开，不断提高喷氢脉宽，并通过尽量推迟喷射、大幅降低进气温度的手段抑制异常燃烧的发生。试验得到的最大动力性能指标还受到喷嘴流量的限制：当转速大于 2000r/min 后，过长的喷射脉宽会导致氢气喷射结束时刻已经晚于点火时刻，再继续喷氢，动力性不变，有效热效率快速下降，此时已经达到动力性边界。试验结果如图 6-11 所示，发动机最大功率平稳上升，当发动机转速从 1000r/min 提升至 4500r/min 时，自然吸气发动机功率最高可达 51kW。相比之下，采用经过仿真、计算和重新匹配的氢气涡轮增压器后，功率提高了 123%，最大功率达到了 120kW（4000r/min）。扭矩性能如图 6-12 所示，与自然吸气氢内燃机的 112N・m（2000r/min）相比，匹配后的氢内燃机涡轮增压器提升了 195% 的扭矩特性，在转速 2000r/min 时实现了 340N・m 的最大扭矩和 2.12MPa 的平均有效压力。

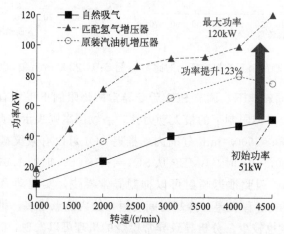

图 6-11　不同进气方式下外特性功率变化

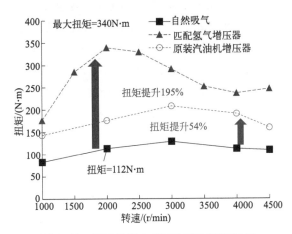

图 6-12　不同进气方式下外特性扭矩变化

6.4.2　增压直喷氢内燃机经济性优化

　　试验证明，直喷氢内燃机的有效热效率比同排量、同机型的直喷汽油机（39％）高 3.6％左右，其原因主要体现在以下几个方面：①氢气自燃温度高，辛烷值高、抗爆性好，氢内燃机可采用更高的压缩比。原机（汽油机）压缩比为 10.8，氢内燃机压缩比提升至 12.5，理论循环效率提升了 2.2％；②氢气燃烧速度快，火焰传播速度快，燃烧定容性更好；③氢气可燃范围大，工作范围广，在大部分工况都采用节气门全开的策略，泵气损失低。

　　直喷氢内燃机提升热效率的方法主要有高压缩比、高增压、高喷射压力、低摩擦结构（低张力活塞环、活塞销或曲轴偏心）、高效进气循环等方法。增压直喷氢内燃机有效热效率和平均有效压力变化结果如图 6-13 所示，转速 2000r/min 时，有效热效率在 λ 为 1.7～3 的范围内先增大后减少，并在 λ 大于 3 后快速降低。平均有效压力在 λ 为 1.7～2.9 时迅速减小。

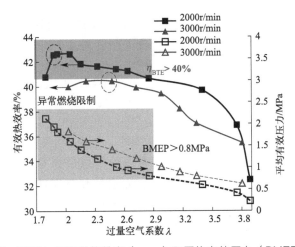

图 6-13　不同 λ 下有效热效率（η_{BTE}）和平均有效压力（BMEP）变化

η_{BTE} 超过 40％的范围与 BMEP＞0.8MPa 的区域重叠，转速 2000r/min，λ 为 1.91 时，最高有效热效率可达 42.6％，3000r/min 时，由于机械摩擦增加，有效热效率降至 40.4％。在不大幅降低负荷的前提下，稍微稀薄的燃烧有利于提升整机的热效率。

图 6-14 比较了氢内燃机和相同最大功率（120kW）的氢燃料电池热效率的差异。其中，氢燃料电池效率的详细数据来自美国 Argon 国家实验室和 Eberle 等的报告，且效率只考虑空压机的能量损失，而未计算其他辅助配件的能量消耗。图中，氢内燃机的有效热效率随着功率的增加逐渐增大，在 17～82kW 功率范围内，有效热效率保持在 42％左右，而在大功率段下降到 35％。氢燃料电池的热效率，在 20％的负载下可以达到 64％的峰值效率，而在满载时下降到 40％左右。相比之下，若氢内燃机不考虑机械损失，其指示热效率比有效热效率可以提高约 5％，在高功率区域（功率＞80kW）可以达到与氢燃料电池相同的水平。

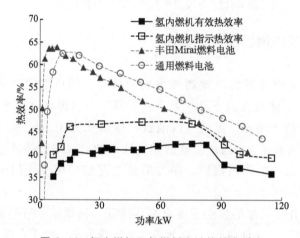

图 6-14　氢内燃机和氢燃料电池热效率对比

6.5　氢内燃机材料

氢原子直径约为 0.1nm，氢气的扩散性、反应性强，当氢原子渗透到金属晶格中，引起的氢脆或氢腐蚀将对氢内燃机的安全性和可靠性带来严重威胁。因此，研究氢损失和氢腐蚀的机理，并采取相应的防控策略，对于保障氢内燃机的使用寿命和性能具有重要意义。

6.5.1　氢脆与氢腐蚀

氢会使氢内燃机材料表面产生氢脆与氢腐蚀等氢损伤现象，将严重影响喷嘴、燃烧室等零部件的寿命和可靠性，如图 6-15 所示。氢损伤和氢腐蚀对金属材料的影响非常严重，导致材料的力学性能下降、脆化、变形、开裂和失效等问题。具体影响包括以下几个方面。

① 力学性能下降：氢会在金属晶界和缺陷处聚集，导致金属的塑性和韧性降低。这会使材料的抗拉强度、屈服强度和延伸率等力学性能下降。

② 脆化：氢会在金属晶界和缺陷处引起氢脆，使金属材料脆性增加。在受力下，金属材料容易发生脆性断裂，而且脆断面往往呈现出明显的韧性减小或细裂纹的特征。

③ 变形和开裂：氢的聚集会导致金属材料的体积膨胀，从而引起材料的变形和开裂。这种变形和开裂现象会严重影响材料的结构完整性和使用寿命。

④ 失效：氢腐蚀会引起金属材料的表面腐蚀和内部腐蚀，导致材料失效。氢腐蚀会使金属表面形成氢气泡，破坏了材料的表面保护层，加速了金属的腐蚀速度。

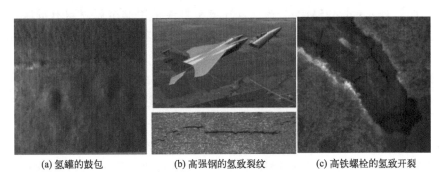

(a) 氢罐的鼓包　　　　　(b) 高强钢的氢致裂纹　　　　(c) 高铁螺栓的氢致开裂

图 6-15　几种典型的氢损伤

（1）氢脆机理

① 氢的吸附与扩散：氢的吸附是指氢原子在金属表面吸附并附着的过程。当金属与氢接触时，氢原子会通过吸附作用与金属表面发生相互作用。吸附后，氢原子会在金属内部发生扩散。在金属晶格中，氢原子通过晶格间隙、晶格缺陷和晶界等通道进行扩散。扩散过程中，氢原子会与金属原子发生相互作用，影响金属的晶体结构和性能。

② 氢的聚集与析出：在金属内部，氢原子往往会聚集在晶界、晶格缺陷或其他局部区域。氢的聚集会导致金属的局部脆性和脆化现象。当氢原子聚集到一定程度时，会发生氢原子的析出，从而减少金属的脆性。因此，控制氢的聚集和析出是防止氢损伤和氢腐蚀的重要手段。

③ 氢的渗透与漏失：氢原子会通过金属的晶界、晶格缺陷或其他通道渗透到金属材料内部。漏失过程中，氢原子会通过扩散或渗透逸出金属材料，导致材料的氢含量减少。

（2）氢腐蚀机理

在氢环境中，金属表面会吸附氢原子。吸附的氢原子会通过扩散进入金属内部，与金属原子发生反应生成金属-氢化物。金属-氢化物的形成会导致金属表面发生腐蚀，破坏金属的结构和性能。温度的升高会加速氢的扩散和金属的反应速率，进一步加剧金属的腐蚀。氢浓度的增加会增加氢的吸附和扩散速率，加速金属的腐蚀过程。

值得注意的是上述氢脆、氢腐蚀机理中均指向的是氢原子，在氢内燃机的工作边界下，氢分子转换成氢原子的概率十分低，且氢内燃机的燃烧室零部件也脱离了纯氢高压力的使用环境，在氢内燃机试验过程中，未发现氢内燃机燃烧室零部件的氢脆、氢疲劳损伤。

6.5.2　防控策略

氢内燃机供氢系统的各部件由于直接或间接与氢气接触，应具有与氢气相容的特性，所选材料在所有使用条件下，具有必要的化学稳定性，使用中不会发生各种形式的化学反应，以避免这些反应形成对氢气的污染。推荐采用具有与氢气相容特性、耐氢损伤、抗氢溶胀的材料，满足强度要求的材料，最大可能避免发生氢内燃机的氢脆、氢腐蚀、应力腐蚀和其他形式的腐蚀。

氢系统宜选用含碳量低或加入强碳化物形成元素的钢。氢环境常用的金属材料有S31603（316L 不锈钢）、S31608（奥氏体不锈钢）、6061（铝合金）、4130X（合金钢）、X42、X52［北美 ASME 标准，X 代表管线钢，数值代表钢板的屈服强度值，单位 ksi（千磅每平方英寸），1ksi＝6.895MPa］等。氢环境密封件常用非金属材料有硅橡胶、氟硅橡胶、氟碳橡胶、三元乙丙橡胶、氢化丁腈橡胶等。氢环境常用塑料有聚乙烯（包括改性聚乙烯）、聚酰胺（包括改性聚酰胺）等。

系统中与氢直接接触的材料，应与氢具有良好的相容性。金属材料与氢气环境相容性试验应符合 GB/T 34542.2 规定的要求，氢脆敏感度试验应符合 GB/T 34542.3 规定的要求。

同时，为降低金属材料的氢脆敏感性，应采取以下措施：将材料硬度和强度控制在适当的水平；降低残余应力；避免或减少材料冷塑性变形；避免承受交变载荷的部件发生疲劳破坏；使用奥氏体不锈钢、铝合金、塑料等氢脆敏感性低的材料。

6.6 车载储氢与供氢系统

6.6.1 车载储氢系统

不同储氢方式在氢内燃机应用中的适应性对比如表 6-2 所示，其中高压气态储氢技术成熟，但与未来储氢系统的 6.5% 质量储氢密度要求还有一定距离。低温液氢储氢的成本高、储氢密度高、安全性要求高。金属氢化物储氢和有机液态储氢安全性高，储氢密度高，但放氢需要吸收热量。氢内燃机排气温度超过 400℃，冷却液温度在 100℃ 左右，可以利用上述热源给储氢系统提供热量。

表6-2 不同车载储氢方式

储氢方式	储氢密度	成本	安全性	对氢内燃机的适应性	存在的问题
高压气态储氢	相对较低，约为 3%~6%	相对较低	低	技术成熟，应用较为广泛，能满足快速加注的需求，适用于对续航里程要求不是特别高的场景，且车辆改造相对容易	储氢密度较低，占据较大的车辆空间，影响车辆的有效载荷和续航里程；高压容器的重量较大，增加了车辆的整体能耗
低温液氢储氢	较高，约为 16%	较高	低	储氢密度高，适合长续航的氢内燃机车辆应用，能有效减少储氢设备的体积和重量，提高车辆的有效载荷和续航能力	氢气液化过程能耗高，成本增加；低温容器的绝热要求高，维护成本大；存在蒸发损失，长期储存较为困难

储氢方式	储氢密度	成本	安全性	对氢内燃机的适应性	存在的问题
金属氢化物储氢	较高，可达1.5% ~ 7.5%	较高	好	储氢安全性好，适合对安全性要求较高的场景，如城市公交、物流配送等；储氢材料可以起到过滤和净化氢气的作用，有利于提高氢内燃机的燃烧效率和寿命	储氢材料的吸放氢动力学性能较差，需要一定的温度和压力条件才能实现快速吸放氢，影响车辆的动态响应；储氢材料的重量和体积较大，增加了车辆的整体重量和空间占用
有机液态储氢	较高，可达8%	较高	好	储氢密度较高，适合长续航的氢内燃机车辆应用；有机储氢材料便于运输和储存，可利用现有的液体燃料基础设施进行加注和配送	脱氢反应需要较高的温度和压力以及合适的催化剂，增加了系统的复杂性和成本；有机储氢材料的循环使用寿命和稳定性有待进一步提高

6.6.2　车载供氢系统

图 6-16 给出了高压气态储氢供氢系统示意图。氢内燃机的供氢轨道系统作为氢内燃机的重要组成部分，连接储罐与发动机喷射系统，向喷射器输送高压氢气。搭建车载氢内燃机的供氢轨道系统时，需要注意到氢气的特殊性质，正确设计的供氢轨道系统可以增加整体安全性。同时，供氢轨道系统负责调节各个氢气喷射器的喷射压力，使氢内燃机工作时各缸的氢气喷射量均匀。此外，供氢轨道系统可以降低工作过程中产生的压力波动，保证氢气喷射系统的压力稳定，提升氢内燃机工作稳定性。

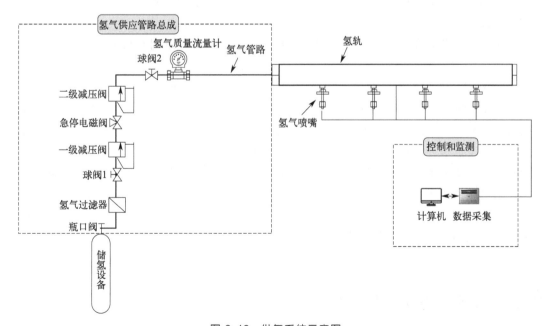

图 6-16　供氢系统示意图

氢内燃机的供氢系统按照供氢压力的高低可分为以下两种：

（1）高压供氢

即供氢的压力大于 6MPa 的供氢系统。氢内燃机的高压供氢系统由多个单体设备或装置构成，主要包括储氢容器、氢气管路、截止阀、一级减压阀、二级减压阀、氢轨（供氢轨道）、压力释放装置、监测装置以及其他附属装置等。虽然目前的部分质子膜燃料电池供氢系统中有采用内含产氢物质的制氢装置来作为燃料电池的储氢装置，但对于氢内燃机而言，储氢容器一般还是选用储氢罐，储氢压力一般为 30～35MPa。两级减压管件总成主要包括两级减压阀、截止阀、压力释放装置和供氢轨道等。氢气通过两级减压阀，大幅降低压力后，经氢气管路输送至安装在发动机上的供氢轨道，最终在供氢轨道当中氢气累积到预设的压力并保持，为氢气喷嘴提供预设喷射压力的氢气。当监测装置检测到氢气管路中的氢气压力过高时，压力释放装置打开，以免大量氢气累积在供氢管路中造成安全隐患。高压供氢轨道系统适用于对喷射压力要求高的 DI 氢内燃机和少数高喷射压力 PFI 氢内燃机。

（2）低压供氢

即供氢压力低于 6MPa 的供氢系统。氢内燃机的低压供氢系统由多个单体设备或装置构成，主要包括储氢容器、氢气管路、截止阀、一级减压阀、压力释放装置、监测装置以及其他附属装置等。当储氢罐内气体压力相对较低时，为保证供氢系统为氢内燃机提供足够的氢气流量，可以选用一级减压的方式来降低压力。由于采用低压供氢系统时氢气喷嘴所需的喷射压力较低，因此低压供氢系统可在储氢容器剩余压力较低时，持续为氢内燃机供氢轨道提供氢气，保证储氢容器内的氢气能被充分利用。适用于对喷射压力要求较低的 PFI 氢内燃机。

氢内燃机供氢系统应具备一定的抗振动和抗冲击的能力，保证正常使用运输或储存过程中产生的振动和冲击不会对供氢系统各部件产生损害。可通过安装防振动设施来避免振动和撞击产生的不良影响，包括由系统自身的单体及辅助设备所产生的以及由外部环境产生的振动和撞击。

对于氢内燃机供氢系统在车辆上的安装，需要充分考虑使用环境对供氢系统可能造成的伤害，采取必要措施，避免热源以及电器、蓄电池等可能产生电弧的部件对供氢系统的安全影响。供氢系统可能产生静电的地方要可靠接地，或采取其他控制氢泄漏量及环境浓度的措施，以使得即使在产生静电的地方，也不会发生安全问题。金属管路和金属连接件应可靠接地，适应氢气环境。同时供氢系统应安装牢固，应避开易摩擦、易受冲击的位置，或者采取缓冲保护措施，以防止应用时发生位移或损坏。当车载供氢系统安装在不能充分换气的封闭或半封闭空间时，应该使用密封箱或其他等效处理方法，密封箱应满足如下要求：密封箱的排风口位于装置最高点，且排放气体流动的方位、方向应远离人、电源、火源。排放方向满足如下要求：不应直接排到氢内燃机应用装置操作室等密闭空间；不应排向容易产生静电的装置；不应排向露出的电气端子、电气开关器件及其他引火源；不应排向其他储氢容器。

6.7　氢内燃机混合动力系统

在理论混合比下，氢-空混合气的体积热值仅为汽油-空气混合气的 83%。与汽油、柴油等液体燃料相比，氢-空混合气的体积热值最低，这就导致 PFI 氢内燃机的功率密度低于同排量的汽油机和天然气发动机。采用缸内直喷技术后，氢气不再占据缸内体积。然而，由于在理论混合比下运行存在诸多问题，氢内燃机常在部分负荷下采用稀薄燃烧方式，但稀薄燃烧会致使功率密度进一步降低。因此，氢内燃机的功率密度低于同排量的柴油机。

无论氢内燃机采用稀薄燃烧，还是使用涡轮增压的缸内直喷技术，均会出现部分负荷扭矩不足的情况。采用混合动力来弥补扭矩是一种可行方案。如图 6-17 所示，由内燃机与电池组成的混合动力系统，能够充分利用电机的发电和电动特性。通过采用合理的转矩分配控制策略，可使内燃机始终处于或接近最佳工况区运行，从而提高能量利用效率，降低氢耗和排放。采用此类技术后，不仅能够提升整个动力装置的运行效率，还可回收制动能量。

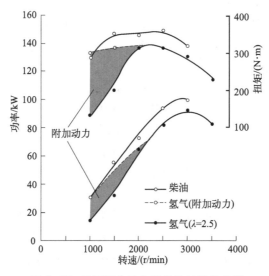

图 6-17　不同混合动力系统的外特性曲线

混合动力系统具有能量回收的可能性，从而降低了燃料消耗。此外，混合动力系统能够将内燃机扭矩和速度与动力传动系统所需的速度和扭矩解耦。在循环运行中，与传统的氢内燃机相比，可以提升约 20% 的燃油经济性。因此氢内燃机混动在提升整体效率、增加续航方面具有很大潜力，未来可以在控制策略以及混动专用氢内燃机等方面展开更多研究。

6.8　氢内燃机及车辆安全

由于氢内燃机仅仅是动力源，在具体使用中通常作为一个部件来应用，因此安全与防护要求的程度取决于具体使用场合，并应符合氢内燃机制造厂所规定的要求。当设计者考虑到氢气的独特性质制订操作规范，操作者正确地参照规则章程进行操作时，氢气甚至比汽油或柴油更安全。

6.8.1　整机安全要求

氢内燃机的应用端应有氢气泄漏报警装置。在氢内燃机的实际应用场景（包括试验台架），必须在可能积聚氢气的区域安装至少一个氢气泄漏检测传感器，以实现对氢气浓度的实时监测。氢内燃机的控制系统应与应用端的氢气泄漏报警装置实现联动控制：当检测到氢气体积浓度≥1％时，应用端触发报警，同时控制系统启动保护机制以降低氢气体积浓度；当氢气体积浓度≥2％时，应用端切断燃料供给，并立即停止氢内燃机运行。

氢内燃机控制系统在下列情况下，应能切断氢燃料供给系统（延迟时间不大于2s）：点火开关未接通；氢内燃机未运转；氢内燃机进口处的氢气压力不符合制造厂规定的要求；发生氢泄漏或其他紧急情况。

氢内燃机应具有以下报警功能及安全保护：超转速报警或保护（始终起作用）；超增压保护（始终起作用，仅适用于增压内燃机）；冷却液超温报警或保护（出厂设置为开启）；润滑油压力报警或保护；进气管超温保护（仅适用于增压内燃机）；进气回火报警或保护；氢气泄漏诊断、报警或保护；曲轴箱氢气浓度超限报警或保护。

机械危险防护参照GB/T 20651.2—2014中6.6.1项执行。对可能受涡轮增压器、排气管、消声器等热源影响的供氢阀门、供氢管路等进行热隔离保护。氢内燃机的防火要求可参考ISO 6826:2022的要求。氢内燃机应可靠接地。

曲轴箱通风系统设计应带有强制通风或安全阀功能，具有阻火作用或安装阻火装置，以确保曲轴箱着火或爆炸时火焰不会扩散到周围大气环境。

供氢系统应具有泄压功能，防止压力超过系统的最高工作压力或某一零部件的额定压力。供氢系统管路及管路上可能排出或泄漏出氢气的出口应远离可能产生火花或高热的零部件，避开产生电弧的区域。供氢系统管路的布置和固定不得影响其他零部件使用和可维修性，并在氢气管路进行标识。

氢气连接管路使用的接头应为磨口接头、法兰接头或压力接头，并且安装牢固。曲轴箱通风管等所有可能有氢气存在的非金属管路都应加装防护套管或外罩，以防止相关管路受到机械损伤导致氢气泄漏。内燃机氢气连接管路可拆装处应明显标注，注意防静电操作。

6.8.2　车辆安全要求

在整车布置方面，储氢容器及氢管路应布置在通风良好的位置或设计相应通风措施，保证发生泄漏时氢能够迅速扩散到环境中。同时，氢系统布置应确保储氢瓶距离车边缘有一定的安全距离。应加装必要的保护装置，防止阳光照射、雨水侵袭，同时兼顾使用、维护和维修便利性。免受电火花、高温源、高低压线束和振动源影响，距离可能产生电火花的位置以及高温源应保留200mm距离，距离高低压线束、振动源至少保证不接触。安装要牢固，应避开易受振动、摩擦、冲击和碰撞的位置。

在氢气监测方面，为了使氢内燃机汽车达到与常规燃料内燃机汽车相当的安全水平，已开发出结合氢气泄漏检测和稀释氢气浓度低于可燃范围下限的策略。氢燃料汽车在车载氢系统和氢内燃机以及其他可能积聚氢气的位置安装了氢浓度传感器，用于氢泄漏的实时监测。氢传感器用于氢内燃机车辆的关键区域（发动机室，氢气储存区，乘客室），以提供最高的安全性并及早发现潜在的氢泄漏。由于车辆内部和通风系统的复杂设计，进行三维CFD（计算流体力学）模拟以及精心设计的氢释放和检测测试，以确定氢传感器的最有效位置。在车辆运转过程中，位于整个车辆关键区域的氢气传感器会监控氢气浓度，如果检测到氢气泄漏，则采取的措施取决于氢气浓度水平。

在氢气储存方面，压缩氢气储存系统以及低温氢气储存系统都可能在发生故障或事故的情况下增加压力。为了适当地应对这些风险，需要对储氢系统进行广泛测试，包括碰撞测试以及暴露于火中测试。如果设计正确，则氢气储存系统可以选择通过位于车辆中的超压通风口释放氢气。

在安全监测方面，整车具有氢气安全主动监控系统，包括压力传感器、温度传感器、氢气泄漏传感器检测元件以及电磁阀、声光报警器执行元件，具备检测、显示、报警功能。另外，氢燃料汽车上还应装有碰撞传感器，当车辆发生碰撞时碰撞传感器与整车联动，切断整车氢气供应。

6.8.3　氢内燃机 TCO 分析

氢内燃机全生命周期拥有成本（total cost of ownership，TCO）是指在氢内燃机从采购、使用到最终报废或处置的整个过程中所产生的所有成本总和。图 6-18 为国汽战略院统计并预测的氢内燃机 TCO 随时间变化曲线。虽然电动汽车较氢内燃机更具成本优势，但纯电动车因电池重、充电时间长等问题，无法满足高时效的需求，不适用于时效要求高的重载长途物流等场景。与氢燃料电池车相比，氢内燃机汽车将更具备成本优势，尤其是长途重载场景。与传统汽/柴油车相比，氢内燃机汽车的全生命周期拥有成本主要取决于氢燃料的价格，非道路应用场景的氢内燃机将在 2026 年与燃料电池系统达到平衡点，而对于道路场景，则要到 2029 年，考虑到工业副产氢的低成本特性，平衡点时间会大幅提前。

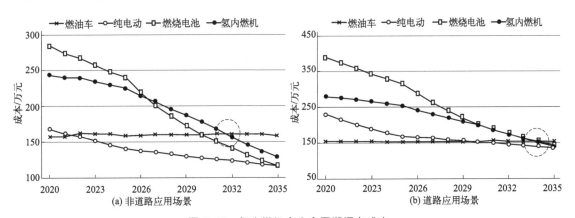

图 6-18　氢内燃机全生命周期拥有成本

参 考 文 献

[1]　Aceves S M，Espinosa-Loza F，Ledesma-Orozco E，et al. High-density automotive hydrogen storage with cryogenic capable pressure vessels [J]. Int J Hydrogen Energy，2010，35（3）：1219-1226.

[2]　Aschauer T，Roiser S，Schutting E，et al. Hydrogen hybrid ICE powertrains with ultra-low NO$_x$ emissions in non-road mobile machinery [C].//WCX SAE World Congress Experience. Detroit，Michigan，United States，2023.

[3]　Bao L Z，Sun B G，Luo Q H，et al. Development of a turbocharged direct-injection hydrogen engine to achieve clean，efficient，and high-power performance [J]. Fuel，2022，324：124713.

[4]　Barış O，Güler İ，Yaşgül A. The effect of different charging concepts on hydrogen fuelled internal combustion engines [J]. Fuel，2023，343：127983.

[5]　Brin J，Waldron T. Hydrogen engine testing with Superturbo compared to simulation [C].//WCX SAE World Congress Experience. Detroit，Michigan，United States，2024.

［6］ Emran A，Paranjape S，Sreedharan S N，et al. Optimised air management system for heavy duty hydrogen engine ［C］.//Symposium on International Automotive Technology. Pune，India，2024.

［7］ Goyal H，Jones P，Bajwa A，et al. Design trends and challenges in hydrogen direct injection（H2DI）internal combustion engines - A review ［J］. Int J Hydrogen Energy，2024，86：1179-1194.

［8］ Gschiel K，Wilfling K，Schneider M. Development of a method to investigate the influence of engine oil and its additives on combustion anomalies in hydrogen engines ［J］. Automot Engine Technol，2024，9（1）：3.

［9］ Iwasaki H，Shirakura H，Ito A. A study on suppressing abnormal combustion and improving the output of hydrogen fueled internal combustion engines for commercial vehicle ［C］.//SAE 2011 World Congress & Exhibition. 2011.

［10］ Ji C W，Xu S，Wang S F，et al. Research on modeling and control strategy of zero-carbon hybrid power system based on the ammonia-hydrogen engine ［J］. Energy Convers Manage，2024，319：118869.

［11］ Santos M，Okazaki L，Prümm F W，et al. Reliability and wear evaluation of hydrogen engines in long-term operation in vehicles ［J］. MTZ worldwide，2023，84（12）：50-55.

［12］ Swain M R，Schade G J，Swain M N. Design and Testing of a Dedicated Hydrogen-Fueled Engine ［C］.//International Fuels & Lubricants Meeting & Exposition. 1996.

［13］ Vanblarigan P. A hydrogen fuelled internal combustion engine designed for single speed/power operation ［J］. Int J Hydrogen Energy，1998，23（7）：603-609.

［14］ Verhelst S，Wallner T. Hydrogen-fueled internal combustion engines ［J］. Progress in energy & combustion science，2009，35（6）：490-527.

［15］ Wang X，Sun B G，Luo Q H. Energy and exergy analysis of a turbocharged hydrogen internal combustion engine ［J］. Int J Hydrogen Energy，2019，44（11）：5551-5563.

第7章
氢内燃机测试技术

一般来说，从一个氢内燃机产品概念的酝酿到整车的装载，需要经过发动机燃烧开发、性能测试、标定、可靠性及整车标定验证等若干个关键测试步骤。氢内燃机测试总体上可以借鉴传统的汽油机、柴油机测试方法，但其与传统燃油发动机不同点在于燃料，从第6章中可以看出，氢内燃机进气、燃烧、喷氢、排放、冷却、润滑等系统受到氢气特殊性质的影响，氢内燃机的工作特性与其他燃料有很大的不同，使得氢内燃机的性能指标发生显著变化，因此氢内燃机测试技术需要依据氢气的理化特性展开。此外，针对氢气特殊的性质，在氢内燃机关键参数测量及计算方面，例如试验参数计算方法、缸内压力零点修正等，氢内燃机采用其特有的测算方法。由于氢气的特殊性质，还需要针对氢内燃机及零部件进行一些专项测试，例如尾排氢测试、喷嘴测试、机油测试等，这对于氢内燃机开发测试是十分必要的。本章主要介绍氢内燃机测试、零部件及专项测试、试验平台安全性、氢内燃机车辆测试。

7.1 氢内燃机测试

台架标定是获取稳定性能的重要环节，对于发动机开发来说必不可少，是氢内燃机开发的重中之重。进行氢内燃机燃烧开发的主要目的有两个方面：一是配合设计阶段的性能预测分析，为性能预测分析提供基本的数据保障，也就是通常意义上的模型验证，模型验证后通过仿真来分析氢内燃机的各项性能；二是在性能开发阶段，有一些重要的发动机设计参数和性能调整参数需要在试验台架上进行测试与验证，辅助完成比较详尽的氢内燃机设计方案。氢内燃机的启动性能、负荷特性、万有特性、怠速特性、各缸工作均匀性、机械损失功率、活塞漏气量、机油消耗量需要满足 GB/T 18297 的要求。

7.1.1 实验测试台架系统及要求

氢内燃机测试开发平台的基本组成如图 7-1 所示。该平台包括基本功率测试单元、辅助系统、测控平台、氢气储存与供应系统、氢气安全与探测报警系统、防爆安全系统、测试分析系统等重要组成部分。

氢内燃机测试平台的具体布置如图 7-2 所示，氢气从气瓶出发经过减压后，通过喷嘴进入发动机内。整个测试系统中还包括温度压力传感器、流量计及氧传感器等。

氢内燃机测试台架的主体为测功机，可以选用电力测功机、电涡流测功机、水力测功机

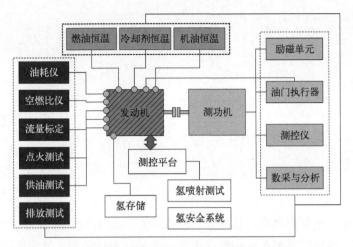

图 7-1　氢内燃机测试开发平台构成与原理

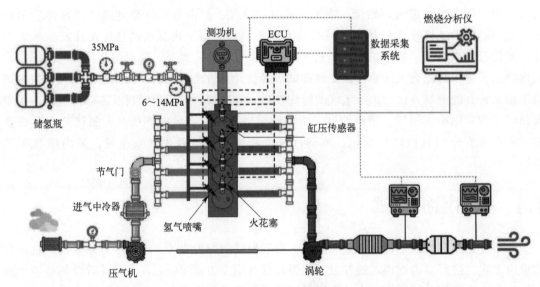

图 7-2　氢内燃机测试平台

等，其中电力测功机可用于测试氢内燃机的瞬态变化特性和加减速工况，而电涡流测功机仅能用于测试稳态工况。转速和扭矩的测量通过测功机上的磁电式转速传感器和电阻应变片式拉压力传感器来实现，其扭矩测量精度要求为 $\pm 0.3\%$FS（满量程），转速测量精度要求在 ± 1r/min 以内。

　　由于氢气燃烧范围广，经常工作在稀燃范围，因此现有的氧传感器测试偏差较大，需要通过空气流量计测试新鲜空气的质量流量，通常选用热式气体质量流量计，精度为 $\pm 1\%$FS。

　　在发动机性能开发特别是标定过程中，往往要保持发动机的热状态不变而调节其他控制参数来测试性能。在做可靠性试验时，由于试验时间较长，发动机的冷却液和机油温度会不断升高，为保证试验的正常运行和标定数据的可重复性，需要对发动机的冷却液和机油温度进行恒温控制。机油温度恒温控制装置的管路是串接在发动机润滑油的管路上，发动机启动后，机油通过热交换器循环，装置通过调节进入热交换器的冷却水流量来控制机油温度。

冷却水循环系统串联在发动机的大循环管路中，在试验过程中，内部循环的冷却液在高温下汽化，气体通过快速排放阀排出，利用膨胀水壶维持循环内部的压力，防止冷却液沸腾。

测量缸内压力变化是精确分析缸内燃烧情况最简便有效的方法，缸内压力传感器原理为压电效应，将压力信号转换为电信号后，通过电容很低的特制信号线将信号传至电荷放大器中。常用的缸内压力传感器按照安装方式有直接安装式、火花塞式和预热塞式，其测量范围均需达到 0～200bar 或更高。其中直接安装式精度最高，但需要对缸盖进行打孔加工，且有漏油的风险。而采用火花塞式不需要对发动机做任何改造，考虑到氢气较低的点火能量，需要选取低热值的冷型火花塞缸内压力传感器。

7.1.2　试验常用参数计算方法

（1）过量空气系数的计算

过量空气系数 λ 的测试和控制精度直接影响氢内燃机的动力性、经济性、排放性。氢内燃机的过量空气系数 λ 测试有三种简便的测试方法。

第一种，由台架上安装的氢气科氏质量流量计和空气流量计的测量值计算，其计算精度和可信度取决于流量计的精度。

$$\lambda = \frac{m_{air}}{34.33 m_{H_2}} \tag{7-1}$$

式中，m_{air} 为空气质量流量，kg/h；m_{H_2} 为氢气质量流量，kg/h。

第二种，通过排气管的氧传感器测量得到的湿基氧浓度 x_{O_2}（%）计算。

$$\lambda = \frac{1 + x_{O_2}}{1 - \dfrac{x_{O_2}}{0.2095}} \tag{7-2}$$

这种方法需要注意氧传感器对未燃 H_2 排放的交叉敏感性，废气中每 1% 的氢气排放会增大 0.23% 的氧气浓度。因此当处于 $\lambda > 3$ 的稀薄燃烧工况，未燃氢排放大幅增加，测试误差相应增大。

第三种，可通过台架的尾气排放仪测量的干基氧浓度 y_{O_2}（%）计算。

$$\lambda = 0.968138 + 0.1144979 y_{O_2} - 0.0366644 y_{O_2}^2 \tag{7-3}$$

由于干基氧浓度测试精度高，该方法精度较高。

（2）有效热效率的计算

试验用氢气为高纯氢，纯度为 99.99%，氢气的热值为 120MJ/kg。有效热效率 η_{BTE} 可依据式（7-4）计算得到。

$$\eta_{BTE} = \frac{P \times 3600}{120 \times 10^3 m_{H_2}} \tag{7-4}$$

式中，P 为发动机功率，kW；m_{H_2} 为氢气质量流量，kg/h。

缸内燃烧平均温度依据热力学第一定律计算 [式(7-5)]。

$$\frac{\mathrm{d}T}{\mathrm{d}\varphi} = \frac{1}{mc_v}\left(\frac{\mathrm{d}Q_B}{\mathrm{d}\varphi} + \frac{\mathrm{d}Q_w}{\mathrm{d}\varphi} - p\frac{\mathrm{d}V}{\mathrm{d}\varphi} - u\frac{\mathrm{d}m}{\mathrm{d}\varphi} - m\frac{\partial u}{\partial \lambda} \times \frac{\mathrm{d}\lambda}{\mathrm{d}\varphi}\right) \tag{7-5}$$

式中，T 为燃烧温度，K；φ 为曲轴转角，°CA；c_v 为定容比热容，J/(kg·K)；Q_B 为燃烧放热量，J；Q_w 为通过气缸壁面的传热量，J；u 为缸内气体的比内能，J；m 为缸内气体质量，mg；λ 为过量空气系数。

式(7-5) 中，缸内传热量 Q_w 可依据 Woschni 公式计算。

$$Q_w = 129.8D^{-0.2}p^{0.8}D^{-0.2}V^{0.8}T^{-0.53}A(T_g - T_w) \tag{7-6}$$

式中，D 为气缸直径，m；p 和 T 为气体的温度和压力，Pa 和 K；V 为特征速度，m/s；T_g 和 T_w 分别为气体温度和气缸壁面温度，K；A 为缸壁传热面积，m^2。由于氢气火焰淬熄距离短，因此氢内燃机的壁面温度高，通常设置为 550K，并随转速和负荷调整。

（3）T 的计算

将燃烧过程认为是闭口热力学系统时，缸内燃烧温度也可依据缸内压力进行计算。

$$\frac{\mathrm{d}T}{\mathrm{d}\varphi} = \frac{n_2}{n_2-1}p\frac{\mathrm{d}V}{\mathrm{d}\varphi} + \frac{1}{n_2-1}V\frac{\mathrm{d}p}{\mathrm{d}\varphi} \tag{7-7}$$

式中，n_2 为缸内燃烧过程的多变指数。

（4）其他参数计算

其他参数如平均有效压力、平均指示压力、充气效率的计算方法均与汽油机计算方法相同，参数误差可依据 Gaussian 提出的误差计算式(7-8)得到。

$$\Delta R = \left[\left(\frac{\partial R}{\partial x_1}\Delta x_1\right)^2 + \left(\frac{\partial R}{\partial x_2}\Delta x_2\right)^2 + \cdots + \left(\frac{\partial R}{\partial x_n}\Delta x_n\right)^2\right]^{\frac{1}{2}} \tag{7-8}$$

7.1.3 燃烧压力测试与修正

缸内瞬态压力传感器量程大、精度高，被广泛应用于内燃机的工作监控和燃烧开发。直喷氢内燃机用缸内瞬态压力传感器型号为 Kistler 6052C，其测量原理是压电效应，即通过压电材料，将缸内压力的变化量按比例转换为电荷量，电荷信号输入燃烧分析仪后，经过电荷放大器处理后读取压力差的数值。压力差值与电荷量的比值也被称为缸内压力传感器的灵敏度。由于燃烧分析仪只能读取电荷值，测得缸内压力瞬时的相对变化；若想获得缸内绝对压力，必须要对缸内压力信号进行零点修正，即在相对压力的基础上加上零点的绝对压力。缸内压力的传统零点修正方法一般有以下 3 种。

（1）固定值修正

在进气压力比较稳定的内燃机中，进气压力变化非常小，一般可看作常数。用此常数与缸内压力信号测得的压力相减，即可得到一个差值，然后将燃烧压力曲线上所有点都加上此差值，即可完成零点修正。这种方法适用于非增压的柴油机，而对于增压直喷氢内燃机来说，一方面零点压力随节气门开度变化明显，另一方面零点压力还随增压压力变化，所以这种方法并不适用。

（2）进气压力传感器修正

进气压力传感器修正的原理：燃烧分析仪可以在测量燃烧压力的同时，监测进气瞬态压力，并在进气门关闭时刻将缸内压力视为与进气管瞬态压力相等。用测量得到的燃烧压力值减去进气压力值得到一个差值，然后将燃烧压力曲线上所有点都加上此差值，即可完成零点修正。

进气瞬态压力传感器安装在进气歧管内，量程为 $0\sim0.5$MPa，为压阻型传感器，可以测得进气管瞬态压力的绝对值。对于直喷氢内燃机，这种零点修正方法适用于进气门关闭后再喷射氢气的工况，此时缸内压力与进气瞬态压力近似相等。而对于进气门关闭前就开始喷氢的工况，由于氢气密度小，体积流量大，在进气门关闭前喷入氢气会造成缸内压力增加，高于进气压力。

如图 7-3 所示，试验对比了自然吸气氢内燃机运转工况和倒拖工况的缸内压力。试验时燃烧上止点为 0°CA，转速为 2000r/min，保持节气门全开，过量空气系数为 2.5。喷氢压力设定为 8MPa 和 10MPa，喷氢开启角（start of injection，SOI）为 -160°CA，早于进气门关闭时刻（-140°CA）。由于节气门保持全开，进气压力不变，运转工况下零点修正值参照倒拖工况，利用进气瞬态压力修正。图 7-3 中重点关注了进气过程缸内压力变化，可以看出氢气喷射后，两种喷氢压力下的缸内压力都要高于倒拖压力。在进气门关闭时刻，倒拖工况的缸内压力与进气压力相等，而喷氢会导致缸内压力增高 0.02MPa。随着活塞继续上行，-100°CA 时，8MPa 喷氢压力时的缸内压力比倒拖工况时高 0.06MPa，10MPa 喷氢压力下压差达到 0.08MPa，这说明氢气喷射会对压缩压力产生重要影响，若在此工况下采用进气压力修正，会造成缸内压力零点大幅偏移（缸内压力 0.1MPa，偏移0.02MPa，偏移量 20%）。

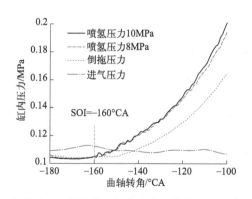

图 7-3　不同条件下缸内压力和进气压力对比

此外，发动机内进气瞬态压力传感器的安装位置和燃烧压力传感器的位置不重合，而进气波动使得不同相位处的压力存在差值。因此用进气瞬态压力传感器进行零点修正还存在进气波动导致的误差，但总体误差在可接受范围内。

（3）热力学修正方法

针对上述直喷氢内燃机中氢气提前喷射的工况，只能采用第三种热力学修正方法实现零点修正。此方法的原理是在进气门关闭之后的压缩段选取两个曲轴转角，得到对应的缸内相对压力值 p_1、p_2，以及相应的容积 V_1、V_2（容积可以根据活塞运动规律计算得到）。由于压缩过程缸内温度低，传热量小，可以近似认为这两点之间的短暂过程是多变过程，遵循式(7-9) 和式(7-10)。

$$pV^\gamma = \text{const} \tag{7-9}$$

$$(p_1 + \Delta p)V_1^\gamma = (p_2 + \Delta p)V_2^\gamma \tag{7-10}$$

式中，Δp 为零点修正值；γ 为压缩段的缸内多变指数。

继而推导零点修正值 Δp 的计算式(7-11)，得：

$$\Delta p = \frac{p_1 \times \left(\dfrac{V_1}{V_2}\right)^\gamma - p_2}{1 - \left(\dfrac{V_1}{V_2}\right)^\gamma} \tag{7-11}$$

最后将燃烧压力曲线上所有点都加上 Δp 零点值即可。这种方法对于压缩多变指数的值和两个压力点的选取较为敏感。多变指数反映的是缸内气体和周围的换热过程，如式(7-12)所示：

$$\frac{\delta Q_w}{\mathrm{d}V} = \frac{c_v P}{R}(\kappa - \gamma) \tag{7-12}$$

式中，Q_w 为缸内传热量；c_v 为定容比热比；P 为缸内压力；κ 为缸内气体比热比；R 为理想气体常数。可以看出多变指数越大，缸内传热量呈负值，缸内气体吸热越强烈，对应缸内初始温度越低，缸内初始压力也越低。因此，需要选取合适的直喷氢内燃机压缩多变指数，才能提高零点修正的准确性。

传统汽油机中热力学修正通常取 $-100°\mathrm{CA}$ 和 $-65°\mathrm{CA}$ 两个修正点，平均多变指数取 1.32。但是这种方法不再适用于直喷氢内燃机，因为氢气喷射会对多变指数产生剧烈影响。如前文所述，直喷氢内燃机中氢气喷射会导致压缩阶段缸内压力发生变化，由式(7-9) 可知，缸内压力的 $\lg P\text{-}\lg V$ 图的斜率即为多变指数值。如图 7-4 所示，倒拖工况下，$\lg P\text{-}\lg V$ 图呈现一条直线，而有氢气喷入后，在初始阶段斜率发生剧烈抖动，对应多变指数也变化明显。压缩多变指数可由式(7-13) 计算得到。

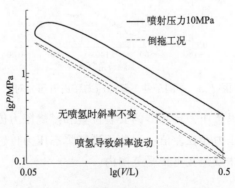

图 7-4　氢气喷射前后的 $\lg P\text{-}\lg V$ 图

$$\frac{\delta Q}{\mathrm{d}V} = \frac{c_v P}{R}(\kappa - \gamma) \tag{7-13}$$

图 7-5 显示了直喷氢内燃机压缩多变指数的变化特性，在喷氢阶段多变指数剧烈波动。而喷氢结束后，随着活塞上行，混合气被压缩后温度升高，当混合气的温度高于缸体的温度

时，混合气对缸体放热，压缩多变指数不断减小。考虑到喷氢对多变指数影响极大，压力修正点的选择必须避开氢气喷射段。针对氢气在进气门关闭后才喷射的工况，可以采用进气压力瞬态传感器对缸内压力进行修正。而对于提前喷射的工况，只能采用热力学修正的方法。试验测试了不同喷氢脉宽和喷氢相位下的多变指数变化规律，零点修正点的选择应避开氢气喷射段，选择喷氢结束后的压缩段（$-60°\sim-10°$CA），取多变指数 1.33，可以对缸内压力进行热力学的零点修正。

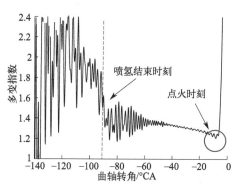

图 7-5　直喷氢内燃机压缩多变指数变化

7.1.4　主要性能及排放测试

（1）氢气消耗量测试

氢的密度低，传统的测定发动机燃料流量的方法（称重法、容积法）并不适合进行氢气流量的测量，氢内燃机试验中通常选用质量流量计，科里奥利原理质量流量计精度可以达到 0.1%FS。

氢内燃机汽车燃料消耗量有流量法和氢平衡法两种测试方法：①流量法既适用于外部供氢，也适用于车载供氢，由质量流量计或体积流量计测量；②氢平衡法是依据氢燃料在燃烧前后氢元素的质量守恒原理，通过测量燃烧产物中的氢含量来获取燃烧前的氢燃料质量的一种方法。对于装有用未引入氢元素后处理装置的车辆可通过测量排气中的未燃 H_2 和 H_2O，利用试验前后氢的质量守恒原理计算氢气燃料消耗量。对于装有用引入氢元素后处理装置的车辆，如 SCR（选择性催化还原系统）后处理系统（存在 NH_3 和 H_2O 摄入），可增加测量后处理氢的摄入量，通过尾气排放量减去后处理摄氢量，即可利用试验前后氢的质量守恒原理计算氢气燃料消耗量。

（2）污染物排放测试

氢内燃机及汽车污染物排放的测试系统包括了测功机、底盘测功机以及各污染物排放的测试仪器等。本节介绍氢内燃机主要污染物排放的测量仪器及方法。氢内燃机排放的气体和颗粒污染物的排放法规见表 7-1。

表7-1　道路用氢燃料内燃机排放法规

说明	排放法规
总质量不大于 3500kg 的 M1、N1 类汽车	GB 18352.6—2016

续表

说明	排放法规
M2、M3、N2 和 N3 类及总质量大于 3500kg 的 M1 类汽车	GB 17691—2018

注：M1 类，包括驾驶员座位在内的座位数不超过 9 座的载客车。M2 类，座位数超过 9 座，最大设计总质量不超过 5000kg。M3 类，座位数超过 9 座，且最大设计总质量超过 5000kg。N1 类，最大设计总质量不超过 3500kg 的载货车辆。N2 类，最大设计总质量超过 3500kg，但不超过 12000kg 的载货车辆。N3 类，最大设计总质量超过 12000kg 的载货车辆。

最新的国Ⅵ（GB 17691—2018）修订内容中已将氢燃料作为燃料的点燃式发动机汽车及其发动机所排的气态污染物的排放限值及测量方法纳入，并对发动机标准循环排放限值、整车试验排放限值、排放计算参数以及基准燃料的技术要求进行了明确。

NO_x 排放有两种测量方法：①如采用干基测量，氮氧化物分析仪应采用化学发光检测器（chemiluminescence detector，CLD）或具有 NO_2/NO 转换器的加热型 CLD。如采用湿基测定，应采用具有温度保持在 55℃ 以上转换器的 CO_2 和 H_2O 综合熄光检查符合要求的加热型 CLD（不超过满量程的 ±2%）。无论 CLD 还是加热型 CLD，取样通道内壁温度应保持 55~200℃；对于干基测量，保温取样管路至转换器，对于湿基测量，保温取样管路应至分析仪。对于 NO_x 干基测量时，应采用取样干燥器去除会对 NO_x 测量产生干扰的水分。②氮氧化物可采用不分光紫外线探测仪（non-dispersive ultra-violet，NDUV）测定。如 NDUV 只测量 NO，应在 NDUV 分析仪上游安装 NO_2/NO 转换器。NDUV 应保持一定的温度，以防止水汽冷凝，否则需在 NO_2/NO 转换器（如采用）上游或分析仪的上游安装取样干燥装置。

N_2O 测量有两种测量方法：①GC-ECD 法，气相色谱仪和电子捕获检测器（gas chromatography-electron capture detector，GC-ECD）联用测量稀释排气中 N_2O 的浓度。该方法分别对排气和环境气袋中的样气进行取样分析。②红外吸收光谱法，所使用的分析仪为激光红外光谱仪，即调制的高分辨率窄带红外分析仪（例如量子级联激光器联用仪），也可使用非分光红外或傅里叶变换红外分析仪（fourier transform infrared spectrometer，FTIR），但应充分考虑水、一氧化碳和二氧化碳的干扰问题。在有异议时，以 GC-ECD 方法测定结果为准。

NH_3 采用二极管激光光谱仪测定或 FTIR 分析仪测定。

H_2O 采用 FTIR 分析仪测定，或根据后续重型氢内燃机汽车排放相关的标准规定测定。

CO 和 CO_2 采用不分光红外线吸收型（non dispersive infrared，NDIR）分析仪测定。基于分子对红外波段光的独特吸收的基本原理，NDIR 分析仪用于测定废气中 CO 和 CO_2 的浓度。此方法根据参考气体 N_2 测量废气，从而产生定量信号变化。由于对 H_2O 的交叉敏感性较高，只能使用干燥的废气进行测量。因此，MEXA 系统（发动机尾气分析系统）对发动机排出的原始气体进行预处理，将其冷却并提取水分含量，然后将其引入 NDIR 分析仪。

HC 采用加热式氢火焰离子分析仪或非加热式氢火焰离子分析仪测定。

PM 采用颗粒物测量仪及取样系统进行测定。粒子数量采用粒子数量测量规程进行测定，或根据后续重型氢内燃机汽车排放相关的标准规定测定。

氢内燃机在运行过程中，如果燃烧不完全，会排放未燃氢。氢内燃机未燃 H_2 采用电子轰击质谱法（electron impact mass spectrometry，EIMS）测定，采样管需加热到 180℃ 防止冷凝吸附。所需标准气为 H_2 和 N_2 混合气或 H_2 和 He 混合气，其实际浓度应在标称值的 ±3% 以内，且应符合相关标准，H_2 浓度应以体积浓度表示（% 或 10^{-6}）。已有公司推出了可以实时精准测量内燃机排气中 H_2 的在线质谱仪设备，可以在 $0\sim500\times10^{-6}$、$0\sim5000\times10^{-6}$、$0\sim50000\times10^{-6}$ 和 $0\sim100\%$ 多个量程范围内实时精准测量内燃机排气中 H_2，也可以用来检测曲轴箱内 H_2 的浓度。与其他基于电化学和导热原理的技术不同，基于 EIMS 原理的质谱仪不受发动机排气中其他成分的交叉敏感性的影响，同时采样系统可以自适应 $0.5\sim3$bar 的排气压力。

7.2　零部件及专项测试

7.2.1　氢气喷嘴测试

氢气物理性质特殊（分子小、密度小、扩散速度快），要求缸内直喷氢气喷嘴具有较好的流量特性、密封特性和响应特性，氢气喷嘴也是试验的核心零部件。

为了测试不同工况下氢气喷嘴流量，并获取高压氢气喷嘴的喷雾和发展形态，北理工氢内燃机研发团队试验设计加工了一个容积为 3.6L 的圆柱形定容弹，氢气定容喷射系统原理图及实物如图 7-6 所示。氢气喷嘴安装在定容弹上方中心位置，定容弹的正面和侧面观察窗均由直径 200mm 的石英光学玻璃制成。喷射试验的背景气体为氮气，定容弹最高许用压力可达 4MPa。氢气喷射压力传感器安装在喷嘴前端的氢气轨道中，量程为 $0\sim25$MPa，精度为 0.2% FS。定容弹内安装了高精度压力传感器，量程为 $0\sim6$MPa，精度为 0.1% FS。测试系统还配备了两个精度为 0.5% FS 机械压力表，以便在实验过程中对压力进行观察和校正。

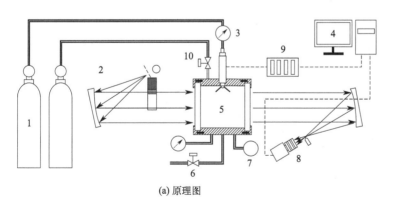

(a) 原理图　　　　　　　　　　　　　　　　　　(b) 实物图

图 7-6　氢气定容喷射系统原理图及实物

1—试验气源；2—纹影系统；3—压力表；4—计算机；5—定容弹；6—空气流量计；
7—温度传感器；8—高速摄影相机；9—控制系统；10—氢气流量计

试验采用纹影法拍摄氢气射流形态，其原理是将流场中的密度梯度通过光的折射率变化，转换为平面上光强度的相对变化。试验选用平行光束直径为 100mm 的 Z 形纹影系统，通过 Fastcam AX200 高速相机记录氢气喷雾形态。高速相机画幅尺寸为 640×480 像素，拍摄频率为 20000 帧/s。此设置可以实现较高的时空分辨率：0.19mm/像素，相邻图像之间的间隔时间为 50μs。试验中喷嘴和相机均采用控制器发出的 TTL（逻辑电平标准，0~5V）信号触发，可以保证喷氢开启时刻与相机开始拍摄时刻同步。

（1）喷嘴流量特性测试

进行氢气喷嘴流量试验前应首先保证试验工作环境开放通风，周围无明火和可燃物。流量测试的方法是将氢气喷射到已知容积定容弹内，在多次相同喷氢脉宽喷射后，定容弹内压力上升，利用高精度压力传感器测得压力差，并依据气体状态方程计算喷射的质量。喷嘴流量计算如式（7-14）所示。

$$m_s = \frac{\Delta P_{ch} V_{ch} M}{R T_{ch} N_{inj}} \tag{7-14}$$

式中，m_s 是喷嘴的单次喷射质量，mg；ΔP_{ch} 是腔室中的压力增加量，Pa；V_{ch} 和 T_{ch} 是定容弹的体积和温度，m^3、K；R 是通用气体常数，J/(mol·K)；M 是喷射气体的分子量，mg/mol；N_{inj} 是喷射次数。

试验过程中，氢气存储在室外 35MPa 的碳纤维气瓶中，通过调节减压阀可以精准控制氢气的喷射压力。试验首先记录喷射前的定容弹内初始压力和初始温度，并保持喷射压力和喷射脉宽恒定，以 1s 的间隔持续喷射。当喷射次数累计 50 次后，记录定容弹内压力和温度。当喷射次数累计 100 次后，再次记录定容弹内压力和温度，并依据式（7-15）计算单次氢气喷射质量和平均氢气质量流量。

氢气喷嘴流量试验结果如图 7-7 和图 7-8 所示，不同喷射压力和喷氢脉宽下，氢气喷嘴单次喷射质量和总体质量流量均呈现很好的线性关系，决定系数 R^2 为 0.9915。喷射压力 6MPa 下氢气喷嘴质量流量为 1.3mg/ms，而当喷射压力提升至 14MPa 后，最大氢气质量流量达到 2.66mg/ms。此喷嘴可以满足缸内直喷氢内燃机大流量、高功率的需求。

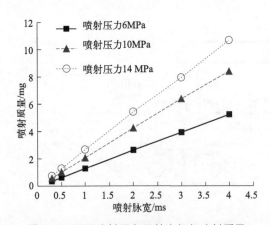

图 7-7　不同喷射压力下单次氢气喷射质量

（2）喷嘴泄漏特性测试

由于氢气分子小，且扩散性极强，氢气会通过喷嘴头部针阀等活动部件的缝隙向外泄漏。为测试喷嘴的泄漏特性，试验设计了直喷氢内燃机喷嘴测试专用工装。如图 7-9 所示，整套装置由供氢轨道、4 只氢气喷嘴、固定组件和传感器组成，既可以模拟喷嘴实际安装在氢内燃机上的整体结构，又可以在通风无明火的环境开展测试，避免了大量氢气喷入密闭的

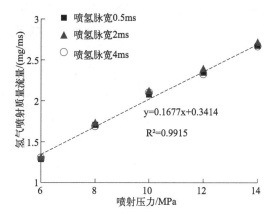

图 7-8　不同喷射脉宽下氢气喷射质量流量

气缸内而引发的安全问题。

具体方法为，将供氢轨道压力充至最高喷射压力 P_1（MPa）后，关闭供氢阀门，保持系统内压力，保压静置时间 t（s）。首先需检查供氢系统和供氢轨道的管路密封，保证连接处无泄漏。接着，在静置过程中将氢气喷嘴浸入水槽中，观察喷嘴头部是否有小气泡产生，从直观上可通过气泡产生的快慢来判断喷嘴泄漏的速率。静置后系统压力降至 P_2。喷射系统的单个喷嘴泄漏速率可以结合理想气体状态方程由式（7-15）计算得出。

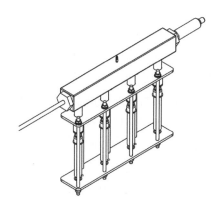

图 7-9　直喷氢内燃机氢气喷嘴测试工装

$$R_V = \frac{(P_1 - P_2) V_{\text{rail}} \times 10^3}{RTt} \tag{7-15}$$

式中，R_V 为喷嘴泄漏速率，mg/ms；V_{rail} 为供氢轨道体积，L；R 为氢气的理想气体常数，J/(kg·K)；T 为供氢轨道的热力学温度，K。

R_L 为喷嘴循环泄漏率，%，泄漏率 R_L 可由式（7-16）计算可得

$$R_L = \frac{120 R_V}{n m_H} \times 100\% \tag{7-16}$$

式中，n 为发动机转速，r/min；m_H 为一次循环内需要喷射的氢气质量，g。循环泄漏率 R_L 代表一次循环喷射中，有 R_L 比例的氢气流量是不受电控系统监测的，若电控系统中需要估计喷嘴流量，则必须加上 R_L 比例的泄漏流量作为补偿值。

氢内燃机在实际使用过程中，当内燃机停机时，如果未能及时排空管路中的氢气，会有

一部分氢气通过喷嘴泄漏进入密闭的气缸。而当浓度积累至氢气的爆炸极限 4% 时，若缸内出现热点，或下一循环直接启动时会造成安全隐患。这里可以依据泄漏速率计算喷嘴的安全密封时间 [式(7-17)]。

$$t_{safe} = \frac{\rho_{H_2} V_{cylinder}}{9 \times 10^4 R_V}$$ (7-17)

式中，t_{safe} 为安全密封时间，h；ρ_{H_2} 为环境温度下的氢气密度，g/L；$V_{cylinder}$ 为单个气缸容积，L。在 t_{safe} 时间内，喷嘴的氢气泄漏不会带来安全隐患。当时间超过 t_{safe} 后，需要避免缸内点火或出现热点，并通过内燃机的倒拖换气，将缸内的氢气排出。

具体试验结果如下：试验利用定容试验的喷嘴工装，将供氢轨道压力充至 12.7MPa，在保证管路不漏气的基础上，静置两个小时，通过计算压力变化量从而计算喷嘴的泄漏量。试验用管路及供氢轨道的总体积为 0.583L，静置两个小时后，压力降低 40kPa，依据理想气体状态方程计算可得，氢气总体泄漏质量为 18.833mg，因此单个喷嘴泄漏速率为 6.53×10^{-7} mg/ms。式(7-16)中，当转速和循环喷氢量最低时，循环泄漏率最大，因此可选择怠速试验工况计算氢气喷嘴的最大泄漏率。氢内燃机怠速时，转速为 800r/min，氢气总流量为 0.2kg/h，单缸循环喷射量 2.08mg。计算得到试验时最高循环泄漏率为 0.004%。试验用发动机单缸容积 0.5L，由式(7-17)计算该喷嘴的 t_{safe} 为 0.7h，当保持氢气供应、氢内燃机静止超过 0.7h 后必须关闭电控系统的喷氢点火功能，倒拖发动机将缸内氢气安全排出。

（3）氢气喷嘴优选方法

进行喷嘴流量试验时发现，使用一段时间后再进行检测的氢气喷嘴，不同喷嘴间流量测试结果差异性较大。这主要因为氢气流体黏度低，喷嘴内部运动部件阻尼低，针阀接触阀座时振动幅度大、冲击力强，易发生共振，会导致装配失效、零件磨损。此外相比于液体燃料，氢气无法润滑喷嘴，氢气喷嘴针阀与阀座的磨损进一步加重。而氢气的喷嘴流量特性直接影响缸内燃烧和排放特性，为最大程度保证直喷氢内燃机运行稳定性和各缸均匀性，需要提出一种可以优选出多只流量特性接近的喷嘴的测试方法。

首先需要计算最大循环供氢量，可由式(7-18)计算得到：

$$m_H = \frac{120 P_e \times 10^9}{n H_u \eta_{et}}$$ (7-18)

式中，m_H 为一次循环内喷射的氢气质量，mg；H_u 为氢气的热值，J/kg；η_{et} 为有效热效率；P_e 为额定功率，kW；n 为额定转速，r/min。

为保证直喷氢内燃机稳定运转，在最高功率处，供氢压力应为供氢系统设计最高压力 P_{max}，MPa，此时最大喷射脉宽由式(7-19)计算：

$$t_{max} = \frac{m_H P_i}{V_i P_{max}}$$ (7-19)

式中，t_{max} 为最大喷射脉宽，ms；P_i 为参考喷射压力，MPa；V_i 为在参考压力 P_i 下的喷嘴流量特性，mg/ms。

在最大供氢压力下，对喷嘴依次进行单独控制，喷射脉宽为 t_{max}，喷射频率按额定转速工况模拟设置，计算喷嘴的质量流量的数值 Q_x，其中 x 对应喷嘴编号 1、2、3、4、…，mg/ms。对总计 n_i 只喷嘴进行测试，得到 n_i 组实验结果 Q_1、Q_2、…、Q_{n_i}。

喷嘴的流量特性与产品质量和工作特性有关，满足正态分布，利用区间估计的方法估计喷嘴流量的平均值，计算得到喷嘴流量平均值的置信区间。这里置信度为 99%，置信区间由式(7-20)计算：

$$\left(\bar{x} - \frac{s}{\sqrt{n_i}} t_{\alpha/2}(n_i - 1), \bar{x} + \frac{s}{\sqrt{n_i}} t_{\alpha/2}(n_i - 1) \right) \tag{7-20}$$

式中，$\bar{x}$ 为 n_i 只喷嘴测试结果的平均值；s 为 n_i 只喷嘴测试结果的标准差；$t_{\alpha/2}(n_i - 1)$ 为 t 分布的分度数。选出 4 只测试结果处于流量平均值置信区间内的喷嘴，安装至测试工装上，再次进行单独喷射，由式(7-21)计算各缸喷射流量的不均匀系数。

$$CoV_Q = \frac{s_Q}{\bar{Q}} \tag{7-21}$$

式中，CoV_Q 为流量不均匀系数，%；$\bar{Q}$ 为喷射流量的平均值；s_Q 为喷射流量的标准差。若不均匀系数小于等于 1%，即证明各缸喷嘴的流量基本一致。若大于 1% 则需要更换喷嘴重新进行选择。经过测试优选的喷嘴可以保证直喷氢内燃机工作平稳、控制精准，各缸工作不均匀性在可接受的范围内。

7.2.2　供氢系统测试

将供氢轨道固定安装在测试台上，在其供氢系统管道上安装流量计，测试其流量特性。流量测试也可以通过排水法、压力升高法进行测试，根据测试结果评估其供应能力是否满足氢内燃机的要求。

(1) 动态响应性试验

在实验测试平台上，将供氢轨道进行固定安装，并在前端、中段和后端三个位置分别布置瞬态压力传感器，通过这些传感器实时监测供氢轨道内部的平均压力。改变氢气喷嘴出口处的流量对氢内燃机工况变化进行模拟，模拟工况及供氢轨道内部压力如下。

当氢气喷嘴从最小流量调整至 60% 额定流量时，供氢轨道内部压力稳定时间不应该超过 5s；从最小流量调整至 100% 额定流量时，从 100% 额定流量调整至 50% 额定流量时，从 80% 额定流量调整至 20% 额定流量时，这三种工况稳定时间均不应该超过 8s；从 100% 额定流量调整至最小流量时，稳定时间一般不应该超过 10s。

(2) 压力波动性试验

当氢气喷嘴开始工作时，通过瞬态压力传感器监测供氢轨道内部的最大压力与最小压力，通过采集器记录得到最大压力与最小压力差值不得超过喷嘴前段稳定喷射压力的 5%。

$$\delta = \frac{P_{max} - P_{min}}{P_m} \times 100 \tag{7-22}$$

式中，δ 为供氢轨道中压力（轨压）波动范围，%；P_{max} 为供氢轨道中检测的最大压力，MPa；P_{min} 为供氢轨道中检测的最小压力，MPa；P_m 为喷嘴前段稳定喷射压力，MPa。

供氢系统的轨压波动一般应满足表 7-2 的要求。

表7-2　轨压波动要求

序号	工况点	轨压波动
1	标定点	± 5%
2	最大扭矩点	± 5%
3	怠速点	± 8%

试验介质采用氢气、氮气或者其他惰性气体的混合物，应包含5％的氢气或者10％的氮气，或者其他已被证明可检测的含量。如果有一种介质在相关技术部门、公告机构或者监督部门的许可后也可以作为试验介质。

（3）气密性试验

气密性试验压力为设计压力，试验开始后逐渐升压，达到规定压力后保持30min，检查所有储氢容器、压力容器、焊接点、法兰、垫片、阀门及连接处等。

供氢系统应当将泄漏试验气体压缩到规定压力，3min内涂在表面的表面活性剂不产生气泡，或者使用已被证实等效的办法进行泄漏试验。允许的泄漏速率只适用于纯氢，其他气体或者混合气允许的泄漏速率应当被等效成纯氢的泄漏速率。

在供气系统的出口处安装精度为0.5％的压力计和截止阀。关闭截止阀后打开氢气阀门及管路上其他的阀门，系统达到额定工作压力并稳定1min后，记录压力传感器测得的压力p_1。关闭氢气阀门，24h后记录压力传感器测得的压力p_2。按照式（7-23）计算泄漏率。泄漏率取平均每小时小于0.5％为合格。当p_1和p_2略高于大气压，且两者相差不大时，在式（7-23）中可不必带入氢气的压缩因子。

$$L = \frac{1 - \frac{p_2 T_1 Z_1}{p_1 T_2 Z_2}}{T} \times 100\% \tag{7-23}$$

式中，L为泄漏率；T为测试时间，h；p_1为测量开始时记录的压力，MPa；p_2为测量结束时记录的压力，MPa；Z_1为p_1压力下的压缩因子；Z_2为p_2压力下的压缩因子；T_1为记录p_1时的环境温度，K；T_2为记录p_2时的环境温度，K。

氢气的压缩因子按照式（7-24）进行计算：

$$Z = \sum_{i=1}^{6} \sum_{j=1}^{4} v_{ij} p^{i-1} \left(\frac{100}{T}\right)^{j-1} \tag{7-24}$$

式中，v_{ij}为系数，参见GB 50177—2005；p为需要计算压缩因子的压力，MPa；T为绝对温度，K。

7.2.3　机油测试

机油是发动机润滑的主要介质，其性能影响发动机的油耗和排放。在氢内燃机开发过程中，需要对机油进行针对性试验验证，考察机油与氢内燃机的匹配效果，避免因机油不匹配造成的氢内燃机性能下降，甚至损坏。

目前低碳/零碳燃料由于化学结构不同于传统燃油，会带来燃烧特性与燃烧产物上的区别。例如，甲醇在燃烧时产生的小分子有机酸，氢气燃烧时产生的大量水分，以及氨气在燃烧时产生的氮氧化物等。这些特性都对各自发动机油的针对性开发提出了有别于传统机油在性能上的要求，详见表7-3。

表7-3　低碳燃料及柴油发动机对机油性能的要求对比

项目	氨柴	氢	甲醇	柴油
抗乳化能力	一般	高	高	低
抗早燃能力	—	高	—	—
酸中和能力	一般	—	高	一般
防锈能力	高	高	高	一般
二氧化碳排放	低	几乎零	低	高

氢气作为一种清洁无机燃料，燃烧后不会产生有机物残余，这对于活塞清净性和发动机油碱保持性都十分友好。氢气着火点低，可燃极限宽，淬熄距离小，这使得它有着明显的早燃、爆震、回火倾向。研究表明，机油清净剂中钙含量增多有加速氢气早燃的倾向，而镁含量对早燃有抑制或中性作用，因此氢内燃机专用机油的开发一般都需要采用低灰分钙镁复配或独镁的清净剂技术，最大限度抑制氢气的非正常燃烧。试验证明，在长时间测试后，机油的黏度和碱性物质含量均会下降，而含水量和机油中的磨损物质（如铁、镍、铝）等均大幅上升。

氢气燃烧产生的水会随窜气进入机油，导致机油含水量升高，从而引起运动副的锈蚀、异常磨损，降低内燃机的可靠性。水含量增大到一定程度，机油会出现乳化，造成内燃机损坏。因此氢内燃机润滑油应提升对水的适用性能。目前的方案主要有两种：一种是在机油中增加添加剂，改善油品的分水性，即破乳化或抗乳化性能；另外一种是提升机油的乳化性能，即"油包水"技术。另外，配方单剂在选择上要求具备一定的抗水解能力，以应对极端环境下油品降解失效的风险。

针对为氢内燃机专门开发的润滑油，其性能应有如下要求：

（1）优良的抗硝化抗氧化能力

由于润滑油受气缸壁面温度影响较大，很容易产生 HC、积碳、油泥等物质，发动机生成的积碳、油泥更多，所以也应有更好的清净性。高的热负荷要求氢内燃机润滑油具备较强的抗氧化能力。同时，由于高的燃烧温度会导致大量氮氧化物生成，需氢内燃机润滑油能有效抵抗氮氧化物的硝化作用（简称抗硝化能力）。

（2）理想的硫酸盐灰分

氢内燃机和柴油机相比，一个显著差异是气门及其座圈部分缺少有效润滑。缺少润滑是因为氢气对气门及其座圈起不到润滑作用，这就导致气门的工作条件非常恶劣。长时间工作之后，气门和气门座圈之间就会产生过度磨损，这一现象称之为气门下沉过快。为了规避此风险，需要保证氢内燃机润滑油中含有适当比例的硫酸盐灰分。润滑油通过活塞环同缸套之间的空隙窜入燃烧室后参与燃烧生成有润滑作用的胶质，胶质沉积在气门和气门座圈表面起到润滑作用，从而避免了气门下沉过快。值得注意的是，灰分的含量需保持在合适的比例内。灰分较多会导致燃烧室周边零件积碳较多。灰分过少又无法保证气门及其座圈得到良好的润滑。

（3）合适的黏温特性

发动机润滑油黏度较大时，影响摩擦副表面油膜厚度，使油膜厚度增大，流动性较差，冷启动阻力大，润滑油循环和润滑效果差；黏度越小，润滑油膜越薄，其流动性越好，摩擦副阻力越小，消耗功率越小，冷启动和发动机清洗效果越好；黏度较小的润滑油会使摩擦副的油膜厚度太小，高速运转下润滑性能下降，使摩擦副表面磨损越严重。如果发动机使用范围广泛，比如热带、寒区等不同的环境温度条件下，则要求润滑油可在宽广的环境温度范围内均能保持合适黏度，才能预防对发动机排放所产生的影响。

（4）与催化剂相容

为了防止尾气处理装置中的催化剂中毒，润滑油中磷的含量不超过 500×10^{-6}。

（5）闪点和泡沫性

润滑油所蒸发气体空气中遇明火发生瞬间闪火时的温度便是该润滑油的闪点。润滑油闪点越低，其蒸发气越容易引燃。发动机高速运转过程中，各机件相对运动速度高，润滑油飞溅产生大量泡沫，泡沫破裂后会破坏机件表面的油膜，导致摩擦副表面磨损加剧。氢燃料发动机的混合气为气体混合气，曲轴箱中润滑油产生泡沫倾向更大，有必要使用抗泡沫能力较高的润滑油。

（6）防锈性能

发动机工作循环中会产生大量的水分，大部分可以呈水蒸气形式随排气排出气缸，但也有一部分附在缸壁上随着润滑油流入油底壳。在发动机长时间停转过程中，油道和润滑机件表面会生锈或发生锈蚀作用。尽管润滑油本身具有一定的防锈性，但只是物理上将水与含铁物体分开，不发生化学反应，而防锈剂可以抑制铁被油中的水分氧化。氢气燃烧生成的水分相较燃油更多，润滑油中水分的比例较大，锈蚀趋向更加严重，所以氢发动机润滑油应具有更强的防锈能力。

7.3 试验平台安全性

氢内燃机在测试环境和测试仪器方面对防爆性和安全性提出了更高的要求，进行氢内燃机及零部件等试验时，必须严格按照试验安全规范规定的步骤操作，严格监控试验时的安全参数。氢气属易燃易爆气体，储存或使用时应严格按照《氢气使用安全技术规程》（GB 4962—2008）、UDC614.83.661.96 的标准执行，氢气瓶充装纯度≥99.99%。

在台架供氢管路中，为了能够在紧急情况下及时切断氢气源，在管道截止阀和高压减压阀之间应加装一个紧急电动截止阀，可以有效避免危险发生。该截止阀属于高压、防爆电动截止阀。其工作原理是在通电的情况下，电磁线圈产生磁场，使衔铁吸合，从而气体能够顺利通过，在断电的情况下磁场消失，在弹簧力的作用下衔铁和阀杆回座，气体立即被截止。

在封闭空间中，如果氢气的浓度达到爆炸极限，则可能发生爆炸，为最大程度避免上述情况的发生或在发生上述情况时把对人员的危险降到最低程度，需要在发动机实验室增设氢气安全检测系统。

参照福特氢内燃机实验室标准，氢内燃机实验室需要通风换气 15 次/h，可按实验间具体空间和布置选择满足风量的防爆排气风机，同时选用相同风量的送风风机补充新鲜空气，保证实验室内不产生负压，即维持在标准大气压。

如果发生大面积氢气泄漏，并存在点火源，可能会引发爆炸，此时预设在墙面的压力释放洞会弹出，释放压力；当压力释放洞无法瞬间释放压力时，试验间顶窗会再弹出，确保压力释放；在试验间与控制间安装观察窗，此玻璃为防弹玻璃，确保试验人员安全。报警通风系统应有专人负责维护，氢气探头也应定期标定。氢内燃机的应用端应有氢气泄漏报警装置。

7.4　氢内燃机车辆测试

德国 Keyou 公司对 MAN 12.8L 氢内燃机进行了为期两年的耐久性测试，该氢内燃机采用自然吸气、功率 150kW、NO_x 排放为 0.2g/(kW·h)，运行里程达到 1000km。通过对氢内燃机的拆解检查发现，活塞、缸套、气门、喷氢器及导流罩、曲轴均未出现氢脆现象，仅在缸套镍涂层内部发现了氧化空隙，同时机油含水量、黏度及成分发生了较大变化。美国西南研究院将康明斯 X15N 氢内燃机搭载至一辆重型卡车上，峰值功率达到 278kW，最高有效热效率为 43%，NO_x 排放低至 0.1g/(kW·h)，废气中仅有微量的一氧化碳排放，比同类柴油机减碳 99.7%。法国 BrogWarner 公司在一辆轻型商用车上对 2.0L 氢内燃机进行了总计 20000 小时的测试，在稀燃情况下缸内 NO_x 原始排放为 0.25g/(kW·h)，后处理器的转化效率超过 95%，车辆 WLTP（Worldwide Harmonized Light Vehicles Test Procedure，全球统一的轻型车辆测试程序）循环排放低于 7.9mg/km，3000r/min 额定工况下噪声达到 86dB。在国内，潍柴动力联合中国重汽发布了全国首台商业化氢内燃机重卡，该车搭载的 13L 氢内燃机最大功率可达 320kW，而最大扭矩为 2000N·m，整车氢耗达到 9.9kg/100km，已运行超过 10000km。广汽开发的 E9 乘用车搭载了 2.0L 氢内燃机＋GMC 2.0 混动系统，百公里氢耗低于 1.4kg，整车续航近 600km。玉柴和一汽解放的氢内燃机商用车也在试制过程中。

参 考 文 献

[1]　Azeem N，Beatrice C，Vassallo A，et al. Comparative analysis of different methodologies to calculate lambda（λ）based on extensive and systemic experimentation on a hydrogen internal combustion engine [C]．//WCX SAE World Congress Experience. Detroit，Michigan，United States，2023.

[2]　Koerfer T. Advanced engineering tools and methodologies to develop fuel-efficient and zero-impact H_2 engines for on- and off-highway installations [C]．//Conference on Sustainable Mobility. Catania，Italy，2024.

[3]　Koerfer T，Durand T，Busch H. Advanced H_2 ICE development aiming for full compatibility with classical engines while ensuring zero-impact tailpipe emissions [C]．//CO_2 Reduction for Transportation Systems Conference. Turin，Italy，2024.

[4]　Koerfer T，Durand T，Virnich L. Hydrogen Engine Development toward Performance Parity with Conventional Fuel-Type Engines While Ensuring Ultralow Tailpipe Emissions [J]．SAE Int J Engines，2024，3-17-8-61.

[5]　Mohamed M，Longo K，Zhao H，et al. Hydrogen engine insights：a comprehensive experimental examination of port fuel injection and direct injection [C]．//WCX SAE World Congress Experience. Detroit，Michigan，United States，2024.

[6]　Natkin R J，Tang X，Whipple K M，et al. Ford hydrogen engine laboratory testing facility [C]．//SAE 2002 World Congress & Exhibition. 2002.

[7]　Osborne R，Hughes J，Loiudice A，et al. Development of a direct-injection heavy-duty hydrogen engine [C]．//WCX SAE World Congress Experience. Detroit，Michigan，United States，2024.

[8]　Peters N，Bunce M. Active pre-chamber as a technology for addressing fuel slip and its associated challenges to lambda estimation in hydrogen ICEs [C]．//2023 JSAE/SAE Powertrains，Energy and Lubricants International Meeting. Kyoto，Japan，2023.

[9]　Wen J X，Hecht E S，Mevel R. Recent advances in combustion science related to hydrogen safety [J]．Prog Energy Combust Sci，2025，107：101202.

[10] Bekdemir C，Doosje E，Seykens X. H_2-ICE technology options of the present and the near future ［C］.//WCX SAE World Congress Experience. 2022.

[11] Kyjovský Š，Vávra J，Bortel I，et al. Drive cycle simulation of light duty mild hybrid vehicles powered by hydrogen engine ［J］. Int J Hydrogen Energy，2023，48（44）：16885-16896.

[12] T/CICEIA/CAMS 90-2024［S］.氢燃料内燃机汽车燃料消耗量试验方法.中国内燃机工业协会和中国机械工业标准化技术协会，2024.

[13] T/CICEIA/CAMS 89-2024［S］.重型氢燃料内燃机汽车污染物排放测量方法.中国内燃机工业协会和中国机械工业标准化技术协会，2024.

第8章
氢气掺混燃料

现有内燃机燃料体系（以石油为基础的汽油、柴油等传统燃料）在能源和交通领域长期占据核心地位，凭借成熟性、高能量密度和经济性、快速补能等优点，仍是全球能源体系的基石。尽管现有燃料经过清洁化、生物融合以及合成技术的持续改进，但仍受碳排放、资源可持续性、能源瓶颈和政策导向制约。燃料替代是目前内燃机行业应对碳达峰、碳中和的有效手段，通过改善燃料自身特性来改善内燃机中的燃烧过程是提高内燃机性能的有效手段。由于目前氢气的大规模制备、储存和氢气加气站基础设施建设不全等原因，纯氢气内燃机的大规模应用还不成熟。氢气输运的基础设施建设需要投入巨大的人力、财力和物力，而且建设周期长。在目前氢气分配基础设施还不完善的情况下，氢气掺混燃料是一种向氢能源过渡的可行性方式。汽油是目前乘用车最常用的燃料，随着各种先进技术的应用，汽油机热效率得到了显著提升，采用汽油直喷配合稀薄燃烧策略能够有效提高内燃机响应速度，并可通过稀薄燃烧降低传热及排气损失，但汽油直喷汽油机在实际应用时存在颗粒物排放的问题。柴油机由于功率密度大、热效率高，被广泛应用于国民经济各个领域，但其排放污染物生成较多，且因排放法规日趋严格应用受限。天然气被视为一种很有发展前途的清洁气体燃料，在拓宽燃料的来源、弥补传统化石燃料的不足方面存在很大优势。但由于天然气的燃烧速率低，导致发动机燃烧持续期长，燃烧等容度低，热效率低，稀燃条件下火焰传播速率更低，燃烧不稳定，循环变动大，限制了其应用稀燃技术提高热效率的潜力。醇类燃料作为新型的可再生能源，是目前代用燃料的最大组成部分，具有低成本高效率的优势，但醇类燃料的高汽化潜热及低蒸气压将导致混合气形成和启动困难，尤其是冬季进行冷启动尤为困难。氨燃料具有不含碳、易于储运、良好的抗爆性等优势，有望成为发动机新型燃料。但存在燃料反应活性低、可燃极限窄、层流火焰速度低等问题，其最小点火能为8mJ，是汽油的10倍以上。在较低负荷下，使用常规点火装置无法稳定点燃氨混合气。掺氢内燃机指的是在内燃机燃料中掺混氢气，可以利用氢气独特的物化特性和燃烧特点，又避免了氢气在存储等方面的问题，有效改善缸内混合气的燃烧过程，提高发动机的燃烧速度，使缸内混合气的燃烧更为完全充分，有效提高发动机的热效率，减少发动机的排放。掺氢内燃机不需要重新设计或大规模改动，在节省研发和制造成本的同时，降低了掺氢改装难度。同时，掺氢发动机促使了燃料从化石燃料向低排放、燃烧性能好、来源广、制取方式多样的绿色清洁能源平稳发展，可以逐步提高绿色清洁燃料发动机的大众认可度及消费市场普及率。掺氢的研究和应用也可以为氢气燃料的推广使用积累经验。因此，掺氢发动机具有巨大的应用潜力，可以优化我国的能源消费结构，贯彻绿色清洁的消费理念。目前掺氢发动机的主要燃料有汽油、柴油、天然气、醇类以及氨气等，本章分别对掺氢燃料参数、天然气掺混氢气、汽油掺混氢气、柴油掺混氢气、醇类掺氢、氨气掺氢等进行介绍。

8.1 掺氢燃料参数

8.1.1 燃料参数及分析

氢气具有和天然气、甲醇、氨气燃料不同的理化特性，相关物性参数对比如表 8-1 所示。甲醇、氨燃烧时的空燃比较低，在同等进气量条件下能提供更多的能量，是一种高功率的清洁燃料。氢气的点火能量在当量比条件下仅为 0.02mJ，这一特性使其成为与氨、甲醇及天然气等燃料进行掺混燃烧的理想辅助燃料。氢气的可燃体积分数覆盖 4%～75%范围，可燃范围广的特性对于内燃机在部分负荷时使用超稀薄燃烧提升有效热效率十分友好。天然气掺氢可以提高混合气的燃烧速率，扩展天然气的稳定稀燃极限。醇类燃料中含氧量较高，有利于促进氢气-醇类混合燃料的燃烧与放热，进一步降低内燃机有害排放。氨燃料的点火特性对发动机应用提出了特殊要求。氨燃料的最小点火能量是所有燃料中最高的，这一特性使得传统火花塞难以实现可靠点火，必须采用高能点火系统，才能确保在点燃式发动机中的稳定燃烧。因此，可使用氢气作为助燃剂来改善氨燃料发动机燃烧过程，实现氨氢发动机高效清洁燃烧。

表8-1 天然气、甲醇、氨气与氢气燃料特性

燃料	天然气	甲醇	氨气	氢气
理论空燃比（质量比）	17.25	6.4	6.09	34.38
密度/（kg/m³）	0.72	0.7915	0.771	0.0899
空气中的自燃温度/K	723	470	651	858
空气中的可燃体积分数/%	6.5～17	6.7～36	15～28	4～75
最小点火能量/mJ	0.29	0.14	8	0.02
汽化潜热/（kJ/kg）	—	1109	—	—
燃烧速度/（cm/s）	34～37	52	4～8	270
低热值/（MJ/kg）	50	19.7	18.61	120
混合气燃烧热值/（MJ/m³）	3.39	2.25	3.1	3.184
辛烷值	130	112	130	130+

掺氢燃料发动机工作性能状况在很大程度上取决于燃料的组分以及由此导致相关发动机技术参数的调整。由于燃料中氢气的加入，将导致发动机燃用的可燃混合气密度、质量、热值、空燃比等各种参数的变化，进行设计时要考虑氢气理化特性的综合作用及主导因素，提升掺氢内燃机的综合性能。

8.1.2 掺氢比与空燃比

对于发动机来说，由于燃料中氢气的加入，将导致发动机燃用的可燃混合气密度、质量、热值、空燃比等各种参数的变化，势必对发动机的性能与排放产生影响。掺氢比是影响

掺氢燃料内燃机性能的重要因素,由于氢气作为辅助燃料加入,其自身又具有热值很大的特点,一般选用掺氢能量比更侧重于掺氢内燃机的燃烧性能。固定缸内总热值不变,改变氢气占总热值的比例来定义掺氢能量比,即发动机内氢气的低热值和所有燃料低热值和的比,可得出混合燃料的掺氢能量比 β_{H_2} 和理论空燃比 ϕ。

$$\beta_{H_2} = \frac{V_{H_2} \rho_{H_2} L_{H_2}}{V_{H_2} \rho_{H_2} L_{H_2} + m_{fuel} L_{fuel}} 100\% \tag{8-1}$$

$$\phi = \frac{V_{H_2} \rho_{H_2} AF_{st,H_2} + m_{fuel} AF_{st,fuel}}{V_{H_2} \rho_{H_2} + m_{fuel}} \tag{8-2}$$

式中,V_{H_2} 为标准状态下氢气的体积流量,L/min;ρ_{H_2} 为标准状态下氢气的密度,g/L;m_{fuel} 为燃料质量流量,g/min;L_{H_2} 为氢气低热值,kJ/g;L_{fuel} 为不同燃料的低热值,kJ/g;AF_{st,H_2} 为氢气理论空燃比;$AF_{st,fuel}$ 为不同燃料的理论空燃比。

8.2　天然气掺混氢气

天然气的主要成分是甲烷（CH_4）,视产地的不同,其含量为 85%～99%,作为发动机燃料,它具有低价格、低排放、储量大和不需要加工等优点,在发动机上应用时分为液化天然气和压缩天然气。2023 年我国天然气勘查新增探明地质储量 9812 亿立方米,其中新增探明技术可采储量 4155 亿立方米。图 8-1 给出了 2014—2023 中国天然气储量,截至 2023 年底,全国天然气剩余技术可采储量 66834.7 亿立方米,同比增长 1.7%。我国已先后在多座大城市开展以出租车和公交车等公共交通为主要对象的天然气汽车的开发与试用,天然气作为发动机燃料已经得到大规模推广应用。一定比例的天然气氢气混合气可以直接使用目前的天然气管道输运,且不需要进行任何改造。

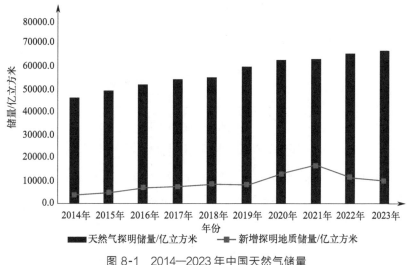

图 8-1　2014—2023 年中国天然气储量

天然气发动机优势在于低排放、高适配性和基础设施兼容性,挑战则是甲烷泄漏、成本压力和储运瓶颈。潍柴重卡天然气发动机市场占有率达 60%,其 WP16NG-4.0 发动机兼容

CNG/LNG，通过强滚流速燃技术，热效率达到 42%，计划 2030 年冲击 44%。瓦锡兰 31DF LNG/柴油发动机在数据中心备用电源领域市场占有率超 40%，通过预燃室点火和 SCR 后处理，NO_x 排放比 TierⅢ标准低 85%。中国动力 CS23G LNG 发动机采用多点电喷和稀薄燃烧，无需后处理即可满足 TierⅢ标准要求。与同型燃油箱船相比，达飞·塞纳河号 LNG 双燃料集装箱船 CO_2 排放减少 20%，NO_x 排放减少 85%。

天然气掺氢既具有氢气燃烧速率快、着火极限宽、可再生等特点，又具有天然气储量丰富、体积热值高、排放低等优点。掺氢对发动机循环变动有着明显的降低效果，当氢气体积分数达到一定比例时，可以加快燃烧速率，提高效率。掺氢提高了 H/C 值，有利于降低 CO_2 排放，氢气的加入提高了燃料热值，缸内温度提高，使 CO 和 HC 排放降低，NO_x 排放增加。随着掺氢比的增加，发动机稀燃极限逐渐增大。在稀燃条件下，天然气掺氢可以同时获得较低 CO、HC 和 NO_x 排放。总体来说，天然气掺氢可以提高火焰传播速度和发动机热效率、降低排放。下面介绍点火提前角、过量空气系数和 EGR 对氢气/天然气发动机性能的影响。

天然气掺氢发动机性能与掺氢比、点火提前角和过量空气系数密切相关。本节以 13L 某船舶发动机为例，介绍不同掺氢比下点火提前角与过量空气系数对性能的影响。图 8-2 给出了不同掺氢比下指示热效率随点火提前角的变化，仿真工况为 1440r/min、50% 负荷，过量空气系数 1.5。随着掺氢比的增加，最佳点火提前角减小，这主要是因为氢气较高的层流火焰速度缩短了燃烧持续期，指示热效率将进一步提高。点火提前角一定时，由于氢气有更高的燃烧温度，NO_x 的排放量随着掺氢比的增加而增大。

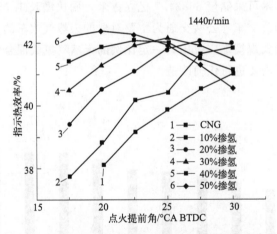

图 8-2　不同掺氢比下指示热效率随点火提前角的变化

对于车用发动机添加不同掺氢比有其最佳过量空气系数，使发动机各性能达到平衡。图 8-3 给出了不同掺氢比下指示热效率随过量空气系数的变化。氢气的加入可以增大稀燃极限，且随着掺氢比的增大稀燃极限也随之增大，在较高的过量空气系数区间内，发动机仍可以较高的效率运行。

天然气掺氢发动机使用稀燃技术主要是为了减少 NO_x 的排放量。增大过量空气系数，NO_x 的排放量将明显降低，当过量空气系数较大时，NO_x 的排放量将快速降到很低的水平。

图 8-4 给出了不同掺氢比下有效热效率随 EGR 率的变化。在相同掺氢比条件下，随着

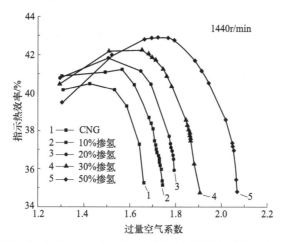

图 8-3　不同掺氢比下指示热效率随过量空气系数的变化

EGR 的增加，有效热效率先升高后降低。在转速为 2000r/min 时，发动机在 EGR 率为 10％的条件下达到最大有效热效率；当转速提升至 3000r/min 时，最大有效热效率对应的 EGR 率提高至 15％。随着 EGR 率的进一步增加，缸内气体的比热容增加，废气的引入对燃烧温度的降低和火焰传播速率的降低影响较大，使燃烧放热持续期增加，缸内压力下降，燃烧放热的等容度下降，导致有效热效率随 EGR 率的进一步增加而显著降低。因此，EGR 加入导致燃烧速率的下降，可以通过在天然气中掺入氢气得到改善，EGR 率越大，掺氢改善燃烧的优势就越明显。

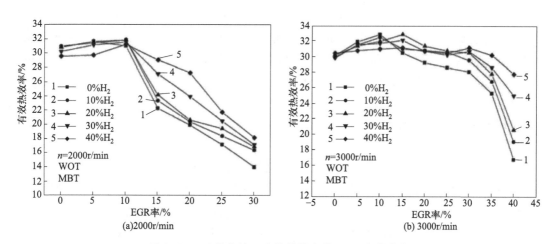

图 8-4　不同掺氢比下有效热效率随 EGR 率的变化

WOT—节气门全开；MBT—最佳扭矩最小点火提前角

图 8-5 给出了不同 EGR 率下有效热效率和 NO_x 排放的变化。发动机转速 1000r/min，节气门开度 50％，过量空气系数 1，掺氢比从右至左依次为 0％～50％。天然气掺氢可提高有效热效率，但会增加 NO_x 排放。在 EGR 率 15.8％，掺氢比 40％时，有效热效率最大，NO_x 排放较低，此时 CO 和 HC 排放也处于相对较低的水平，实现了天然气掺氢发动机的高效率低排放燃烧。

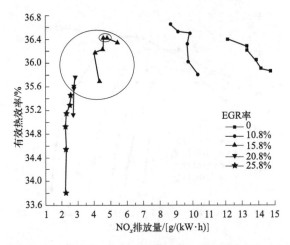

图 8-5　不同 EGR 率下有效热效率和 NO_x 排放

8.3　汽油掺混氢气

汽油掺氢缩短了燃烧持续期，降低了循环变动，提高了热效率，CO 和 HC 排放降低，但是由于温度的升高 NO_x 排放会增加。研究发现掺氢可以加快 PFI 汽油机的启动过程，降低怠速转速，减少瞬态工况所产生的排放。氢气适用于小负荷工况适量掺入，大负荷时小比例掺氢就可以提升发动机的性能，但会提升发动机的爆震倾向。

PFI 掺氢具有低成本的优势，但氢气会占用一部分进气的体积，导致发动机升功率下降，并容易造成回火。对比缸内直喷氢气、缸内直喷汽油和进气道喷油三种模式，氢气的加入可以显著改善燃烧过程，加快燃烧速度，提高热效率，降低排放。DI 喷氢可以形成分层的氢气分布状态，通过调整喷氢压力和喷氢时刻，在火花塞附近形成较浓的混合气，可以进一步提高点火稳定性，提高热效率。DI 喷氢可以进一步拓展发动机的稀燃极限，实现超稀燃烧。而加入 EGR 可降低 NO_x 排放，同时氢气可以降低 EGR 对于热效率的影响。

图 8-6 给出了掺氢汽油机不同掺氢比下燃烧持续期（10% ～ 90% 的燃烧热释放率，$\theta_{10\text{-}90}$）随过量空气系数的变化。由于氢气的绝热火焰传播速度约为汽油的 5 倍，所以在相同的怠速转速、过量空气系数下，掺氢均可以有效缩短汽油机怠速时的燃烧持续期。由于稀燃时缸内燃料燃烧温度降低，因而掺氢汽油机燃烧持续期随过量空气系数的增加而延长，而掺氢则可以明显缩短稀燃时汽油机的燃烧持续期。

由于氢气的点火能量低且火焰传播速度快，所以掺氢后内燃机火焰发展期和燃烧持续期均有所缩短。因此，掺氢后内燃机怠速阶段的循环变动明显减小。氢气的燃烧界限明显宽于汽油。掺氢汽油机能够在更高的过量空气系数条件下稳定燃烧，从而使怠速、稀燃时燃料的不完全燃烧和失火现象得到改善，进而使得掺氢后循环变动降低。

图 8-7 给出了不同掺氢比下有效热效率随过量空气系数的变化。1400r/min 时适当提高过量空气系数有利于增加缸内的氧浓度，使燃料能够燃烧得更加充分。800r/min 时内燃机的进气量较小，加之缸内温度偏低，不宜采用稀燃手段来改善掺氢汽油机的热效率。掺氢可

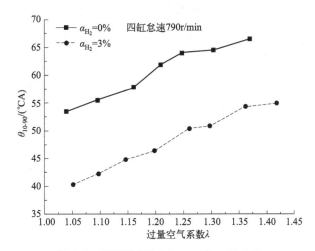

图 8-6   不同掺氢比下 θ_{10-90} 随 λ 的变化

以有效地提高汽油机热效率，特别是在稀燃条件下改善效果更明显。

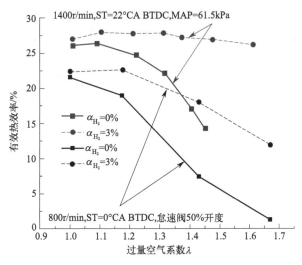

图 8-7   不同掺氢比下有效热效率随 λ 的变化

8.4 柴油掺混氢气

氢气自燃温度远高于柴油，不易被压燃，可以将柴油作引燃剂点燃氢气。由于氢火焰传播速度快，掺氢使柴油机混合燃烧更完全，缸内燃烧压力和温度上升，从而提高热效率，降低 CO、HC 和 PM 排放，但 NO_x 排放会增加。掺氢柴油机低负荷时热效率降低，高负荷时热效率增加。随着掺氢比增加，燃烧稳定性降低、燃烧噪声增加，掺氢比大于 50% 会导致异常燃烧的发生。

氢气/柴油发动机控制的关键在于根据缸内燃烧情况对柴油和氢气的喷射比例进行实时调控。优化燃料喷射正时是改善氢气/柴油发动机性能的重要途径。下面介绍掺氢比和喷油提前角对氢气/柴油发动机性能的影响。

图 8-8 给出了在 1800r/min 下有效热效率随掺氢比的变化。中、低负荷时，引燃柴油较少，缸内压力温度较低，氢气未完全燃烧。随着掺氢比的增加，有效热效率先升高后降低。高负荷时，引燃柴油增加，缸内压力、温度升高，随着掺氢比的增加，有效热效率升高。

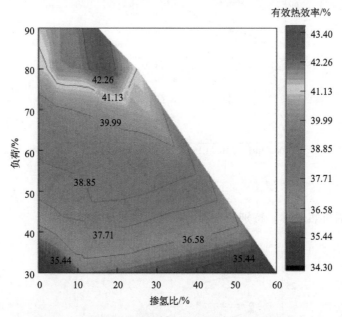

图 8-8　有效热效率随掺氢比的变化（另见文前彩图）

NO_x 排放随掺氢比的增加而下降。这是由于掺氢后引燃柴油较少，整体燃烧较慢，缸内燃烧温度低，NO_x 排放较少。

图 8-9 给出了不同掺氢比下有效热效率随喷油提前角的变化。喷油提前角增大，燃烧定容度增加，缸壁的传热量减小，且氢气扩散系数大，火焰传播速度快，缸内燃烧温度升高，燃烧质量得到改善，燃料燃烧完全，热效率提高。

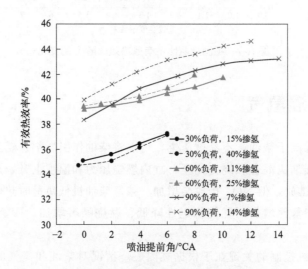

图 8-9　不同掺氢比下有效热效率随喷油提前角的变化

当喷油提前角较大时，滞燃期较长，形成的可燃混合气较多，导致急燃期缸内压力急剧上升，缸内燃烧温度较高，NO_x 排放增加。柴油机掺氢可使有效热效率升高，CO 和 CO_2 排放降低，但 NO_x 排放升高。可通过增加 EGR 率和推迟喷油正时降低 NO_x 排放。

8.5　醇类掺氢

醇的种类非常多，常用作内燃机代用燃料的是甲醇（CH_3OH）和乙醇（C_2H_5OH）。近年来，丁醇（C_4H_9OH）的利用价值受到格外关注，也成为良好的代用燃料。较低的燃料热值和高汽化潜热是醇类燃料共同的特征，单一醇类燃料，特别是在冷启动及怠速等低速低负荷工况下，难以满足内燃机实际应用需求。因此，现阶段醇类燃料还主要通过与汽油、柴油组成混合燃料来改善内燃机的燃烧状态，达到提高内燃机燃料经济性的目的。

8.5.1　甲醇重整

工业上合成甲醇的途径有很多种，甲醇作为内燃机的替代能源已获得比较多的应用，其供应能力已达到千万吨级别，是能源结构中不可忽视的组成之一。通过捕集二氧化碳、太阳能发电及制氢，可以大规模合成甲醇，该种方式生产的甲醇也被称为"液态阳光"，甲醇已具备了碳中性燃料的所有属性，其清洁、可靠的应用是支撑碳达峰与碳中和目标的现实途径之一。甲醇作为一种高效的氢气载体，其氢含量高达 12.5%，具有显著的制氢优势。通过甲醇水溶液催化裂解技术，可实现便捷的在线制氢过程，发挥氢气燃烧速度快、点火能量需求低，且燃烧产物清洁无污染的优点。采用甲醇-氢气掺混燃烧，不仅能够显著提升燃烧效率，还能有效解决低温环境下的点火问题。同时，这种燃烧方式有助于改善排放特性，从而全面提升发动机的整体性能。甲醇重整制氢反应器表现出良好的性能，基于尾气余热利用的重整制氢技术可实现氢气即产即用，为甲醇发动机掺氢燃烧提供一种有效解决方案。另外，甲醇水溶液制氢过程中，不仅会分解甲醇产氢，也会释放水中的氢，使甲醇水溶液的制氢率达到 18% 以上，催化需要的热量全部来自发动机尾气余热，可显著提升系统综合能量利用率。

近年来，以甲醇重整制氢反应器为核心，将地热、柴油机等热量或尾气与制氢模块耦合，形成了节约能源、改善环境的冷-热-电三联供系统。余热利用型甲醇水蒸气重整制氢技术中反应器主要分为两大类：内燃机尾气余热利用反应器和燃料电池余热利用反应器。其中，对内燃机尾气余热利用反应器的研究主要集中在如何通过加入翅片或调整翅片结构来优化反应器内的流动换热特性，提升制氢性能。Yin 等探究了利用柴油机为甲醇水溶液汽化和重整制氢反应提供热量的船用余热回收利用系统，将甲醇重整制氢系统产生的富氢产物气经过冷凝干燥后储存在气罐中，并采用控制阀和进气管调节进入柴油机气缸参与燃烧的氢气量，来改善排放特性。通过将氢气与柴油混合燃烧，不仅使尾气中 NO_x 质量分数减少了2.95%～18.25%，还使系统燃油成本降低了 6%～10%。

传统发动机等设备难以避免卡诺循环的限制，使其与甲醇重整制氢模块的耦合系统效率较低，经济性较差。为提高系统效率与经济性，将燃料电池与甲醇重整制氢系统耦合，成为了余热利用型甲醇重整制氢系统一个新的应用发展方向。Zhang 等采用 MATLAB/Simulink 建立了甲醇重整制氢耦合燃料电池系统模型，从质量和能量输运特性上对系统温度和燃料供给量进行了优化，250℃ 时，甲醇转化率大于 75%，CO 摩尔分数小于 5.5%，最大能量转换效率可达 36.2%。

因此，以甲醇为氢载体，利用废气余热从甲醇水溶液中制氢，开发醇-氢一体化的高效动力系统是重要选择，开发的难点主要来源于两个方面：一方面是氢内燃机技术目前还处于样机开发阶段，关键零部件开发、系统集成、整机可靠性都有待于进一步研发和验证；另一方面，甲醇水溶液裂解制氢所需的能量需要从排气中获取，这对醇-氢内燃机的整机热管理提出了更高的要求，需要进行详细设计与研发。

8.5.2　甲醇掺混氢气

在交通领域，甲醇可以作为内燃机的替代燃料，直接燃烧输出动力。甲醇是高含氧燃料，柴油发动机燃用甲醇可以缓解碳烟排放的突出问题。甲醇抗爆性好，有利于与汽油混合燃用。相比传统汽油机，甲醇内燃机可以在相同工况下提高压缩比而不发生爆震现象，从而使甲醇内燃机获得更好的燃油经济性和排放特性。另外，醇类燃料都是含氧燃料，可以促进内燃机缸内燃料的完全燃烧。醇类燃料较高的汽化潜热可以降低内燃机进气温度，提高内燃机在大负荷时的充气效率。甲醇燃料在相同压缩比下，相比纯汽油能够获得更高的有效热效率。同时，随着内燃机压缩比的提高，纯甲醇内燃机缸内压力得到进一步升高，缸内可燃混合气放热速度得到加快。甲醇内燃机的有效热效率可以较传统汽油机提高 30.0%，特别是在大负荷条件下，甲醇内燃机热效率甚至可以超过柴油机。因此甲醇内燃机可以获得较好的燃油经济性并降低排放。

然而，由于甲醇的汽化潜热较高，在低温下难以蒸发，从而难以形成均匀的可燃混合气，纯甲醇内燃机在没有辅助加热装置并且大气温度低于 16℃ 时将不能被启动成功。研究还表明，甲醇燃料在低温燃烧时很容易产生失火现象。因此，甲醇直接作为内燃机代用燃料仍存在一些问题，比如：受高汽化潜热影响，导致燃料蒸发雾化困难以及混合气分布不均匀，低温下冷启动困难；中小负荷下燃烧稳定性不足，循环变动大，大负荷时动力下降；燃料腐蚀性强；未燃甲醇与甲醛等非常规排放高。

图 8-10 给出了掺氢甲醇内燃机的有效热效率 η_b 随过量空气系数 λ 的变化。氢气燃烧时火焰传播速度比甲醇更快，同时氢气作为气态燃料不需要像甲醇一样历经雾化和蒸发过程，因此燃烧的完整程度与燃烧持续的时间均在掺氢后得到加强与缩短，从而提高了掺氢甲醇内燃机的 η_b，特别是在稀薄燃烧程度较大的工况下。

图 8-11 给出了掺氢甲醇内燃机 HC 排放量随过量空气系数 λ 的变化。氢气的掺混能够加快混合燃料的层流火焰速度，使火焰在稀燃后也能够在燃烧室内充分传播与发展，且氢气的淬熄距离小于甲醇，从而降低了部分未燃燃料所生成的 HC 排放量。此外，掺氢后甲醇流量的降低也使得混合燃料中未燃 HC 的来源相应降低。在 λ 达到 1.3 之前，掺氢后 HC 排放量平均降幅仍达 42.5%。

掺氢甲醇内燃机的 CO 排放均较纯甲醇时有所降低。这是由于氢气的燃烧界限更加宽广，掺氢能够拓展甲醇内燃机的稀燃极限，改善稀燃时的燃烧状态，从而降低了 CO 排放。

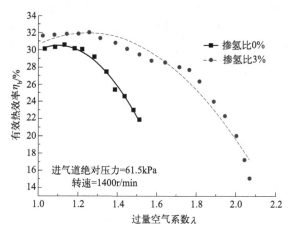

图 8-10　不同掺氢比下 η_b 随 λ 的变化

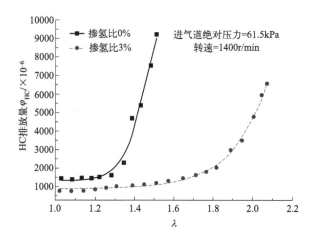

图 8-11　不同掺氢比下 HC 排放量随 λ 的变化

8.5.3　其他醇类掺混氢气

（1）乙醇

与甲醇相比，乙醇同样是可再生的绿色能源。而且在全世界范围内，生物乙醇-汽油燃料已经开始大范围应用。乙醇作为目前应用最为广泛的代用燃料，相比于汽油具有辛烷值高、汽化潜热大、层流火焰速度快、绝热火焰温度低的特点。此外，乙醇生产所用的原料范围较为广泛，目前乙醇可通过生物质的酸解、热裂解以及发酵生产。

在常温下采用较高乙醇掺比的燃料能够有效降低 CO 排放，但由于醇类燃料具有较高的汽化潜热，在低温情况下使用高乙醇掺比燃料时 CO 和 HC 排放均较原机升高。进气加热后，乙醇内燃机 HC 和 CO 排放有所降低，催化转化器的转化效率升高，但 NO_x 排放变化并不明显。乙醇含水量在 20％（体积分数）以下时，均质充量压缩点火内燃机均能够正常燃烧，并且 NO_x 排放更佳。掺氢乙醇内燃机有效热效率随掺氢比的提高而提高，掺氢可以提高有效压缩比和功率输出。乙醛排放随掺氢比的增加而逐渐降低。

氢气优异的稀薄燃烧性能能够改善乙醇内燃机在部分负荷下的燃料经济性。然而，随着稀燃程度的进一步提高，受混合气燃烧速度降低及后燃的影响，有效热效率均出现了明显下降。但由于氢气的稀燃极限更加宽广，因而掺氢后的混合气能够在稀燃条件下充分燃烧，进而使得掺氢能够有效提高乙醇内燃机稀燃时的有效热效率。

（2）丁醇

相对于甲醇、乙醇，丁醇汽化潜热较低，低热值、辛烷值及理论空燃比与传统汽油的性质更加接近，因此在点燃式内燃机上具有很好的应用前景。生产乙醇的现有设备设施不需要太多改造便可直接用于丁醇的生产，丁醇不但具有能克服短链醇缺点的理化特性优势，其相比汽油还有着更快的层流火焰传播速度、更高的辛烷值及含氧量等燃烧优点，这些都为丁醇能在内燃机上燃用提供了理论上的可行依据。在内燃机部分负荷工况下，纯丁醇燃料能够在更高的压缩比下正常燃烧且不发生爆震现象。当内燃机压缩比由 8.0 提高至 10.0 时，纯丁醇燃烧的火焰发展期和燃烧持续期均有所缩短。尽管丁醇的汽化潜热较乙醇明显降低，但依然比汽油高，因此纯丁醇燃烧时会有大量未燃 HC 排放产生，这是丁醇燃料的燃烧特性与其他燃料的不同之处。此外，丁醇燃料不适于稀薄燃烧，在纯丁醇燃烧时，过稀的可燃混合气会降低内燃机的做功能力。正丁醇、异丁醇和仲丁醇对内燃机动力性影响差别不大，扭矩输出基本相同。但在排放结果上展现出较大差异，这与 OH 基团位置有关。丁醇发动机掺氢可以缩短着火延迟期，加速燃烧放热过程，提高缸内压力和温度，提高有效热效率和稀燃极限，减少 HC和 CO 排放，但 NO_x 排放增加。

氢气相比丁醇具有更高的扩散速度和火焰传播速度，使掺氢后的混合气均匀程度及燃烧稳定性均得到改善，从而提高了有效热效率。此外，氢气较低的点火能量，较高的绝热火焰温度以及宽广的燃烧界限能够帮助掺氢丁醇内燃机在稀燃条件下依然保持较高的有效热效率。

8.6　氨气掺烧

氨已有长达百年的应用历史，工业化生产技术已相当成熟。目前，我国合成氨企业通过采用新型合成氨装置，改善合成氨工艺流程，设置氢回收系统等技术手段，逐步向氨制备低碳化转变，从而达到减排降碳的目的。氨气在常温（25℃）、9.7bar 压力下即可液化，液氨的含氢密度（106.4kg/m³）也要高于其他的储氢方式，而且氨气的运输、携带安全，是很好的氢载体。氨燃料的辛烷值高达 110，可确保发动机高压缩比运行，从而避免爆震。但氨作为发动机燃料有如下难点。

① 与常见燃料相比，氨燃料有更高的自燃温度和最大点火能量，这使其在发动机中燃烧时需要更高的压缩比和点火能量。氨燃料的可燃极限体积分数为 15.8%～28.0%，相较于氢燃料狭窄很多，不利于稀薄燃烧。

② 氨的火焰传播速度缓慢，仅为汽油的 1/6 左右，易造成不完全燃烧。因氨具有较高的汽化潜热，液氨在发动机缸内燃烧汽化时需要吸收大量的热，使燃烧温度显著降低，燃烧恶化。

③ 氨只含有氮和氢两种元素，在完全燃烧的条件下不会产生温室气体 CO_2。但氨发动

机产生的 NO_x 为数千 10^{-6} 量级，N_2O 为数十 10^{-6} 量级，所以 NH_3 排放可高达数万 10^{-6} 量级。

因此，氨燃料发动机需要其他助燃剂来改善发动机缸内的氨燃料燃烧过程。常见的助燃剂有汽油、柴油、氢和二甲醚等。氢气和氨气是典型的零碳燃料，两种零碳燃料应用于动力系统还存在一些弊端。氢单独作为燃料时，其储能密度较低 [$<5.3\%$（质量分数）]、基础设施不完善而导致加注困难、安全系数要求高等问题，大规模应用还需要持续的投入。而氨气单独作为燃料时，其燃料反应活性低、可燃极限窄、层流火焰速度低，大大提高了纯氨发动机开发难度。因此，采用特性互补的双燃料策略是解决这一问题的有效手段。

8.6.1　氨柴混合燃烧

氨由于着火温度高，火焰传播速度慢，因此不太适合作为压燃发动机的单一燃料，纯氨发动机要求发动机的压缩比高于 35∶1。Gray 等发现，使用柴油能够在压缩比为 15.2 时引燃氨。Reiter 等在一款约翰迪尔（型号 4045）柴油机上对氨柴双燃料模式开展研究。综合考虑燃烧与排放特性，得出最佳的氨能量替代率在 $40\%\sim60\%$。Gill 等对比了柴油掺混氨气、氢气以及氨气裂解气的燃烧与排放结果。研究表明，添加氨后 NO_x 排放虽有降低，但生成了大量的 N_2O。N_2O 是一种温室气体。EPA（美国环境保护署）认为，在 100 年的尺度上，$1m^3$ 的 N_2O 造成的温室气体效应相当于 $1m^3$ 的 CO_2 造成的温室气体效应的 273 倍。Niki 等研究了不同燃烧策略对燃烧与排放的影响。研究发现，提前柴油的喷射时刻能够有效降低 NH_3 和 N_2O 排放，但是会导致发动机热效率降低。此外，增加一次预喷或后喷都可以减少 NH_3 排放。Yousec 等研究了柴油二次喷射策略对氨柴双燃料发动机性能的影响。通过优化二次喷射策略，双燃料燃烧模式的指示热效率高于纯柴油模式，且温室气体排放减少。Mi 等在一台单缸中型柴油机上开展了喷射策略的研究。结果表明，采用柴油二次喷射策略能够减少 87% 的 NH_3 排放。在 50% 氨能量替代率条件下，指示热效率达 45.5%。Jin 等通过试验与模拟优化了直喷喷射策略。在 50% 氨能量替代率下，指示热效率能够达到 49.18%。Pei 等在 $900\sim1300r/min$、IMEP $0.2\sim1.8MPa$ 的范围内开展了柴油喷射策略的适应性研究。优化后，氨柴模式的最高指示热效率为 51.5%，与纯柴油模式相当。Hiraoka 等和 Imamori 等研究了燃空当量比对氨柴发动机燃烧与排放的影响。在相近的当量比条件下能够得到较低的 NH_3 和 N_2O 排放，而 NO_x 排放升高。2022 年国内首台由东风商用车技术中心和清华大学联合开发的氨柴车用重型发动机成功点火，该发动机依托东风 13L 龙擎动力总成平台，采用预混引燃技术实现稳定高效燃烧，采用液氨后处理技术实现了更低排放控制。

图 8-12 给出了不同预喷时刻下氨柴发动机的排放结果。随着预喷时刻向上止点靠近，CO 的排放逐渐降低。CO 的排放主要是柴油不完全燃烧造成的。当活塞向上止点运行时，缸内温度、压力升高，此时喷入的柴油燃烧更加完全。而当预喷时刻在 $-24°CA$ 时，预喷的柴油将会喷入活塞凹坑内，使凹坑内的氧气被完全消耗，造成主喷时燃料过浓区域增加，从而导致了柴油的不完全燃烧。随着预喷时刻的提前，预喷柴油的位置处在活塞凹坑外，活化了凹坑外的氨燃料，使得未燃氨的排放不断减少，但预喷角度过度提前会导致柴油撞壁，不

利于氨的活化改质。NO_x 的排放主要有两个来源，一个是由于高温高压下 N_2 与 O_2 反应生成 NO_x，另一个是氨的不完全燃烧产物。随着柴油预喷时刻的提前，NO_x 排放先增大后减小。预喷时刻提前，氨燃烧效率大幅提升，总放热量增大与燃烧相位靠近上止点均导致了整体燃烧温度上升，热力型 NO_x 排放增加。但预喷时刻进一步提前后，燃烧室凹坑外预混程度增加，局部燃烧温度降低，大幅降低了热力型 NO_x 排放，但氨的低温燃烧产物 N_2O 排放会逐渐增加。

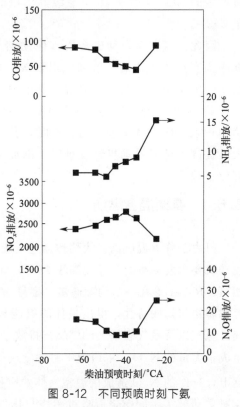

图 8-12　不同预喷时刻下氨柴发动机的排放特性

8.6.2　氨氢混合燃烧

氨的燃烧惰性强、火焰传播速度慢，低掺氢比例下，燃烧不稳定且燃烧效率低。因此，氢与氨的混合比例对于发动机燃烧与排放特性有着重要影响。掺氢可改善氨燃料发动机的缸内燃烧性能，提高掺氢能量比将增加燃烧稳定性，但也会增加传热损失，不利于提高热效率。Dinesh 等研究发现在 5% 掺氢能量比时，发动机有效热效率为 22%，掺氢能量比增加会提高指示热效率，但这种趋势会逐渐减小，21% 掺氢能量比时有效热效率为 26%。少量的氢作为助燃剂可提高发动机的性能和稳定性，主要有利于燃烧的早期阶段，掺氢体积比约为 10% 时，可保证发动机的燃烧效率和指示效率，同时降低了 NO_x、NH_3 的排放。当掺氢比体积分数为 10% 时，发动机效率和平均有效压力最高；当掺氢比较高，过量空气系数在 1.1~1.4 时会导致最多的 NO_x 排放。Li 等利用光学发动机对不同掺氢能量比工况的缸内燃烧情况进行了分析，增大掺氢能量比不仅能够增大火焰传播速度，而且能够加速早期火焰的传播。当掺氢能量比高于 10%~12.5% 时，掺氢能量比对早期火焰形成影响显著；低于此值时，掺氢能量比对火焰传播速度影响显著。Frigo 等研究发现，与汽油相比，氨氢燃料长时间燃烧会导致热损失更高和残余更少，膨胀更少，同工况下氨氢燃料的热效率比汽油低 2%。由于氨、氢辛烷值均比汽油高，因此可以使用更高压缩比提高热效率。Zhu 等在压缩比 15 的氨发动机中增加掺氢能量比至 10%，在 IMEP=0.63MPa 下，有效热效率可提升至 35.8%，如图 8-13 所示。表 8-2 列出了近几年关于氨氢发动机的主要研究结果，指示热效率最大可达 44.3%。

表8-2　关于氨氢发动机的主要研究工作

点火模式	压缩比	掺氢比/%	指示热效率/%
JI	14.0	2.5	36.5
JI	17.3	5	41.4
SI	14.0	32.8~51.2	44.3
JI	17.3	2.1~4.4	42.5

注：　JI—射流点火；　SI—火花点火。

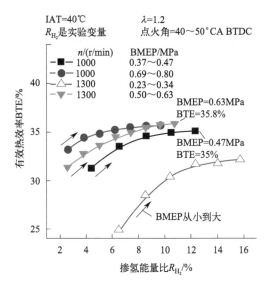

图 8-13　氨发动机有效热效率随掺氢能量比的变化

　　主动射流模式可以在低掺氢能量比下，实现更稳定的燃烧和更高的热效率。Wang 等对比研究了氨氢被动射流（passive jet ignition，PJI）和主动射流（active jet ignition，AJI）发动机性能。PJI 和 AJI 的燃烧稳定性如图 8-14 所示，PJI 模式下掺氢能量比需达到 10％ 以上，协方差 COV_{IMEP} 才能低于 5％；在更稀的混合气下，所需的掺氢能量比更高；而 AJI 模式所需的掺氢能量比大幅下降，且能在更稀的混合气条件下实现稳定燃烧。

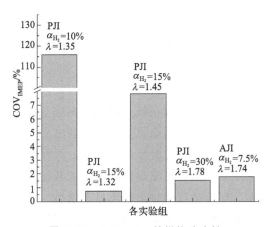

图 8-14　PJI 和 AJI 的燃烧稳定性

　　Ambalakatte 等比较了 SI、PJI 和 AJI 模式发动机最大氨能替代率、燃烧相位等结果的变化情况，发现在低负荷下，由于氢气集中于射流室，AJI 稳定运行的氨能替代率最高，而在高负荷下，由于主燃室内更均质的混合气，SI 可以实现纯氨稳定运行，如图 8-15（a）所示。从 NO_x 排放情况来看，AJI 相较于 SI 减少约 60％ 的 NO_x 排放，如图 8-15（b）所示。

　　对于氨燃料来说，高能点火、激光点火和等离子辅助点火等方式有助于实现成功点火。Pearsall 等发现高能点火有助于氨的着火。激光点火同样可以提供高点火能量，同时布置方式更灵活，但存在使用成本高、可靠性一般等问题。已有不少学者采用激光点火在汽油、天

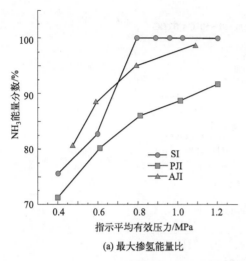

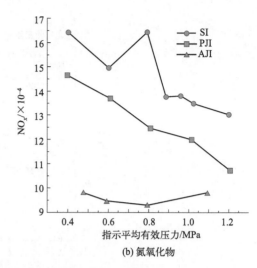

(a) 最大掺氢能量比   (b) 氮氧化物

图 8-15   3 种模式下最大掺氢能量比和 NO$_x$ 随负荷的变化

然气发动机中开展了试验，等离子体辅助点火目前已有数值模拟研究，但还需要更多台架试验验证。

氨氢发动机中存在 NO$_x$ 排放过高的问题。通常使用选择性催化还原技术，利用氨氢发动机现有的氨替代尿素参与催化反应，对 NO$_x$ 和未燃氨气进行催化还原处理，从而降低发动机排放。试验研究发现，可通过延迟点火正时和提高掺氢比来提高在冷启动时的燃烧效率，同时也可提高排气温度，从而减少氨排放。当 SCR 催化剂温度维持在 300~450℃ 时，NO 的处理效率较高，使用氨气替代尿素从而降低 NO$_x$ 排放。

作为氢能的良好载体，氨气可以通过高温催化裂解方法在线生产氢气，在小流量工况下，可以实现氨气的 100% 转化。氨裂解所需的温度和能量是最大的难点，高效分解氨气制取氢气通常需要 400℃ 以上高温；同时，氨裂解是吸热反应，在裂解过程中所需的能量较大，氢内燃机的排气能量很难满足氨裂解所需的条件。因此，开发氨氢发动机的难点在于氨裂解以及所需的氢流量之间的平衡。通过在线氨催化分解制氢来实现纯氨发动机稳定运行，研究并非采用双燃料供给系统，而是利用氨燃料催化分解出来的氢气作为燃料助燃剂，通过 $2NH_3 \rightleftharpoons 3H_2 + N_2$ 的化学反应原理，即时生产出氢气，再利用氮气和少量的残余氨气来改善氨气的缸内燃烧性能。采用发动机排气驱动的涡轮增压系统，一方面可提高氨气的进气量从而提高发动机的容积效率，使发动机的输出效率显著增加；另一方面，废气的残余热量为氨气催化分解装置中的催化剂提供了部分反应热量，这使氨气催化分解制氢的吸热反应可以重新回收利用发动机损失热量。反应装置内的电加热辅助系统可帮助液氨在冷启动时更好地气化，以及快速达到催化分解所需的工作温度。通过使用车载催化装置，氨氢发动机系统可将一部分氨催化分解以实现氢的供应，利用这部分氢促进其余氨燃料的燃烧，从而实现仅储存单一氨燃料，而同时使用氨氢两种燃料。该技术路线有助于降低氢燃料储存的成本，但面临能耗、成本、热响应速度等一系列挑战。

早稻田大学将电场催化反应的催化工艺应用于氨气分解，将氨气分解反应温度降低了200℃ 以上，使得利用发动机废热进行氨气分解氢气成为可能。电场催化反应是指让电极从上下两个方向接触催化剂层，依靠流经催化剂的电流促进化学反应，催化剂选用氧化铈，并添加钌、铁、镍或钴。使用这种催化剂并借助电场催化的氨气分解反应，可在125℃下达成近100％的分解率。在新的催化工艺下，氨气分解反应可避开氮原子结合成氮气分子这个环节，反应过程中生成大量中间产物二亚胺，最后将氢气从二亚胺中脱离。

Ryu等利用2％钌基催化剂来分解氨气制氢，利用尾气余热加热催化剂，如图8-16所示。分解产生的氢气可以改善发动机性能，更适用于较小氨流量需求的工况，可显著提高氨发动机功率，降低油耗，减少排放。M.Comotti等使用商用钌基催化剂，并引入了电加热器，可在提供$1.4m^3$（标）/h的氢气供应，大流量氢气供应下，COV<3％，且达到与纯汽油工况相当的热效率。考虑到氨的分解是吸热反应，因此使用电加热维持催化剂温度需要大量耗能，且升温速度慢。M.Loike等除了使用电加热辅助外，还引入少量空气应对冷启动工况。空气中的氧气可对氨进行氧化，并通过氧化放热辅助催化剂升温以缩短催化装置升温时间。催化装置中的当量比为5.4时，重整器出口处的氢气分数在启动8s后稳定至50％。Mercier等模拟研究发现氢气的掺混提高了氨发动机的燃烧效率，降低了未燃氨气的排放，但会造成尾气排放中含有近2％的氢气；当模拟氨气分解15％时，N_2O的排放量会达到$60×10^{-6}$，但是可通过调整当量比从而显著降低NO_x排放量。

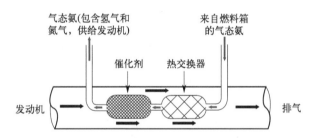

图 8-16　氨催化分解反应装置安装示意图

车载氨催化制氢设备已得到初步探索，在未来研究中，针对氨催化分解制氢技术在纯氨发动机启动阶段存在的技术问题，需要优化启动阶段的燃料供给策略，提高制氢反应装置的响应速度，缩短发动机的启动时间。此外，氨催化分解制氢通常需要外设电加热装置，为摆脱这种依赖，需要更高效地利用发动机尾气余热，优化催化剂配方设计，并更深入地探索低温催化分解制氢技术。而对于氨燃料发动机一直存在的含氮污染物排放问题，则需要在排放后处理过程中优化后处理反应器设计，提高后处理催化转化效率，实现污染物在低温条件下的高效转化。

参 考 文 献

[1] Wang Y，Zhou X H，Liu L. Theoretical investigation of the combustion performance of ammonia/hydrogen mixtures on a marine diesel engine [J]. Int J Hydrogen Energy，2021，(27)：14805-14812.

[2] Ouchikh S，Mehra R K，Tarabet L，et al. Experimental study of hydrogen enriched compressed natural gas (HC-NG) engine and application of support vector machine (SVM) on prediction of engine performance at specific condition [J]. Int J Hydrogen Energy，2019，39 (7)：1-17.

[3] Yu x，Li G，Du Y，et al. A comparative study on effects of homogeneous or stratified hydrogen on combustion and emissions of a gasoline/hydrogen SI engine [J]. Int J Hydrogen Energy，2019，44 (47)：25974-25984.

[4] Li L，Yu Y S，Lin W D. Numerical investigation on the effects of load conditions and hydrogen-air ratio on the combustion processes of a HSDI engine [J]. Int J Hydrogen Energy，2020，45 (17)：10602-10612.

[5] Tsujimura T, Suzuki Y. The utilization of hydrogen in hydrogen/diesel dual fuel engine [J]. Int J Hydrogen Energy, 2017, 42: 14019-14029.

[6] Yin Z B, Cai W W, Zhang Z, et al. Effects of hydrogen-rich products from methanol steam reforming on the performance enhancement of a medium-speed marine engine [J]. Energy, 2022, 256: 124540.

[7] Shang Z, Yu X M, Shi W B, et al. Numerical research on effect of hydrogen blending fractions on idling performance of an n-butanol ignition engine with hydrogen direct injection [J]. Fuel, 2019, 258: 116082.

[8] Su T, Ji C W, Wang S F, et al. Improving the lean performance of an n-butanol rotary engine by hydrogen enrichment [J]. Energy Conversion and Management, 2018, 157: 96-102.

[9] Swift E, Kane S, Northrop W F. Operating range and emissions from ammonia-hydrogen mixtures in spark ignited engines [C]. // Inter Combust Engi Divi Fall Tech Conf. American Society of Mechanical Engineers, 2022, 86540: V001T02A013.

[10] Youse C A, Guo H S, Dev S, et al. A study on split diesel injection on thermal efCciency and emissions of an ammonia/diesel dual-fuel engine [J]. Fuel, 2022, 316: 123412.

[11] Mi S J, Wu H Q, Pei X Z, et al. Potential of ammonia energy fraction and diesel pilot-injection strategy on improving combustion and emission performance in an ammonia-diesel dual fuel engine [J]. Fuel, 2023, 343: 127889.

[12] Jin S Y, Wu B Y, Zi Z Y, et al. Effects of fuel injection strategy and ammonia energy ratio on combustion and emissions of ammonia-diesel dual-fuel engine [J]. Fuel, 2023, 314: 127668.

[13] Hiraoka K, Matsunaga D, Kamino T, et al. Experimental and numerical analysis on combustion characteristics of ammonia and diesel dual fuel engine [J]. SAE Tech Paper, 2023, 32: 0102.

[14] Dinesh M H, Pandey J K and Kumar G N. Study of performance, combustion, and NO_x emission behavior of an SI engine fuelled with ammonia/hydrogen blends at various compression ratio [J]. Int J Hydrogen Energy. 2022, 47 (60): 25391-25403.

[15] Dinesh M H, Kumar G N. Effects of compression and mixing ratio on NH_3/H_2 fueled SI engine performance, combustion stability, and emission [J]. Energy Convers Manag, 2022, 15: 100269.

[16] Lhuillier C, Brequigny P, Contino F, et al. Experimental Study on Ammonia/Hydrogen/Air Combustion in Spark Ignition Engine Conditions [J]. Fuel, 2020, 269: 117448.

[17] Li J G, Zhang R, Pan J Y, et al. Ammonia and hydrogen blending effects on combustion stabilities in optical SI engines [J]. Energy Convers Manag, 2023, 280: 116827.

[18] Zhu T K, Yan X, Gao Z, et al. Combustion and emission characteristics of ammonia-hydrogen fueled SI engine with high compression ratio [J]. Int J Hydrogen Energy, 2024, 62: 579-590.

[19] Liu Z K, Zhou L, Zhong L J, et al. Enhanced combustion of ammonia engine based on novel air-assisted pre-chamber turbulent jet ignition [J]. Energy Convers Manag, 2023, 276: 116526.

[20] Lin Z L, Liu S, Liu W, et al. Numerical investigation of ammonia-rich combustion produces hydrogen to accelerate ammonia combustion in a direct injection SI engine [J]. Int J Hydrogen Energy, 2024, 49: 338-351.

[21] Wang Z, Qi Y L, Sun Q Y, et al. Ammonia combustion using hydrogen jet ignition (AHJI) in internal combustion engines [J]. Energy, 2024, 291: 130407.

[22] Shahsavari M, Konnov A A, Valera-Medina A, et al. On nanosecond plasma-assisted ammonia combustion: Effects of pulse and mixture properties [J]. Combust Flame, 2022, 245: 112368.

[23] Zhao Z Q, Qi Y L, Cai K Y. Research on the combustion mechanism of plasma-induced ammoniahydrogen jet ignition engine [J]. Int J Hydrogen Energy, 2024, 65: 398-409.

[24] Koike M, Suzuoki T, Takeuchi T, et al. Cold-Start Performance of an Ammonia-Fueled Spark Ignition Engine with an On-Board Fuel Reformer [J]. Int J Hydrogen Energy, 2021, 46 (50): 25689-25698.

[25] Gray J T, Dimitroff E, Meckel N T, et al. Ammonia fuel-engine compatibility and combustion [J]. SAE Tech Paper, 1966, 660156.

[26] Reiter A J, Kong S C. Combustion and emissions characteristics of compression-ignition engine using dual ammonia-diesel fuel [J]. Fuel, 2011, 90 (1): 87-97.

［27］ Gill S S，Chatha G S，Tsolakis A，et al. Assessing the effects of partially decarbonising a diesel engine by cofuelling with dissociated ammonia ［J］. Int J Hydrogen Energy，2012，37（7）：6074-6083.

［28］ Niki Y. Reductions in unburned ammonia and nitrous oxide emissions from an ammonia-assisted diesel engine with early timing diesel pilot injection ［J］. J Eng Gas Turbin Power，2021，143（9）：091014.

［29］ Pei Y Q，Wang D C，Jin S Y，et al. A quantitative study on the combustion and emission characteristics of an ammonia-diesel dual-fuel（ADDF）engine ［J］. Fuel Proc Tech，2023，250：107906.

［30］ Imamori Y，Takahashi T，Ueda H，et al. Experimental and numerical investigations of emission characteristics from diesel-ammonia-fueled industry engines ［J］. SAE Tech Paper，2023-32-0064.

［31］ Frigo S，Gentili R，De Angelis F. Further insight into the possibility to fuel a SI engine with ammonia plus hydrogen ［J］. SAE Tech Paper，2014-32-0082.

［32］ Ambalakatte A，Cairns A，Geng S，et al. Experimental comparison of spark and jet ignition engine operation with ammonia/hydrogen co-fuelling ［J］. SAE Tech Paper，2024-01-2099.

［33］ Pearsall T J，Garabedian C G. Combustion of anhydrous ammonia in diesel engines ［J］. SAE Tech Paper，1967，670947.

［34］ Ryu K，Zacharakis-Jutz GE，Kong S C. Performance Enhancement of Ammonia-Fueled Engine by Using Dissociation Catalyst for Hydrogen Generation ［J］. Int J Hydrogen Energy，2014，39（5）：2390-2398.

［35］ Comotti M，Frigo S. Hydrogen Generation System for Ammonia-Hydrogen Fuelled Internal Combustion Engines ［J］. In J Hydrogen Energy，2015，40（33）：10673-10686.

［36］ Mercier A，Mounaïm-Rousselle C，Brequigny P，et al. Improvement of SI Engine Combustion with Ammonia as Fuel：Effect of Ammonia Dissociation Prior to Combustion ［J］. Fuel Communications，2022，11：100058.

第9章
其他氢能动力

氢能的利用方式主要有直接燃烧和电化学转换。直燃式氢动力除了往复式氢内燃机外，还有用于航天领域的火箭发动机，航空、大型发电厂的叶片式发动机，以及交通、车辆的转子发动机。电化学转换主要是氢作为主要供给燃料的电化学装置，即燃料电池。

9.1 燃烧式动力装置

9.1.1 火箭发动机

喷气式火箭发动机是利用火箭推进剂燃烧产生高温高压燃气形成的高速射流，从而产生推力的装置。根据推进剂形态，主要分为固体火箭发动机和液体火箭发动机两种。氢氧火箭发动机采用液氢、液氧作为燃料，燃烧产物是水，是一种环保高效的火箭燃料组合，氢氧发动机是国内外液体火箭发动机技术的发展趋势。液氧液氢有着理论最大的热值和比冲值，很早就被作为火箭燃料。比冲是指单位质量的推进剂所能带来的冲量，即动量的改变，单位为秒（s）。比冲越高代表用相同质量的燃料产生更多的动量，也可以说燃料更高效。然而，液氢作为火箭燃料时，由于密度低和沸点低的特性，储存液氢所需的体积和保温层相比其他液体燃料更为庞大，且存在低温下正、仲氢转换的问题，储存和研发难度都很高。

1959年，美国普惠公司首先试车了110kN的RL-10型液氧液氢发动机，作为未来载人登月的预研工程，之后便开始了著名的"土星五号"上面级J-2液氧液氢发动机的研发过程，该液氧液氢发动机于1966年服役，用于"土星5号"，真空推力高达1033kN。普惠公司的洛克达因分部为航天飞机设计的主发动机是一种非常复杂的动力装置，以外储箱中的液氧液氢为推进剂。每台发动机在起飞时能提供大约1.8MN的推力，其推力可以在67%～109%范围内调节。

目前，推力最大的氢氧火箭发动机是RS-68，它的海平面推力达到2950kN，真空推力达到3370kN。该发动机研发于20世纪90年代至21世纪初，设计目标为降低生产成本。RS-68发动机用来驱动"德尔塔4号"，为了简化和节约的设计目的，这款发动机的成本比航天飞机主发动机低了将近80%，然而比冲也低了10%，推重比也有所下降。发动机采用燃气发生器循环，内置两台独立的涡轮泵。

中国第一代氢氧发动机YF-70的研制工作开始于1970年，起步较早，但是在当时的技术和材料上都很难达到要求，到现在已经没有太大使用价值。使用比较多的是第二代氢氧发

动机，即 1986 年开始研制的 YF-75 发动机，真空推力为 83.5kN，真空比冲 438s。即使推
力很小，YF-75 也是长征三号甲、乙、丙火箭的第三级唯一可选用的氢氧发动机。随着中国
对大推力氢氧发动机的研制项目顺利进行，现在我国推力最大的氢氧火箭发动机是 YF-77，
长征五号火箭芯一级中就用了 2 台 YF-77 发动机。每台 YF-77 发动机的真空最大推力
700kN，真空比冲 426.0s。

　　液氢火箭发动机循环方式为：根据产生循环动力发生装置不同可分为燃气发生器循环、
分级燃烧循环、膨胀循环和挤压循环；根据补燃类型又可分为富氧补燃、富燃料补燃和全流
量补燃（富氧＋富燃料），如图 9-1 所示。

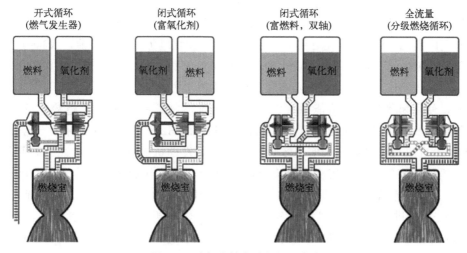

图 9-1　液氢火箭发动机循环方式

　　燃气发生器循环也叫开式循环，是液体火箭发动机动力循环的一种。部分推进剂在预燃
室中燃烧产生燃气推动发动机的涡轮泵，相比于分级燃烧循环，开式循环的涡轮不必承受向
燃烧室排放废气时的背压，因此燃气涡轮自身的工作效率更高，提供给燃料的压力也更大，
可以大幅增加发动机的比冲。分级燃烧循环通常也被称为高压补燃循环。在分级燃烧循环中
一部分燃料在预燃室燃烧产生高温燃气推动涡轮，随后废气和推进剂一起注入燃烧室。分级
燃烧循环的主要优势是所有燃气和热量都会通过燃烧室做功，基本没有损失，故这种循环也
称闭式循环。膨胀循环，燃料燃烧前通常被主燃烧室的余热加热，当液态燃料通过燃烧室壁
里的冷却通道时相变成气态，气态燃料产生的气压差推动涡轮泵转动，从而使推进剂高速进
入推力室燃烧产生推力，同时余热预热燃料的运行方式提高了燃料供给的效率。挤压循环，
推进剂受高压气体挤压，进入燃烧室。挤压循环的优点就是避开了结构复杂的涡轮机、泵和
输送管道。使用挤压循环可以大幅降低发动机成本和复杂度；其缺点就是产生的压力不够
高，因而发动机效率不高。阿波罗飞船的服务舱发动机、登月舱发动机及其姿态控制发动机
采用了挤压循环发动机。

9.1.2　叶片式发动机

　　叶片式发动机主要是指燃气轮机，它是以连续流动的气体为工质带动叶轮高速旋转，将
燃料的能量转变为机械能的内燃式动力机械，是一种旋转叶轮式热力发动机。燃气轮机的绝

热压缩、等压加热、绝热膨胀和等压放热四个过程分别在压气室、燃烧室、燃气涡轮和回热器或大气中完成。大型燃气轮机的压气机为多级轴流式，中小型的为离心式。燃气涡轮一般为轴流式，在小型机组中有使用向心式的。燃气涡轮带动压气和发电机。燃气轮机组单机容量小的为 10～20kW，最大的已达 140MW。热效率 30％～34％，最高达 38％。燃气轮机结构有重型和轻型两种，后者主要由航空发动机改装。燃气轮机的主要使用方式有热电联产和与余热锅炉进行联合循环发电等。

氢燃料燃气轮机根据燃料中氢气占比主要分为纯氢燃烧和掺氢燃烧两种，掺氢燃烧的燃气轮机主要使用天然气和氢气掺混或直接采用焦炉煤气作为燃料，部分燃气轮机燃烧器可以实现氢气浓度 0～100％安全稳定运行，1970 年日本三菱日立就已经开展了相关研究。天然气和氢气燃料特性的差别决定了在燃料中氢含量不同的条件下，燃气轮机需要进行对应的部分结构改变以实现 NO_x 排放在可控范围内，同时不大幅增加成本。目前，大部分燃气轮机均采用干式低氮燃烧器，采用氮气或水蒸气稀释扩散的低氮燃烧技术已经很少使用，使用干式低氮预混燃烧器或其他先进燃烧器将是未来技术发展方向。

目前，使用氢气作为清洁能源代替天然气用于燃气轮机已是技术趋势，可以实现大量的碳排放减少，如澳大利亚的氢气基础设施开发商 H2U 与 GE 贝克休斯已经使用 NovaLT 燃气轮机实现纯氢运行，实现零碳排放发电（发动机如图 9-2 所示）。西门子的氢燃料燃气轮机使用富氢燃烧系统在 35％氢浓度下配合干式低排放燃烧器实现了 20×10^{-6} 以下的 NO_x 排放。常规燃气轮机使用掺氢燃料替代时，对内部结构改造也是当前的重要研究方向，配合先进的低氮控制技术实现更高效燃烧和更低的 NO_x 排放，三菱日立对 700MW 输出功率的 J 系列重型燃气轮机进行了技术改造，可以实现在 30％氢气浓度下的稳定燃烧测试。

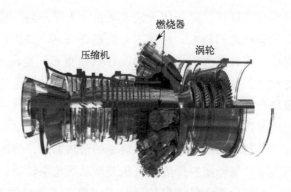

图 9-2　氢燃料燃气发动机

使用焦炉煤气的燃气轮机进行热电联产技术难度较高，焦炉煤气是炼焦过程中在产出焦炭和焦油产品的同时得到的可燃气体，是炼焦的副产品，也是很好的燃料，但是焦炉煤气中的成分不稳定，随生产批次变动成分也会有变化。虽然焦炉煤气作为燃料不能实现零碳排放，但是能作为燃料资源化利用，在一定情况下相较于使用焦炉煤气进行合成氨、合成甲醇或提炼氢气等化工利用条件，进行热电联产也能获得较高收益。适当匹配发电机组，灵活运转可以代替电网取电甚至上网供电，解决了电能消耗和焦炉煤气处理的问题。目前，日立集团的 H-25/H-15 燃气轮机已经实现了使用焦炉煤气进行冷热电三联供的装机应用。

9.2 燃料电池

燃料电池是一种以电化学反应的方式将燃料中储存的能量转为电能的装置。这种装置的结构和二次电池相近，包括阴极、阳极及电解质。燃料电池与二次电池一样都是电化学装置，即通过电化学反应产生电能。然而，两者的工作方式并不相同，二次电池是一种储能装置，电能由置于电池内部的活性反应物反应吸收和释放。而燃料电池是一种能量转化装置，由外部燃料和氧化剂持续供给到电堆电极，产生电能，整体工作方式类似于内燃机。

燃料电池的发展已有近 200 年的历史。燃料电池始于 1839 年，由一位名叫格罗夫（Grove）的英国科学家提出，他使用铂电极和硫酸电解质液，组装了第一个燃料电池的装置。之后在 1889 年，著名化学家路德维希·蒙德（Mond）改进了格罗夫的发明，引入电化学反应概念，取名为"fuel cells"；由奥斯特瓦尔德（Ostwald）使用热力学理论，发展出燃料电池的电化学理论基础。

20 世纪 40 年代，英国工程师弗朗西斯·托马斯·培根（Bacon）改用液体氢氧化钾为电解液，镍金属作为电极，扩大了适用的催化剂种类，促进了燃料电池应用的推广。50 年代，美国通用电气公司发明了首个质子交换膜燃料电池，开创了聚合物型燃料电池的先河。60 年代，美国已经能做到将燃料电池技术应用于实际场景，在阿波罗登月工程中，燃料电池作为辅助能源发挥了巨大作用。90 年代，基于聚合物电解质技术，Ballard 公司在 1993 年推出了第一辆以燃料电池为动力的车辆。随后，Ballard 和 Daimler Benz 公司都生产出 1kW/L 的燃料电池组，燃料电池开始进入民用领域，从此燃料电池的发展进入快车道，并成功应用到交通、固定发电等领域，如图 9-3 所示。

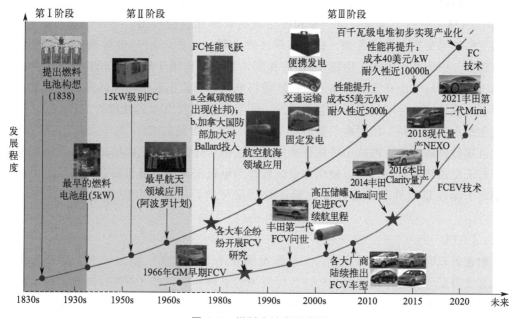

图 9-3　燃料电池发展进程

9.2.1　燃料电池分类

燃料电池通常按电解质进行分类，主要有 5 种，分别是质子交换膜燃料电池（proton exchange membrane fuel cell，PEMFC）、固体氧化物燃料电池（solid oxide fuel cell，SOFC）、熔融碳酸盐燃料电池（molten carbonate fuel cell，MCFC）、磷酸盐溶液燃料电池（phosphoric acid fuel cell，PAFC）和碱性溶液燃料电池（alkaline fuel cell，AFC）。这 5 种燃料电池的基本情况见表 9-1。

表9-1　燃料电池分类

类型	电解质载体	燃料	氧化物	电荷载体	温度/℃
PEMFC	聚合物（如 Nafion 膜）	H_2	O_2	H^+	25~200
SOFC	固体氧化物（如 Y_2O_3，ZrO_2）	H_2、CO、HC	O_2	O^{2-}	700~900
MCFC	熔融态碳酸盐（如 Li_2CO_3/K_2CO_3）	H_2、CH_4、CH_3OH	O_2 和 CO_2	CO_3^{2-}	600~800
PAFC	磷酸盐溶液（SiC 膜）	H_2、CH_4、CH_3OH	O_2	H^+	160~220
AFC	碱性溶液（如 KOH）	H_2	O_2	OH^-	50~200

（1）AFC

AFC 以石棉网作为电解质的载体，通常以氢氧化钾溶液为电解质，工作温度在 50~200℃。高温（200℃）时，采用高浓度的氢氧化钾（质量分数 85％）电解质；在较低温度（<120℃）时，则使用低浓度的氢氧化钾（质量分数 35％~50％）电解质。与其他燃料电池相比，AFC 功率密度较高，性能较为可靠。正是因为碱性燃料电池在较低的工作温度下也可实现高效率和高性能，因此 1960—1970 年以美国为中心进行了大量研究。然而，AFC 所使用的燃料限制非常严格，必须以纯氢作为阳极燃料，以纯氧作为阴极氧化剂，若使用含有 CO_2 的气体，则由于氢氧根离子中和而生成的碳酸盐就会析出，导致电解质电阻增大。催化剂使用铂等贵重金属或者镍、钴、锰等过渡金属。此外，AFC 电解质的腐蚀性强，电池寿命较短。以上特点限制了传统 AFC 的发展，其主要运用于航天或军事领域。然而，近年来基于碱性燃料电池开发的阴离子交换膜燃料电池，再次引起了研究热潮。随着具有与氢氧化钾水溶液相同电导率的阴离子膜的开发，阴离子膜燃料电池的性能得到了极大的改善。与氢氧化钾水溶液不同，该阴离子膜的特征是即使含有少量的 CO_2 也不会析出碳酸盐，而是通过自吹扫机制去除，即从阳极侧将膜和催化层中所含的二氧化碳排出，从而抑制电阻增大。阴离子交换膜燃料电池可以使用非贵金属作为电极催化剂，极具商业化前景。但是，目前的阴离子膜在稳定性及产品性能方面还处于研究阶段，在实际应用中仍存在许多技术挑战。

（2）PAFC

磷酸在低温时的离子传导性差，工作温度需在 160~220℃。此外，为了降低水蒸气的分压而有效降低水管理的困难度，PAFC 所使用的电解质为浓度 100％的磷酸。磷酸电解质可允许燃料气体和空气中 CO_2 的存在，这也是 PAFC 最早成为地面应用或民用的燃料电池的原因之一。目前，PAFC 的发电效率仅能达到 40％~45％，通常它的燃料必须外重整。燃料中 CO 的浓度必须小于 0.5％，否则会导致催化剂中的铂中毒。此外，由于磷酸电解质存在腐蚀性，其寿命难以超过 40000h。PAFC 的技术已较为成熟，在分布式电源、现场可移动电源及备用电源等领域有所应用。

（3）MCFC

MCFC 所使用的电解质为分布于多孔陶瓷材料（LiAlO$_2$）的碱性碳酸盐，该电解质在 600～800℃的工作温度下呈现熔融状态，此时具有极佳的离子传导度。由于工作温度较高，不需要铂等贵金属催化剂，一般可以采用镍与氧化镍分别作为阳极与阴极的催化剂。CH$_4$、CO 甚至 CH$_3$OH 可直接作为燃料，极大简化了系统，提高了发电效率。MCFC 的优点是电极、电解质隔膜、双极板的制作技术简单，密封和组装的技术难度相对较小，易与大容量发电机组组装，而且造价较低。缺点是必须配置二氧化碳循环系统；熔融碳酸盐具有腐蚀性，而且易挥发，寿命较短；激活时间较长，不适合作为备用电源。虽然 MCFC 不是十分符合近年来燃料电池的开发目的，但是针对全球变暖对策变得更加紧迫，从 MCFC 的技术特点和发展趋势看，作为一种可连续发电的高效发电技术，可以满足在有效利用有限的化石资源，并采取措施应对全球变暖的同时而不断增加的电力需求，其可用于中小型分布式发电系统和代替火力的大规模发电系统，目前已有一定的示范电站运行。此外，由于 MCFC 运行温度高，在生成水的同时产生电和热，可进行热电联产。回收 MCFC 未反应燃料气体供应给燃气轮机，组成复合发电系统，使发电容量和发电效率进一步提高。因此，未来 MCFC 有望应用于中小型发电系统和代替火力的大型发电系统。

（4）SOFC

SOFC 所使用的电解质为固态非多孔金属氧化物，通常为掺钇的氧化锆，工作温度为 700～900℃，氧离子在电解质内具有高的离子传导度。阳极使用的材料为钴或镍-氧化锆陶瓷，阴极则为掺入锶的锰酸镧。由于电解质是固体，SOFC 可以被制作成管形、平板形等形状，结构极具灵活性。与 AFC、PAFC 和 MCFC 等液态电解质的燃料电池相比，SOFC 避免了电解质蒸发和电池材料的腐蚀问题，电池的寿命较长，目前的技术水平可以连续工作达 70000h。CO 与 CH$_4$ 均可直接作为 SOFC 的燃料，不存在毒化问题。由于工作温度很高，密封难度大。与 MCFC 相比，燃气轮机与 SOFC 组成复合发电系统的效率更高，寿命更长，尤其是高压 SOFC 与微型燃气轮机结合组成复合发电系统，整体效率更具备优越性。由于 SOFC 的启动时间较长、体积大，不适用于车辆动力，而适用于分布式固定电源、大型电厂发电以及船舶动力。自 2011 年日本家用燃料电池 ENE-FARM 发售以来，SOFC 的数量稳步增加，到 2019 年，ENE-FARM 总普及数已超 30 万台。

（5）PEMFC

也叫聚合物燃料电池。PEMFC 以质子传导性佳的固态高分子膜为电解质。PEMFC 使用铂等贵金属作为电极催化剂，对氢气纯度要求极高，为了避免催化剂被毒化，燃料中 CO 含量应小于 0.2×10^{-6}。PEMFC 的工作温度较低，余热利用价值低；然而 PEMFC 启动时间短，可以在几分钟内达到满载，适用于交通运输动力或紧急电源。此外，PEMFC 的电流密度和比功率较高，发电效率＞50%，极具商业化前景。目前的质子交换膜燃料电池大多使用美国杜邦公司生产的全氟磺酸膜（Nafion），其运行温度在 60～80℃。因燃料电池会生成液态水，多余的液态水若没有及时地排出，致使液态水的积累，造成水淹，堵塞物质传输通道，减小反应面积，导致燃料电池性能的急剧下降。长期局部反应物短缺会导致碳基体腐蚀等不可逆损坏发生。由于运行温度低，质子交换膜面临的另一个问题是较低的 CO 容忍度和硫化物容忍度，导致重整气无法在低温质子交换膜燃料电池中得到应用。为了解决这些问题，高温质子交换膜燃料电池的概念被提出，即使用新的质子交换膜将 PEMFC 运行温度提高，目前最常用的高温质子交换膜为磷酸聚苯并咪唑（PBI）膜，其以磷酸作为质子的传导介质，以结构扩散的方式通过氢键实现质子的传递，因为质子传递不再依托于水，所以用该膜制成的燃料电池其反应气体不需要再加湿，从而实现了燃料电池进气系统的简化。一般来说，高温质子交换膜燃料电池的工作温度在 120~200℃（PBI 的玻璃化温度为 210℃）。而 120~180℃ 的高温一方面使得燃料电池内部反应生成的水为气态水，便于直接从阴阳极流道排出，实现了燃料电池水管理系统的简化，另一方面提高了燃料电池对 CO 和硫化物的耐受性。高温质子交换膜燃料电池相比于低温燃料电池有着更多的余热资源，反应释放的热量能够帮助维持其较高的工作温度，从而实现能源的高效利用。同时，反应温度的提高，会进一步提高电化学反应的反应速率，因此电池的性能会得到进一步的提升。

值得注意的是，直接甲醇燃料电池（DMFC）是一类备受关注的燃料电池，通常也会被当作聚合物燃料电池中的一类，因为其电解质也是聚合物，传递质子与 PEMFC 类似，本质区别在于 DMFC 采用甲醇水溶液或蒸汽甲醇替代氢气直接作为燃料供给，而不需要进行重整制氢发电。相较于 PEMFC，直接甲醇燃料电池作为一种受到广泛关注的燃料电池，具有一些突出的优点：系统结构简单，运行可靠性高，不需要中间转化装置，噪声污染小；体积能量密度高，体积较小，质量较轻；启动时间短，负载响应特性佳，在较大的温度范围内都能正常工作；燃料补充方便，甲醇容易储存，更有利于制造与运输。这些特点使得 DMFC 未来有可能成为便携式设备、家庭用小型发电设备的主要动力源。DMFC 属于 PEMFC 中的一种。但是由于氢气的储存技术和运输技术以及氢气制造技术跟不上 PEMFC 的发展，造成 PEMFC 在商业化的道路上阻碍重重。基于以上问题，科研人员发现醇类燃料易储存、易生产且易运输，因此燃料电池中以醇类物质作为燃料成了新的研究方向。其中 DMFC 取得了重大进步，主要原因是由于：甲醇具有价格便宜、来源丰富、在常温下为液体便于运输、结构简单、操作方便安全，同时可以简化系统；甲醇具有高密度的特点，能够将燃料的利用率达到最大化。最重要的是 DMFC 的产物中不会产生有害物质，若投于市场大规模使用的情况下，不会对生态系统造成污染，具有很高的商业价值和生态价值。因此使得 DMFC 在众多领域中成为热点，如电动车、军工、小型的电站等。

此外，生物燃料电池（microbial fuel cell，MFC）也是一种新兴的燃料电池，使用在温和条件下能有效发挥作用的酶和微生物等作为电极催化剂的能量转换装置，具有使用氧化还原酶或微生物等生物催化剂代替贵金属催化剂的温和燃料电池的特点。其可以使用糖、酒精、有机酸、氢等能源作为燃料，利用微生物氧化降解产生电能，目前主要利用目的是实现废弃资源的剩余能量利用。MFC 通常分为单室（无膜）和双室（有膜）两种类型，单室 MFC 中，阳极微生物降解有机物，产生电子和氢离子，电子通过外电路到达阴极，氢离子在电解质溶液中扩散至阴极，与电子发生反应；双室 MFC 通常采用有膜结构，即通过采用离子交换膜将阴、阳极电解液分隔开，结构上与聚合物燃料电池类似。近年来，生物燃料电池被应用到生活及工业有机废水、有害物质降解方面，具有良好的发展前景，但受制于电子传输密度低，使其工业化应用发展受到局限。

9.2.2　燃料电池工作原理

质子交换膜燃料电池基本结构包括两端流道、电极及电解质。以质子交换膜燃料电池为例，流道主要为双极板，电极包括气体扩散层（微孔层）、催化层，电解质为质子交换膜，结构如图9-4所示。为了保证燃料电池性能，通常会将电极与膜在制造初期就制备成一个整体，称为膜电极。

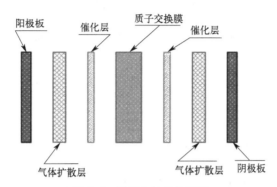

图 9-4　燃料电池结构示意

双极板的作用是将氧化剂和还原剂隔离，并收集电子形成电流、传递热量以及引导物质传递，因此双极板需要较好的导电性。同时它需要有良好的导热性，从而能够保证整个电池温度分布均匀，不会出现局部过热的情况。液冷型电堆中，双极板上还需设计有冷却水通道，以此来控制燃料电池的温度。双极板要具备良好的流场设置，使得反应物能够有效分布。为了支撑膜电极，双极板也要保证有一定的力学性能。考虑到双极板是电堆重量的主要来源，因此在选取双极板材料时，既要考虑能够有效减重，同时还要保证一定的机械强度。目前，双极板材料通常有石墨极板、金属极板和复合材料极板。良好的双极板应具有以下特点：

① 良好的导电性，减少欧姆损失；

② 良好的导热性，利于电池散热；

③ 较高的机械强度，较轻的质量；

④ 良好的耐腐蚀性。

催化层用来降低反应物的活化能垒，质子交换膜的两侧组成包括离子导体与催化剂。高温质子交换膜燃料电池采用的催化剂由铂制成，第一代采用热压的方式将催化剂覆盖到扩散层上，现在采用直接喷涂和转印法来把催化剂担载到催化层上。反应界面为三相界面，同时接触反应气、催化剂和电解质，如图9-5所示。良好的催化层应具有以下特点：

① 良好的导电性；

② 良好的催化活性；

③ 较高的机械强度；

④ 较好的 CO 耐受性；

⑤ 高孔隙率。

气体扩散层是燃料电池组件的重要组成部分之一，包括基底层和微孔层，在电池中起支撑催化层、使电极结构更稳定的作用，同时提供通道以便电池内气、电、热的流通。常见的

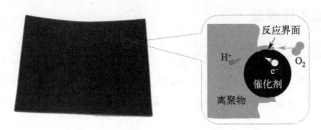

图 9-5　燃料电池催化层

用于制作气体扩散层的材料有碳纤维纸、碳纤维编织布、非织造布和炭黑纸。良好的气体扩散层应具有以下特点：

① 良好的排水性能；

② 良好的导电性；

③ 良好的透气性；

④ 良好的化学稳定性和热稳定性；

⑤ 一定的机械强度。

质子交换膜是燃料电池的核心组件，起到隔离反应物、传导质子的作用，实现质子在阴、阳极的转移。目前 Nafion 膜和 PBI 膜已经完成商业化，其他种类的膜如非氟聚合物膜、新型复合膜等尚在研究阶段。Nafion 膜有着和 Teflon（聚四氟乙烯）类似的支撑结构，而 Nafion 膜特有的磺酸基（$—SO_3H^+$）为质子的高效传输提供了场所，类似 Teflon 的骨架保障了其较高的机械强度。而传统的 Nafion 膜工作温度＜80℃，不能满足高温质子交换膜燃料电池的工作要求，因此高温质子交换膜选用磷酸掺杂的 PBI 膜，示意如图 9-6 所示。良好的质子交换膜应具有以下性能：

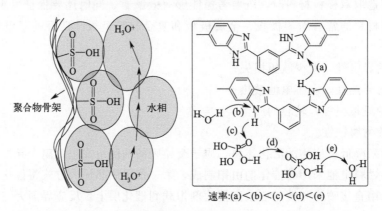

图 9-6　燃料电池 PBI 膜

① 极高的质子电导率；

② 水分子、气体的渗透性小；

③ 电化学稳定性好；

④ 有一定的抗酸、碱性；

⑤ 有一定的抗氧化还原能力；

⑥ 能够良好地进行干湿转换；

⑦ 可加工性好，有一定的机械强度。

质子交换膜燃料电池因为采用氢气作为燃料，相当于水电解逆装置。氢气在阳极发生氧化反应失去电子成为质子之后通过质子交换膜到达阴极，电子由集流板流向外电路形成电流为负载供电。阴极端氧气通过气体扩散层后到达催化层，在催化剂的作用下分裂成两个单独的氧原子，得到从阳极传输来的电子成为带两个负电荷的氧离子，每个单独的氧离子与两个质子结合生成水，其中一部分从氧气的通道出口离开，另一部分被传输到阳极端。质子交换膜燃料电池工作原理如图 9-7 所示。

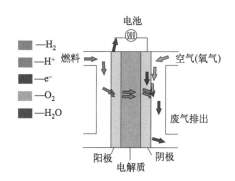

图 9-7　燃料电池工作原理示意图（另见文前彩图）

质子交换膜燃料电池的两极反应方程式如下。

阳极反应：

$$H_2 \longrightarrow 2H^+ + 2e^-$$ 　　(9-1)

阴极反应：

$$\frac{1}{2}O_2 + 2H^+ + 2e^- \longrightarrow H_2O$$ 　　(9-2)

总反应：

$$H_2 + \frac{1}{2}O_2 \longrightarrow H_2O$$ 　　(9-3)

质子交换膜燃料电池的工作过程分为 4 个步骤。首先是物质传输，燃料电池在运行过程中需要不断地给其供给氢气和氧气，也就是反应物，反应物气体通过刻在双极板上的气体流道进行传输并均布在燃料电池气体扩散层的表面。反应物气体穿过气体扩散层到达催化层，最后发生电化学反应。因为反应物在气体流道的对流传输中速度很快，而气体扩散层的扩散作用速度相对较慢，会使得在高电流密度时出现燃料耗尽不能及时供给的情况。另外，温度对反应物的活性、扩散速率会有影响，因此如何确定合适的温度使得燃料电池高效运行至关重要。

其次，反应物进行电化学反应。当反应物气体传输到电极层，此时电化学反应发生。燃料电池的电流密度与其反应速率成正相关，反应速率越高，电流就越大。为了得到高电流就需要提高电化学反应速率，因此就需要更高效催化剂的存在。温度越高，电化学反应速率也就越快，合适的温度对高效的电化学反应过程起着非常大的促进作用。

随后，离子、电子进行转移。在反应物发生电化学反应时会有离子的产生与消耗，为了保证电荷的平衡，离子、电子需要进行传输。H^+ 通过质子交换膜从阳极传输到阴极，这一传输过程的阻抗较高，会有明显的电阻损耗从而使得燃料电池性能降低，而电子直接通过外电路传输，损失较小。因此，通过改变质子交换膜的厚度来提高其电导率能够有效地改善燃料电池的性能。

最后，生成物被排出。燃料电池的生成物为水（液态或气态），一部分生成的水用于补充膜的水含量，另一部分通过流场内的对流以及流道的输送将多余的水带走。

对于燃料电池，反应的效率为氢气输出能量与输入电能之比。理论情况下，最大电能等于所有的吉布斯自由能，输入能量为氢气的焓。因此，最大可能的燃料电池效率为：

$$\eta = \frac{\Delta G}{\Delta H} = \frac{\Delta G/2F}{\Delta H/2F} = \frac{E}{E_{ideal}} = \frac{1.23}{1.48} = 83\% \tag{9-4}$$

相比内燃机这类热机，内燃机的理想效率为卡诺循环效率。理想情况下，内燃机效率只与热机的温度有关，最大效率为：

$$\eta = 1 - \frac{T_c}{T_h} \tag{9-5}$$

燃料电池与内燃机极限效率对比如图9-8所示。在中低温下，燃料电池的理论效率比内燃机高，而当工作温度超过700℃后，内燃机的理论效率高于燃料电池。

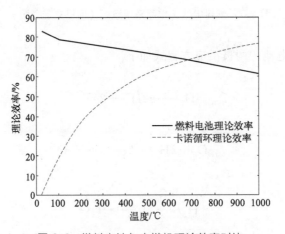

图9-8　燃料电池与内燃机理论效率对比

在实际的燃料电池中发生电化学反应，阴、阳电极产生电位差，形成电势（电压）。当无电流输出时，内部无质子传输，不能进一步反应，此时的电势称为开路电压。电池开路电压可以按照系统反应物和生成物之间的能量平衡进行计算，通常假设反应瞬间发生，开路电压由能斯特方程进行计算，即：

$$E = E_0 + \frac{RT}{nF}\ln\left(\frac{P_{H_2O}}{P_{H_2}P_{O_2}^{1/2}}\right) \tag{9-6}$$

当燃料电池进行电流输出时，电池中会存在多种损失，造成电压下降。损失的主要类型有活化极化损失、欧姆极化损失、浓差极化损失以及不可避免的膜内电流、物质渗透损失等。

① 活化极化　活化极化损失电动势是由于电子从阳极移动到阴极的过程中，为了克服电极表面材料的活化能，而需要消耗一定能量所形成的。当温度升高时，电子变活跃，活化

极化现象会降低；但是在燃料电池的正常工作温度范围内，活化极化损失电动势是不可避免的。活化极化损失会发生在燃料电池的阴极和阳极，阳极以氢气作为反应气体，氢气的反应速率比较快，而阴极以空气作为反应气体，相对来说空气的反应速率要慢很多。因此燃料电池的活化极化损失电动势主要是由阴极的反应条件决定的。通常活化极化损失由 Tafel 公式进行计算，即：

$$\Delta V_{act}=a+b\lg i \tag{9-7}$$

式中，$a=-2.3\dfrac{RT}{\alpha F}\lg i_0$，$b=2.3\dfrac{RT}{\alpha F}$。

② 欧姆极化　　质子在克服质子交换膜的阻力和电子传输的阻力过程中所消耗的能量，就是欧姆损失电动势。由于电解质中对离子流的阻抗和燃料电池导电元件对电子流的阻抗存在，类似于欧姆定律，随着输出电流的增加，燃料电池电压会下降。

$$\Delta V_{ohm}=i\times R_i \tag{9-8}$$

式中，电池总内阻 $R_i=R_{i,i}+R_{i,e}+R_{i,c}$。离子电阻 $R_{i,i}$ 为电解质对离子传递的阻值，$R_{i,i}=\dfrac{t_m}{\sigma_m}$，$t_m$ 为电解质厚度，σ_m 为离子电导率；电子电阻 $R_{i,e}$ 为导电部件自身的欧姆电阻值；接触电阻 $R_{i,c}$ 为电流流经不同部件接触表面的电触点时产生的电阻。接触电阻是因为接触表面凹凸不平，导致接触面减小，接触区域形成氧化膜。

③ 浓差极化　　在燃料电池系统中，反应物的浓度会随着电池电化学反应的进行而下降，越是靠近电极的部分，反应气体消耗的速度越快，因此电极附近的气体压强会跟其他地方有所不同，这种现象会造成电位的损失，即产生浓差损失电动势：

$$\Delta V_{con}=\dfrac{RT}{nF}\ln\left(\dfrac{i_L}{i_L-i}\right) \tag{9-9}$$

式中，ΔV_{con} 为浓差过电位，V；R 为气体常数，$8.314J/(mol\cdot K)$；T 为热力学温度，K；n 为电子转移数；F 为法拉第常数，$96485C/mol$；i 为实际电流密度，A/cm^2；i_L 为极限扩散电流密度，A/cm^2。

④ 其他损失　　尽管燃料电池电解质在设计时不导电且不允许反应气体渗透。但还是会存在少量氢从阳极扩散到阴极，且阴极的 N_2、O_2 也会渗透到阳极，而 O_2 的渗透速率较氢气而言极低，可忽略。此外，一些电子也会找到一条可以穿过电解质的捷径。相对于其他三类极化损失而言，这部分内部损失比较小，在大电流运行中不考虑，但是在开路或极低的电流下工作时，这部分损耗依旧较为显著。考虑燃料中含有电子，物质渗透相当于电子转移，因此燃料渗透与内部电流相当于等效，这部分损失用 I_{loss} 表示。

总电流：

$$I=I_{ext}+I_{loss} \tag{9-10}$$

式中，I_{ext} 为外部电流，A；I_{loss} 为电流损失，A。

内部损失造成的压降：

$$\Delta V_{I_{loss}}=\dfrac{RT}{\alpha F}\ln\left(\dfrac{i_{loss}}{i_0}\right) \tag{9-11}$$

式中，α 为传递系数；i_0 为交换电流密度，A/cm^2。

燃料电池的实际电压：

$$E = E_r - \Delta V_{act} - \Delta V_{ohmic} - \Delta V_{con} \tag{9-12}$$

代入经验公式为

$$E = E_r - \frac{RT}{\alpha F} \ln\left(\frac{i + i_{loss}}{i_0}\right) - iR_i - \frac{RT}{nF} \ln\left(1 - \frac{i}{i_L}\right) \tag{9-13}$$

除了以上的几种极化现象之外，燃料电池的电压还受到双电层等效电容的影响。双电层电容是指在反应过程中，氢离子会吸附聚集在电解质的表面，而电子会在气体的扩散和外部电压的作用下聚集在电极的表面，这之间会产生一个电压差，这个电压差就相当于在极化电阻两端并联了一个电容，这个电容可以储存电极和电解质表面的电荷和能量，也就是在电极和电解质的接界处形成了一个"双电层"，它可以储存电荷，可以有效减缓等效电阻上的电压降。当燃料电池的输出电流发生突变时，双电层上电荷的聚集和分散都会产生一定时间的滞后，这就保证了电压的变化过程平稳，而不会像电流一样突变。研究表明，双电层电容效应对电压的滞后作用是具有选择性的，它与欧姆压降的变化无关，只与浓差压降和活化压降有关。

当燃料电池处于稳态时，双电层等效电容不会对电池造成影响。而当电池处于动态输出时，双电层电容的充放电作用会对电压造成影响，此时电容两端的电压不会像电流一样发生突变，而是缓慢变化直到形成新的稳定状态，这一阶段的电特性方程如式(9-14)。

$$\frac{dV_d}{dt} = \frac{i}{C} - \frac{V_d}{\tau} \tag{9-14}$$

活化极化损失电动势和浓差损失电动势可以用时间常数表示，即：

$$\tau = CR_a = C\frac{V_a + V_{con}}{i} \tag{9-15}$$

极化曲线用来表示燃料电池的输出特性，用于评价电池性能、诊断电池状态以及优化电池控制。单片电池输出电压较低，实际开路电压超过1V，而且输出特性软，与拉载电流密切相关。随着电流密度的增加，电池电压会不断下降，小电流下损失为活化极化损失，大电流下浓差极化损失占比迅速增大，如图9-9所示。

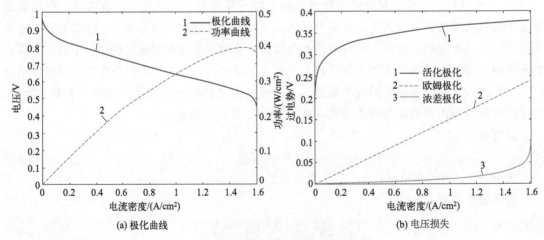

图9-9　燃料电池输出特性

单片燃料电池不能独立发电，必须形成完整的燃料电池系统。燃料电池系统包括电堆、空气供给系统、氢气供给系统、冷却循环系统、控制系统 5 个子系统，如图 9-10 所示。

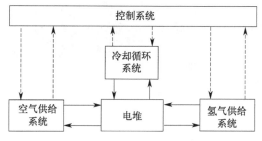

图 9-10　燃料电池系统主要组成

电堆是氢燃料电池发动机的核心部件，是氢气与氧气发生化学反应产生电能的场所，由一系列的电池单体堆叠而成。燃料电池工作时，质子在膜中的传输需要通过膜中含有的水构成质子通道，而水在膜内是运动的。水传递原理：电迁移，氢在传导过程中通常不以裸露原子核状态存在，而是通过氢键和水分子形成水合氢离子状态迁移，从而使水分子随质子从阳极向阴极迁移，电迁移的水量与电流密度和质子水合数有关；反扩散，水在阴极形成，在膜两侧的水浓度梯度推动下，水由阴极向阳极传递，其水量正比于水的浓度梯度和膜内水的扩散系数，反比于膜的厚度；压差迁移，在膜两侧压力差推动下，水从高压侧向低压侧流动，其水量正比于压力梯度和水在膜中的渗透系数，反比于水在膜中的黏度，影响很小。

质子交换膜需维持一定的湿度以保证较高的反应效率，而水在工作中会向阴极转移，导致膜变干。因此要求反应介质携带一定量的水蒸气进入电堆。加湿方式包括内加湿、自加湿以及外加湿。内加湿是通过改进电堆内部构造或改进膜电极结构使电堆实现增湿，通常采用改进双极板流场结构、采用具有亲水基体层和疏水基体层的扩散层等方式。内加湿对电堆品质要求高，对控制策略要求更高。外加湿是采用加湿装置（耦合到空气、燃料供给系统中），可控性强、增湿量大，适用于大功率水冷电堆。自加湿是通过物理化学方法增加膜的保水性能，常用于小功率低温电堆中，大功率电堆则通过阳极循环实现自加湿。

空气供给系统为电堆提供合适的压力、温度、湿度和一定流量的空气。其主要包括空压机、背压阀、加湿器，如图 9-11 所示。空压机的作用是提高空气流量，增大电堆氧浓度。背压阀用于控制输出背压，保证电堆运行压力。

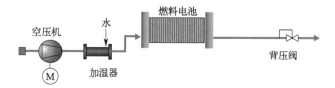

图 9-11　燃料电池空气供给系统

氢气供给系统为电堆提供合适的压力、温度、湿度和一定流量的氢气，组成如图 9-12 所示。水气分离器作用是排除阳极出口的液态水，防止水淹和液态水循环。高压气瓶供给氢气，氢气循环泵用于循环剩余氢气以提高燃料利用率。尾排阀具备吹扫功能，防止阳极出口水淹、降低氮气浓度（阴极扩散至阳极）。

热管理系统，作用是排出电池组废热，保持电池组稳定恒温运行，系统组成如图 9-13 所示。水泵是燃料电池热管理的"心脏"，促使冷却液循环，应具备大流量、高扬程、绝缘

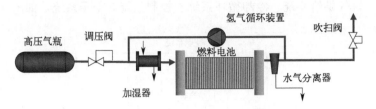

图 9-12   燃料电池氢气供给系统

以及抗电磁干扰能力。燃料电池运行中冷却液离子含量会升高，电导率增大，系统绝缘性降低，应使用去离子罐吸收热管理系统中的离子，使系统处于高绝缘水平。节温器用以控制冷却系统的大小循环。当冷却液温度较低时，控制冷却液不经过外部散热器，形成冷却液小循环；当温度超出需求的合适温度时，节温器打开，使部分冷却液经过外部散热器；散热要求极大时，节温器全部打开，形成大循环。中冷器的作用是冷却来自空压机的压缩空气。水暖作用是在低温冷启动时给冷却液辅助加热，使冷却液尽快达到需求温度，缩短启动时间。散热器可将冷却液的热量传递给环境，以降低冷却液的温度；要求风量大，噪声低，清洁度高，离子释放率低。

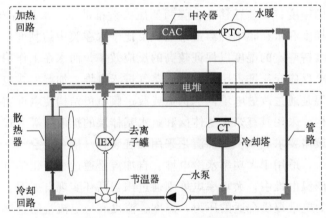

图 9-13   燃料电池热管理系统

控制系统对其他三大系统进行控制，保证发动机稳定可靠运行，对关键执行机构进行故障诊断，对重要系统参数进行标定。控制系统接收到负载电流信号，发送动作指令给执行器，并对电池电压、各子系统的状态（压力、温度、湿度等）进行实时监测，从而实现对操作条件的实时精确控制，保证燃料电池稳定运行，其控制原理如图 9-14 所示。

9.2.3   燃料电池未来展望

膜电极是决定燃料电池性能中最为关键的部件，为了实现 PEMFC 电堆功率密度所需的大幅提升，制造具有更高性能、更好耐用性和更低成本的膜电极具有重要意义。有序结构的膜电极组件很有希望应用于未来质子交换膜燃料电池，因为它可以在超低催化剂负载下实现高功率密度。

对于气体扩散层，由于在导电性、机械强度、耐化学性和制造成本方面的优势，碳纸在未来有望继续成为主流。为提高膜电极本身的传质能力，可以开发具有梯度孔径的气体扩散

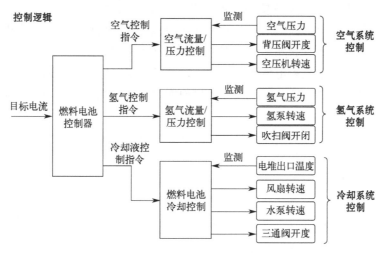

图 9-14　控制系统控制原理

层。例如，降低气体扩散层一侧或两侧的孔隙率可以降低接触电阻并在气体扩散层内部产生孔隙梯度，以促进反应物供应和水分去除。利用集成双极板与膜电极，实现电池单体一体化，减少或消除界面电阻，同时满足导电、气体分配和水管理的要求。将传质路径变得更短以满足对更高电流密度的需求。

　　燃料电池的最大功率密度由催化剂的性能决定，为了在低催化剂负载下实现 9kW/L 的功率密度，需要超过 0.8V 的高电池输出电压和 $4.4A/cm^2$ 的电流密度。这样就要求在催化剂活性和设计方面进行改进，通过设计新型催化剂结构，如纳米笼、核壳、纳米框架、纳米线和纳米晶体，以提高催化剂的比活性或质量活性。其次，对碳载体进行适当改性，如 N 掺杂，以确保离聚物覆盖均匀，从而增强质子传输。此外，基于分子排列的碳载体和催化剂/聚合物界面的改性有望改善离聚物分布和催化剂利用率。

　　理想的质子交换膜需要在低湿度条件下具有高质子传导性以及良好的电化学和机械稳定性。未来几年，全氟磺酸膜将继续发挥主导作用，并且质子交换膜的不断改进将有助于提高 $10\%\sim20\%$ 功率密度。为提高燃料电池的功率密度，在质子交换膜方面，需要降低商用全氟磺酸膜的厚度，减少质子和水的传输路径，促进膜内自加湿，避免阳极干燥。聚多巴胺处理的具有自支撑 CeO_x 自由基清除剂的复合膜同时表现出增强的化学和机械耐久性。在 PEM 表面修饰纳米结构疏水涂层，以增强保水性，提高烃类质子交换膜的质子传导能力。

　　双极板的主要作用之一是物质传输，因此传质能力是双极板设计的重要标准，未来实现超高功率密度操作需要增强物质传输能力。双极板设计的未来目标是解决耐腐蚀性、制造成本和界面接触电阻问题。由于其消除界面和减小体积的优势，集成化的双极板-膜电极组件设计有望为实现超高功率密度提供一条有前途的途径。

　　对于系统而言，未来电堆更高的功率密度必然需要更快的物质转运与反应速率，因此，对燃料电池系统相关零部件提出了更高的设计要求。为了适应更多的场景应用，在结构上未来系统的发展方向必然是模块化、轻量化以及高度集成化。就性能而言，未来燃料电池系统部件响应速度更快，控制精度更高、能耗更低，部件进一步简化，系统集成化程度更高。成本方面，需要进一步降低部件成本。

　　空压机作为燃料电池关键系统部件，既是保证电堆功率输出的核心元件，又是寄生功率产生的主要来源，未来必然是重要的发展方向。目前，燃料电池主流空压机是离心式空压机，就应用层面其必然成为以后的主要研究和使用的对象。在离心式空压机中，永磁电机作为空压机的驱动电机，更符合实际应用需求。空气轴承更适合高转速运行，已逐步取代传统的滚珠轴承。因此，对于燃料电池离心式空压机，未来发展的主流方向就是提高空压机内永磁电机的转速和转子结构强度的同时降低电机的能量损耗，提高轴承的寿命和稳定性，以及空压机散热结构优化。

氢气循环系统燃料电池的核心组成部分，主要有氢气引射器和氢气循环泵两种。引射器结构简单、无能耗，无法满足低功率运行时的循环要求。氢气循环泵适应的工况范围广、可靠性高，且在复杂工况下调节性能较好，但会增加能耗、质量及噪声。对于氢气循环泵与引射器协同的问题，必须进一步优化控制策略，扩大燃料电池的工况范围。为了提高燃料电池综合性能，开发高性能、低成本氢气循环泵以及优化引射器结构是未来发展趋势。

9.2.4 燃料电池与氢内燃机的比较

氢能的利用方式主要有燃料电池和氢内燃机两种。燃料电池具有效率高、零排放的优点，引起国际社会和产业界的广泛关注。但其技术难度大、成本高、对基础设施依赖强，致使其在开发推广过程中进展缓慢。虽然燃料电池与氢内燃机的工作原理不同，但从车辆对动力装置的需求看，高效率、低成本和使用方便等特性将成为是否具有竞争力的重要参照。

① 效率：燃料电池堆理论上具有较高的效率。但考虑到辅助装置的功率损失，燃料电池的系统总效率可以达到 50% 左右，且随着负荷的增加效率明显降低；氢内燃机的有效热效率可以达到 40%～50%，且高负荷运行区域效率超过燃料电池，如图 9-15 所示，从车辆运行的综合工况来看，两者的效率大致相当。

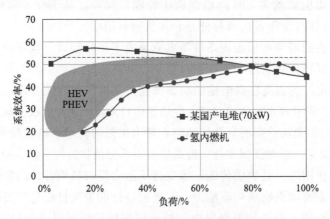

图 9-15 燃料电池与氢内燃机效率比较

（HEV—混合动力电动汽车；PHEV—插电式混合动力电动汽车）

另外，氢内燃机和燃料电池相比，可能重点是在效率方面。燃料电池在中大负荷段的效率并不比内燃机高，但在中小负荷段的效率确实是高过内燃机的。氢内燃机跟燃料电池相比，在中小负荷段可应用的手段就是氢内燃机加混动的方式，小负荷时用电驱动的方式，这样氢内燃机组成混合动力系统之后，它相对于燃料电池便有一定优势。

② 成本：燃料电池使用贵金属 Pt 做催化剂，质子交换膜、催化剂、双极板三大主材价

格居高不下是其成本高的主要原因，而氢内燃机可借用传统内燃机的技术基础和生产基础，95％以上的零部件可以直接续用，总成本与传统内燃机相当。

氢内燃机另外一个显著优势就是它的成本。燃料电池目前成本（参照国内已经公布的）大概是 1999～2999 元/kW，而内燃机的成本很显然会低于这个价格，大概要低 50％以上，因此在效率、排放和成本方面，氢内燃机优势可得到一定程度发挥。此外，对燃料电池来说，做中大功率还是有难度的。比如单电堆做到 150～200kW 以上有一定技术难度。对氢内燃机来说，把发动机的排量适当地增加，便可以实现更大的功率。因此目前功率想做到 300～500kW，这个可能性是存在的。

③ 排放：燃料电池可以实现零排放，而氢内燃机由于缸内燃烧会产生一定量的 NO_x 排放，但可以控制到能满足美国加州超低排放法规。北京理工大学开发的 H_2-TWC 新方法可以在不采用后处理器的情况下满足国六 B 排放法规。

④ 燃料要求：燃料电池要求的氢气纯度需要达到 99.99％以上，而氢内燃机对氢的纯度几乎没有要求，可以使用各种来源的氢燃料，是启动氢能源经济的最佳动力装置。另外，氢内燃机具有多燃料适应性的优势，能够根据燃料的供应情况自动切换燃烧方式，解决了氢能源经济启动初期氢气供应基础设施不完善时车辆的运营问题。

综上分析，使用氢内燃机可以达到很高的效率、超低的排放和极低的价格，具有明显的综合优势，氢内燃机会成为现阶段迈向氢能源经济的现实途径。氢内燃机在动力性方面丝毫不逊于传统的汽油机与柴油机，在近零排放条件下，氢内燃机达到 50％以上的有效热效率，就会成为氢能源的有竞争力的动力装置。

氢内燃机跟传统的内燃机工业之间有天生纽带的关系。它不需要把传统内燃机的工业体系废掉，便可以实现氢的应用。这可能是内燃机工业界一个得天独厚的优势。另外，我国已经拥有一个很强大的工业基础和很完备的零部件供应的体系，所以在这方面氢内燃机更具优势。

9.3　氢能复合动力装置

9.3.1　氢燃料电池和锂电池混合系统

相比较于传统能源，燃料电池具备很多优点，从传统能源与燃料电池的对比中，可以看出燃料电池具备如下优势。

① 高效。在传统内燃机中，温度是制约内燃机效率的重要参数。但在燃料电池中，由于没有燃烧的发生，因此燃料电池将不会受到热力学循环的限制。推导燃料电池效率使用的是阴阳极材料电位差和实际输出电压，在输出功率为 25％额定功率时，电堆效率可以达到 61％，相比内燃机，燃料电池的低负荷区间效率明显高出很多。

② 简单。燃料电池的工作原理简单，由于采用单体电池组装而成，安装拆卸十分方便，并且可根据功率需求进行串并联组合。

③ 燃料电池自身所具备的高效、低噪声等一系列固有属性，可有效提升舒适性和整车的隐蔽性。

④ 燃料电池自身的反应残留物主要为水蒸气，可减少车辆排气热辐射，可有效提升整

车隐蔽性。

在燃料电池中，PEMFC由于响应速度快，低温启动性能好，更加适应于乘用车用领域。作为单一动力源驱动车辆时，PEMFC提供车辆所需所有功率，因此结构与控制策略较为简单，并且安装及改造难度也较小。但由于PEMFC本身的特性及制造工艺等问题，该系统还存在一定的劣势。

① PEMFC的动态性能偏差，难以满足车辆负荷在短时间内的快速变化（如急加速、上陡坡等高负荷），因此会影响整车的动力性能。

② 氢燃料电池的最高体积比功率约为4.3kW/L，车辆在行驶过程中所需要的功率较大，氢燃料电池难以满足其动力需求。

③ PEMFC不是储能装置，无法实现回收车辆在制动过程中产生的制动能量，会造成能量的浪费。

④ PEMFC在低温低压条件下，效率较低，并且会对PEMFC产生损害。

PEMFC可单独作为固定发电系统，而对于交通运输领域，由于汽车在加速、爬坡等条件下需要输出较大功率且功率波动频繁，燃料电池动力系统瞬态响应慢，持续输出峰值功率能力有限，且无法回收再生制动能量等。为了解决燃料电池作为单一动力源的不足，通常使用蓄电池补充燃料电池的瞬态需求功率和制动能量回收。因此，燃料电池需与储能设备组成混合动力装置，如图9-16所示。

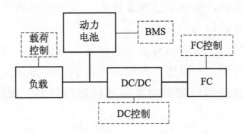

图9-16　燃料电池、动力电池混合系统

（BMS—电池管理系统）

燃料电池混合动力系统中，PEMFC与DC/DC变换器进行串联后与锂电池进行并联。此系统中锂电池决定了母线电压，由于DC/DC变换器的接入，实现了对PEMFC电堆输出电压的可调，实现通过DC/DC变换器使得PEMFC电堆的输出电压达到并稳定在母线电压水平，减小了PEMFC的动态载荷，消除了制动能量对PEMFC反向充电。

9.3.2　燃料电池、氢内燃机复合动力装置

图9-17所示为燃料电池、氢内燃机和锂电池复合的电驱动系统。该系统的动力源包括动力电池、燃料电池以及氢内燃机。

通过三种动力输出方式的混合设计，可以弥补各自的缺点，并在各种工况下选择不同动力输出方式。主要设计工况如下。

① 静默工况：采用氢燃料电池和锂电池系统作为动力输出、保证整车的安静性和隐蔽性。

② 大负载工况：采用氢燃料电池、氢内燃机和锂电池同时作为动力输出，保证整车的

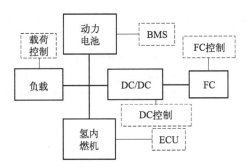

图 9-17　燃料电池、氢内燃机与动力电池的复合动力系统

动力性。

③ 经济工况：根据负载情况，以整车最高效率为目标，选择氢内燃机和锂电池或燃料电池和锂电池同时工作作为动力输出，来保证整车燃料经济性和续航里程。

在以上策略中静默工况令氢燃料电池保证输出功率与所需功率平均值相同，由锂电池进行功率削峰填谷，尽可能使燃料电池维持在高效区间稳定工作。在经济工况下可以协调保证氢内燃机和氢燃料电池总是在高效率区运行，从而确保了整车动力系统效率，实现长时间和长里程续航。

将三种动力系统混合设计之后，可以显著降低系统的成本，增大系统的功率密度，提升动力系统效率，延长续航时间和里程，并且能够满足低温快速启动、长时间静默无红外特性和高机动性能等要求。

9.3.3　氢氧辅助动力装置

氢氧辅助动力装置利用液氧和液氢蒸发的气化物，即气氧和气氢来作为姿控喷管的推进能源，以取代传统单组元推进剂；部分气氧和气氢在热交换后（经废热进一步气化），分别经过氧泵和氢泵的作用，形成两个储箱所需要的增压气源，以取代昂贵的氦气增压方案；气氧/气氢驱动一台高度集成的内燃机来发电，其发电量满足电气产品的供电需求；而氧泵和氢泵也靠内燃机来驱动。内燃机燃烧排出的气体，用于产生轴向的推力便于推进剂沉底，以取代常用的固体火箭等。

美国联合发射联盟 2012 年启动了 "先进低温进化上面级（ACES）" 项目，旨在开发一种更高效、更灵活的火箭上面级技术。目前设计成能够产生 450kN 和 650kN 推力，并能够支持单台、双台和四台发动机的配置。氢氧辅助动力装置仅用一套氢氧系统，就取代了多套昂贵的气源和化学物质，同时充分利用了火箭上的氢氧原料。氢氧辅助动力装置使先进低温上面级成为地月空间中完全可重复使用的高性能运载器。只要气态氢和氧保持在储箱内，就可连续发电、增压、启动发动机，并提供姿态控制推力，将使任务持续时间从几个小时延长到几个星期。在轨加注技术将能无限期延长任务持续时间，而不再需要氦和肼推进剂。

参 考 文 献

［1］　Braga L B，Silveira J L，Evaristo Da Silva M，et al. Comparative analysis between a PEM fuel cell and an internal combustion engine driving an electricity generator：Technical，economical and ecological aspects［J］. Applied Thermal Engineering，2014，63（1）：354-361.

［2］　Ding Y，Bradley J，Gady K，et al. Hydrogen consumption measurement for fuel cell vehicles［C］.//SAE 2004 World Congress & Exhibition. 2004.

［3］ Gutiérrez-Martín F，Confente D，Guerra I. Management of variable electricity loads in wind-hydrogen systems：the case of a spanish wind farm ［J］. Int J Hydrogen Energy，2010，35（14）：7329-7336.

［4］ Hames Y，Kaya K，Baltacioglu E，et al. Analysis of the control strategies for fuel saving in the hydrogen fuel cell vehicles ［J］. International Journal of Hydrogen Energy，2018，43（23）：10810-10821.

［5］ Ngwaka U，Smallbone A，Jia B，et al. Evaluation of performance characteristics of a novel hydrogen-fuelled free-piston engine generator ［J］. Int J Hydrogen Energy，2021，46（66）：33314-33324.

［6］ Shi C，Ji C W，Wang S F，et al. Combined influence of hydrogen direct-injection pressure and nozzle diameter on lean combustion in a spark-ignited rotary engine ［J］. Energy Convers Manag，2019，195：1124-1137.

［7］ Stern A G. A new sustainable hydrogen clean energy paradigm ［J］. Int J Hydrogen Energy，2018，43（9）：4244-4255.

［8］ Su T，Ji C W，Wang S F，et al. Improving the lean performance of an n-butanol rotary engine by hydrogen enrichment ［J］. Energy Conversion and Management，2018，157：96-102.

［9］ Yilanci A，Dincer I，Ozturk H K. A review on solar-hydrogen/fuel cell hybrid energy systems for stationary applications ［J］. Progress in Energy and Combustion Science，2009，35（3）：231-244.